U0176783

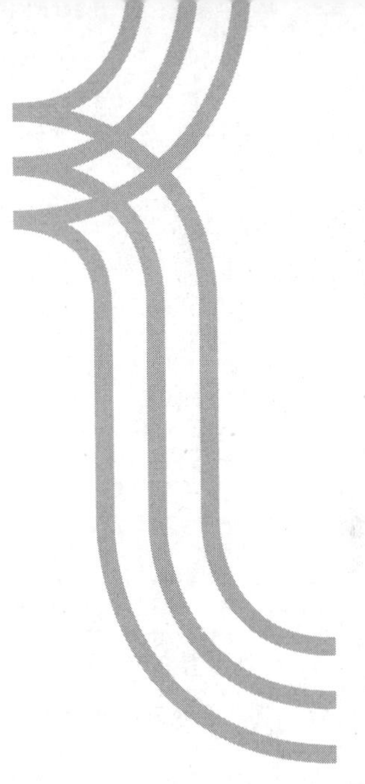

数学之美

第三版

Beauty of Mathematics

吴军 著

人民邮电出版社
北京

图书在版编目（CIP）数据

数学之美 / 吴军著. -- 3版. -- 北京 : 人民邮电出版社, 2020.5
ISBN 978-7-115-53797-3

Ⅰ. ①数… Ⅱ. ①吴… Ⅲ. ①电子计算机－数学基础
Ⅳ. ①TP301.6

中国版本图书馆CIP数据核字(2020)第058049号

内 容 提 要

八年前，“数学之美”系列文章原刊载于谷歌黑板报，获得上百万次点击，得到读者高度评价。读者说，读了“数学之美”，才发现大学时学的数学知识，比如马尔可夫链、矩阵计算，甚至余弦函数原来都如此亲切，并且栩栩如生，才发现自然语言和信息处理这么有趣。

在纸本书的创作中，作者几乎把所有文章都重写了一遍，为的是把高深的数学原理讲得更加通俗易懂，让非专业读者也能领略数学的魅力。读者通过具体的例子学到的是思考问题的方式——如何化繁为简，如何用数学去解决工程问题，如何跳出固有思维不断去思考创新。

本书第一版荣获国家图书馆第八届文津图书奖。第二版增加了针对大数据和机器学习的内容。第三版增加了三章新内容，分别介绍当今非常热门的三个主题：区块链的数学基础，量子通信的原理，以及人工智能的数学极限。

◆ 著　　　吴　军
责任编辑　俞　彬
责任印制　焦志炜

◆ 人民邮电出版社出版发行　　北京市丰台区成寿寺路 11 号
邮编　100164　　电子邮件　315@ptpress.com.cn
网址　https://www.ptpress.com.cn
固安县铭成印刷有限公司印刷

◆ 开本：720×960　1/16
印张：22.75
字数：317 千字　　2020 年 5 月第 3 版
印数：958 001 – 964 000 册　　2025 年 2 月河北第 22 次印刷

定价：69.00 元

读者服务热线：(010)81055410　印装质量热线：(010)81055316
反盗版热线：(010)81055315

本书谨献给我的家人。

愿科学之精神在国民中得到普及，愿中国年轻的一代涌现更多的杰出专业人才。

推荐序一

几年前我曾经给吴军的《浪潮之巅》和《数学之美》的第一版写序，很高兴《数学之美》后来获得了文津奖，并且第二版也即将出版！

《数学之美》最初是作为Google资深研究员的吴军应邀在谷歌黑板报上撰写的一系列文章。刚开始，黑板报的版主还有点儿担心这个系列会不会让读者觉得太理论、太枯燥，但很快这个顾虑就被打消了。《数学之美》用生动形象的语言，结合数学发展的历史和实际的案例，谈古论今，系统地阐述了与现代科技领域相关的重要的数学理论的起源、发展及其作用，深入浅出，受到广大读者尤其是科技界人士的喜爱。

我在《浪潮之巅》的序言中曾经说过，在我认识的顶尖研究员和工程师里，吴军是极少数具有强大叙事能力和对科技、信息领域的发展变化有很深的纵向洞察力，并能进行有效归纳总结的人之一。在《数学之美》里，吴军再次展示了这一特点。与《浪潮之巅》不同的是，这次吴军集中阐述了他对数学和信息处理这些专业学科的理解，尤其是他在语音识别、自然语言处理和信息搜索领域多年来积累的认识。从数字和信息的由来，到搜索引擎对信息进行处理背后的数学原理，到与搜索相关的众多领域中奇妙的数学应用，吴军都娓娓道来。他把数学背后的本质思维写得透彻、生动。不得不说，他的文字引人入胜，也确实让我们体会到数学的美。在他的笔下，数学不是我们一般联想到的枯燥深奥的符号，而是实实在在源于生活的有趣的现象和延伸。数学，其实无处不在，而且有一种让人惊叹的韵律和美！

伽利略曾经说过，“数学是上帝描写自然的语言”；爱因斯坦也曾说过，“纯数学使我们能够发现概念和联系这些概念的规律，这些概念和规律给了我们理解自然现象的钥匙。”我多年来一直也对信息处理、语音识别领域有着一定的研究，深深体会到数学在所有科学领域起到的基础和根本的作用。“哪里有数，哪里就有美。”在这里，我把《数学之美》真诚地推荐给每一位对自然、科学、生活有兴趣、有热情的朋友，不管你是搞理科的还是搞文科的，读一读数学的东西，会让你受益良多，同时能感受到宇宙和世界的美好与奇妙。这本书尤其可贵之处在于，作者所介绍的内容不仅是他熟知的，而且是他在工作中长期使用的。作者不仅告诉大家为什么可以用那些形式上简单的数学模型解决非常复杂的工程问题，还清楚地讲述了他（和同事们）的思考过程，这一点没有实际经验的学者是不可能做到的。

2012 年，吴军把之前谷歌黑板报上的“数学之美”系列文章编辑成《数学之美》第一版，花费了大量的心血和时间。他本着十分严谨的态度，在繁忙的工作之余，补充完善了之前的系列文章，并几乎重写了所有的文章，既照顾了普通读者的兴趣，又兼顾了专业读者对深度的要求，很让人钦佩。此后，吴军把他这两年在 Google 工作的体会总结成新增的两章，通过本书的第二版介绍给大家，相信读者能因此进一步理解数学之美。

有时我在想，现在的社会多了一点压力和浮躁，少了一点踏实和对自然科学本质的好奇求知。吴军的这本《数学之美》真的非常好。非常希望吴军今后能写出更多这样深入浅出的好书，它们会是给这个社会和年轻人最好的礼物。

李开复

2014 年 10 月

推荐序二

《数学之美》是一本非常值得读的书。这本书展现了吴军博士在他多年的科研经历中对科学问题的深入思考。

我于1991年从美国回到清华大学电子工程系工作，与吴军博士是同事，对他在汉语语音识别方面的深入研究印象非常深刻。后来他到美国工作，出版了一本介绍硅谷的书《浪潮之巅》，使我对他的写作激情和水平有了新的认识。

这些年来我在清华大学教书，一直思考着如何让学生能真正欣赏和热爱科学研究，这将有助于他们深入理解自己所从事的研究的价值，进而能逐渐成长为所在领域的大师和领军人物。在这一过程中，恰好发现了吴军博士在Google中国的官方博客 —— 谷歌黑板报上连载的“数学之美”系列文章，我非常欣赏这些文章。因此，在很多场合都建议学生跟踪阅读这个系列的博客文章。今天本书出版，与原先的博客文章相比，其内容的系统性和深度又上升到了一个新的境界。

我读《数学之美》有下面几点体会，与大家分享。

1. 追根溯源

《数学之美》用了大量篇幅介绍各个领域的典故，读来令人兴趣盎然。典故里最核心的是相关历史事件中的人物。我们必须要问：提出巧妙数学思想的人是谁？为什么是“他 / 她”提出了这个思想？其思维方法有何特点？成为一个领域的大师有其偶然性，但更有其必然性。其必然性就是大师们的思维方法。

2. 体会方法

从事科学研究，最重要的是掌握思维方法。在这里，我举两个例子。

牛顿是伟大的物理学家和数学家，他在《自然哲学的数学原理》中叙述了四条法则。其中有“法则 1：除那些真实而已足够说明其现象者外，不必去寻找自然界事物的其他原因”。这条法则后来被人们称作“简单性原则”。正如爱因斯坦所说：“从希腊哲学到现代物理学的整个科学史中，不断有人力图把表面上极为复杂的自然现象归结为几个简单的基本概念和关系。这就是整个自然哲学的基本原理。”这个原理也贯穿了《数学之美》本身。

万维网的发明人蒂姆·伯纳斯·李谈到设计原理时说过：“简单性和模块化是软件工程的基石；分布式和容错性是互联网的生命。” 虽然在软件工程和互联网领域的从业人员数量极其庞大，但能够真正体会到这些核心思想的人能有多少呢？

我给学生出过这样的考题：把过去十年来重要 IT 杂志封面上重点推荐的技术专题找来看看，瞧一瞧哪些技术成功了，哪些技术是昙花一现，分析一下原因。其答案很有意思：“有正确设计思想方法的技术”未必能够成功，因为还有非技术的因素；但“没有正确设计思想方法的技术”一定失败，无一例外。因此，我也建议本书的读者结合阅读，体会凝练创造《数学之美》的方法论。

3. 超越欣赏

数学既是对自然界事实的总结和归纳，如英国的哲学家培根所说“一切多依赖于我们把眼睛紧盯在自然界的事实之上”，又是抽象思考的结果，如法国哲学家笛卡儿所说“我思故我在”。这两个方法成就了目前绚丽多彩、魅力非凡的数学，非常值得欣赏。《数学之美》把数学在 IT 领域，特别是语音识别和搜索引擎方面的美丽之处予以了精彩表达。但在这里我想说的是：欣赏美不是终极目的，更值得追求的是创造美的境界。希望本书的读者，特别是年轻读者能够欣赏数学在 IT 世界中的美，学习大师们的思想方法，使自己成为大师，创造新的数学之美。

李星

2012 年 4 月于北京

第三版前言

数学一词在西方源于古希腊语 μάθημα，意思是通过学习获得的知识。从这个角度来说，早期的数学涵盖的范围比我们今天讲的数学要广得多，和人类的生活也更接近一些。

早期的数学远不如今天神秘，它是非常真实的。与任何事物一样，数学也在不断地演化，而这个发展过程使得数学变得高深起来。数学演化的过程，实际上是将我们生活中遇到的具体事物及其运动的规律不断抽象化的过程。经过几千年的抽象化，大家头脑里能想象的数学只剩下数字、符号、公式和定理了。这些东西和我们的生活似乎渐行渐远，甚至在表面上毫不相关了。今天，除了初等数学，大家一般对数学，尤其是纯粹数学（Pure Mathematics）的用途甚至产生了怀疑。很多大学生毕业后，在大学所学的数学可能一辈子都没有机会应用，几年后就忘得差不多了。这样，很多人也就产生了为什么要学习数学的疑问。更加不幸的是，数学专业的毕业生连就业也颇为困难，在中国和美国都是如此。在很多国人眼里，数学家都像陈景润那样戴着厚厚的镜片、言行举止多少有些木讷。因此，在一般人看来，无论是这些抽象的数字、符号、公式和定理，还是研究它们的数学家，似乎都和美没有什么联系。

然而，事实上数学的用途远远超乎人们的想象，甚至可以说在我们的生活中无处不在。且不说那些和我们生活联系相对较少的领域，比如原子能和航天，都需要用到大量的数学知识。就说我们天天用的产品和技术，背后都有支持它们的数学基础。作为一名工作了 20 多年的科学工作者，我在工作中经常惊叹数学语言应用于解决实际问题时的魔力。因此，我也很希望把这种神奇讲给大家听。

在古代，最重要的知识，除了对世界的认识和了解，就是人与人之间的互通和交流了，我们把它称为广义上的通信。本书的内容也将从这里开始。为了展示数学的美妙之处，我选择了以通信这个领域为切入点，一来是因为数学在通信中应用非常普遍，二来通信和我们的生活息息相连。从工业社会起，通信就占据了人们生活的大量时间。当人类进入电的时代后，通信的扩展不仅拉近了人与人的距离，而且成为带动世界经济增长的火车头。如今，通信及其相关产业可能占到世界 GDP 很大的一部分。今天城市里的人们花时间最多的，无非是在电视机前、互联网上、电话上（不论是固定电话还是手机），这些都是这样或那样的通信方式。甚至原本必须人到现场的很多活动，比如购物，也被建立在现代通信基础之上的电子商务逐渐取代。而现代通信，追溯到 100 多年前的莫尔斯电报码和贝尔的电话，再回到今天的电视、手机和互联网，都遵循着信息论的规律，而整个信息论的基础就是数学。如果往更远处看，我们人类的自然语言和文字的起源背后都受着数学规律的支配。

“信”字作为“通信”一词的 50%，表明了信息的存储、传输、处理和理解的重要性。今天每个人都要使用的搜索，以及我们都觉得很神奇的语音识别、机器翻译和自然语言处理也被包括在其中。也许大家想不到，解决这些问题最好的工具就是数学。人们不仅能够十分清晰地用一些通用的数学模型来描述这些领域里看似不同的实际问题，而且能给出非常漂亮的解决办法。每当人们应用数学工具解决了一个个和信息处理相关的问题时，总会感叹数学之美。虽然人类的语言有成百上千种，但处理它们的数学模型却是相同或相似的，这种一致性也是数学之美的表现。在这本书中，我们将介绍一些数学工具，看看人们是如何利用这些数学工具来处理信息，开发出生活中每天都会用到的产品。

数学总是会给人一种深奥和复杂的感觉，但它的本质却常常是简单而直接的。英国哲学家弗朗西斯·培根在《论美德》这篇文章中讲：“美德就如同华贵的宝石，在朴素的衬托下最显华丽。”（Virtue is like a rich stone, best plain set.）数学的美妙，也恰恰在于一个好的方法，通常是最简单明了的方法。因此，我会将“简单即是美”的思想贯穿全书。

相比第二版，这一版增加了三章新内容，分别介绍当今非常热门的三个主题：区块链的数学基础，量子通信的原理，以及人工智能的数学极限。除此之外，与时俱进，对部分原有章节做了相应的更正和必要的补充。

最后，要说明一下本书为何用了不少篇幅来介绍很多我所熟知的自然语言处理和通信领域的世界级专家。这些世界级专家，他们来自不同的国家或民族，不过都有着一个共同的特点，那就是他们的数学基础都特别好，同时运用数学解决了很多实际问题。通过介绍他们日常的工作和生活，希望能让读者对真正的世界级学者有更多的了解和理解。了解他们的平凡与卓越，理解他们取得成功的原因，感受那些真正懂得数学之美的人们所拥有的美好人生。

吴军

2020 年 3 月于硅谷

目录

1 用数学的方法描述语言规律

2 延伸阅读：统计语言模型的工程诀窍

41 **第 4 章 谈谈分词**

中文分词是中文信息处理的基础，它同样走过了一段弯路，目前依靠统计语言模型已经基本解决了这个问题。

1 中文分词方法的演变

2 延伸阅读：如何衡量分词的结果

50 **第 5 章 隐马尔可夫模型**

隐马尔可夫模型最初应用于通信领域，继而推广到语音和语言处理中，成为连接自然语言处理和通信的桥梁。同时，隐马尔可夫模型也是机器学习的主要工具之一。

1 通信模型

2 隐马尔可夫模型

3 延伸阅读：隐马尔可夫模型的训练

60 **第 6 章 信息的度量和作用**

信息是可以量化度量的。信息熵不仅是对信息的量化度量，也是整个信息论的基础。它对于通信、数据压缩、自然语言处理都有很强的指导意义。

1 信息熵

2 信息的作用

3 互信息

1 信息指纹
2 信息指纹的用途
3 延伸阅读：信息指纹的重复性和相似哈希

153 **第 17 章 由电视剧《暗算》所想到的——谈谈密码学的数学原理**

密码学的根本是信息论和数学。没有信息论指导的密码是非常容易被破解的。只有在信息论被广泛应用于密码学后，密码才真正变得安全。

1 密码学的自发时代
2 信息论时代的密码学

162 **第 18 章 闪光的不一定是金子——谈谈搜索引擎反作弊问题和搜索结果的权威性问题**

闪光的不一定是金子，搜索引擎中排名靠前的网页也未必是有用的网页。消除这些作弊网页的原理和通信中过滤噪声的原理相同。这说明信息处理和通信的很多原理是相通的。

1 搜索引擎的反作弊
2 搜索结果的权威性

171 **第 19 章 谈谈数学模型的重要性**

正确的数学模型在科学和工程中至关重要，而发现正确模型的途径常常是曲折的。正确的模型在形式上通常是简单的。

1 教父马库斯

2 从宾夕法尼亚大学走出的精英们

204 **第 23 章 布隆过滤器**

日常生活中，经常要判断一个元素是否在一个集合中。布隆过滤器是计算机工程中解决这个问题最好的数学工具。

1 布隆过滤器的原理

2 延伸阅读：布隆过滤器的误识别问题

209 **第 24 章 马尔可夫链的扩展 —— 贝叶斯网络**

贝叶斯网络是一个加权的有向图，是马尔可夫链的扩展。而从认识论的层面看：贝叶斯网络克服了马尔可夫链那种机械的线性约束，它可以把任何有关联的事件统一到它的框架下面。它在生物统计、图像处理、决策支持系统和博弈论中都有广泛的使用。

1 贝叶斯网络

2 贝叶斯网络在词分类中的应用

3 延伸阅读：贝叶斯网络的训练

217 **第 25 章 条件随机场、文法分析及其他**

条件随机场是计算联合概率分布的有效模型，而句子的文法分析似乎是英文课上英语老师教的东西，这两者有什么联系呢？

1 文法分析——计算机算法的演变

2 条件随机场

3 条件随机场在其他领域的应用

227 **第 26 章 维特比和他的维特比算法**

维特比算法是现代数字通信中使用最频繁的算法，也是很多自然语言处理采用的解码算法。可以毫不夸张地讲，维特比是对我们今天的生活影响力最大的科学家之一，因为基于 CDMA 的 3G 移动通信标准主要就是他和厄文·雅各布创办的高通公司制定的。

1 维特比算法

2 CDMA 技术——3G 移动通信的基础

238 **第 27 章 上帝的算法——期望最大化算法**

只要有一些训练数据，再定义一个最大化函数，采用 EM 算法，利用计算机经过若干次迭代，就可以得到所需要的模型。这实在是太美妙了，这也许是造物主刻意安排的，所以我把它称作上帝的算法。

1 文本的自收敛分类

2 延伸阅读：期望最大化和收敛的必然性

244 **第 28 章 逻辑回归和搜索广告**

逻辑回归模型是一种将影响概率的不同因素结合在一起的指数模型，它不仅在搜索广告中起着重要的作用，而且被广泛应用于信息处理和生物统计中。

1 搜索广告的发展

2 逻辑回归模型

249 **第 29 章 各个击破算法和 Google 云计算的基础**

Google 颇为神秘的云计算中最重要的 MapReduce 工具，其原理就是计算机算法中常用的“各个击破”算法，它的原理原来这么简单 —— 将复杂的大问题分解成很多小问题分别求解，然后再把小问题的解合并成原始问题的解。由此可见，在生活中大量用到的、真正有用的方法常常都是简单朴实的。

1 分治算法的原理

2 从分治算法到 MapReduce

254 **第 30 章 Google 大脑和人工神经网络**

Google 大脑并不是一个什么都能思考的大脑，而是一个很能计算的人工神经网络。因此，与其说 Google 大脑很聪明，不如说它很能算。不过，换个角度来说，随着计算能力的不断提高，计算量大但简单的数学方法有时能够解决很复杂的问题。

1 人工神经网络

2 训练人工神经网络

3 人工神经网络与贝叶斯网络的关系

4 延伸阅读：Google 大脑

2 利用随机性保证信息安全

312 **第 34 章 数学的极限——希尔伯特第十问题和机器智能的极限**

世界上只有一小部分问题是数学问题，而数学问题中又只有极小的一部分问题有解。在这些问题中，今天已经找到相应算法的少之又少。因此，数学不是万能的，我们需要了解数学的边界在哪里。

1 图灵划定计算机可计算问题的边界
2 希尔伯特划定有解数学问题的边界
3 延伸阅读：关于图灵机

323 **附录 计算复杂度**

327 **第三版后记**

333 **索引**

第 1 章　文字和语言 vs 数字和信息

数字、文字和自然语言一样，都是信息的载体，它们之间原本有着天然的联系。语言和数学的产生都是为了同一个目的——记录和传播信息。但是，直到半个多世纪前香农博士提出信息论，人们才开始把数学和信息系统自觉地联系起来。在此之前，数学的发展主要跟人类对自然的认识以及生产活动联系在一起，包括天文学、几何和工程学、经济学、力学、物理学甚至生物学等，而数学和语言学几乎是没有交集的。我们见到很多数学家同时是物理学家或者天文学家，但是过去很少有数学家同时是语言学家。

本书几乎全部的章节讲的都是近半个多世纪的事情，但是在这一章里，我们将先通过时间隧道回到远古，回到语言、文字和数字产生的年代。

1　信息

我们的祖先"现代人"（人类学上的说法）在长成我们今天的模样以前，就开始使用和传播信息了。正如动物园里的动物们经常发出它们喜欢的怪叫声一样，早期的人类也喜欢发出含糊的声音。虽然最初可能只是喜欢这样发声，渐渐地人类开始用这种声音来传播信息，比如用某种特定的声音表示"那里有只熊"，提醒同伴小心。同伴可能"呀呀"地回应两声，表示知道了，或者发出另一串含糊不清的声音，表示"我们用石头打它”（见图 1.1）。

图 1.1 人类最早利用声音的通信

这里面信息的产生、传播、接收和反馈，与今天最先进的通信在原理上没有任何差别（见图 1.2）。关于信息传播的模型，在以后的章节中还会详细介绍。

图 1.2 原始人通信的方式和今天的通信模型没有什么不同

早期人类了解和需要传播的信息是很少的，因此他们并不需要语言和数字。但是随着人类的进步和文明化的进展，需要表达的信息也越来越多，不再是几种不同的声音就能完全覆盖，语言就此产生。人们生活的经验，作为一种特定的信息，其实是那个时代最宝贵的财富，通过口述的语言传给了后代。同时，由于人类开始拥有一些食物和物件，便有了多和少的概念。很遗憾，那时的人类还不会数数，因为他们不需要。

2 文字和数字

我们的祖先迅速学习新鲜事物，语言也越来越丰富，越来越抽象。语言描述的共同要素，比如物体、数量和动作便抽象出来，形成了今天的词汇。当语言和词汇多到一定程度，人类仅靠大脑已经记不住所有词汇了。这就如同今天没有人能够记住人类所有的知识一样。于是，高效记录信息的需求就产生了，这便是文字的起源。

这些文字（包括数字）出现的年代，今天是可以考证的。很多读者问我为什么在《浪潮之巅》一书中讲的公司大多在美国，因为近百年的技术革命大多发生在那里。不过，要提到 5 000 甚至 10 000 年前的信息革命时，我们必须回到人类祖先走出的大陆——非洲，那里是人类文明的摇篮。

在中国（迄今发现的）最早的甲骨文[1]出现前的几千年，尼罗河流域就有了高度的文明。古埃及人不仅是优秀的农夫和建筑师，而且还发明了最早的保存信息的方式——用图形表示事物，这就是最早的象形文字（Hieroglyphic）。图 1.3 所示的是古埃及的《亚尼的死者之书》（*Book of The Death*），收藏于大英博物馆，这是一轴绘在纸莎草纸上长达 20 多米的长卷，有 60 幅绘画故事和象形文字的说明。这件 3 300—3 400 年前的文物，完整地记载了当时的文明[2]。

1 即大辛庄甲骨文。它的年代应不晚于殷墟文化三期，距今约 3200 年。

2 《亚尼的死者之书》是随葬品，放在棺中，可以看作是古埃及死者带到另一个世界的介绍信和今后生活的描述。上面有大量的象形文字，内容大致是说，死者被带到冥神面前，首先，他向冥神讲述他一辈子没有做任何坏事，然后来到诸神面前被裁判，最后搭乘太阳船开始新的生活。任何人看到它后都会感到震撼。它的制作之精美，保存之完好完全超出我们的想象。

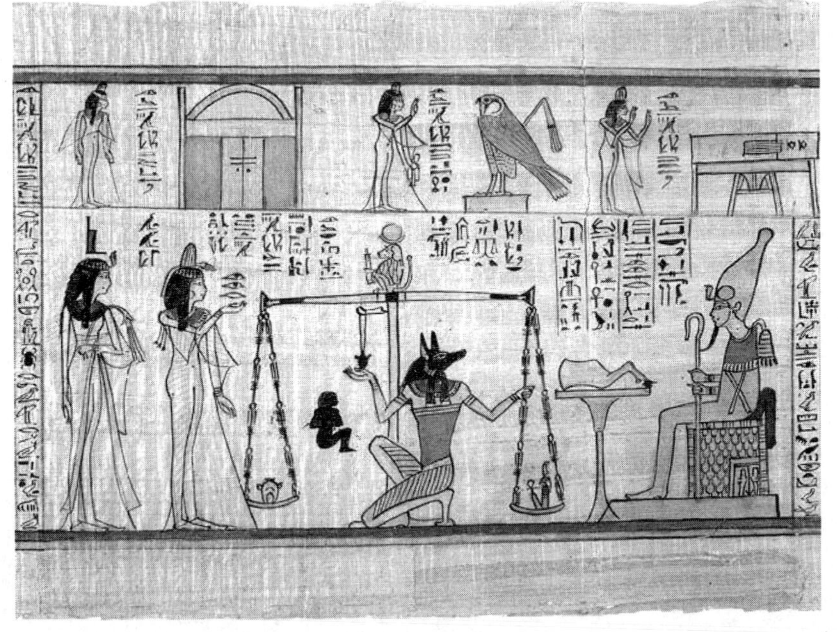

图 1.3 《亚尼的死者之书》

在早期，象形文字的数量和记录一个文明需要的信息量显然是相关的。最早刻有埃及象形文字的文物的年代大约是公元前 32 世纪，那个时期的象形文字数量大约只有 500 个，但是到了公元前 5—7 世纪（主要是“希腊-罗马时代”，Greece-Roman Era），埃及象形文字的数量增加到了 5000 个左右，与中国常用的汉字数量相当[3]。然而随着文明的进步，信息量的增加，埃及的象形文字数量便不再随着文明的发展而增加了，因为没有人能够学会和记住这么多的文字。于是，概念的第一次概括和归类就开始了。在中国的象形文字中，“日”本意是太阳，但它同时又是太阳从升起到落山再到升起的时间周期，也就是我们讲的一天。在古埃及的象形文字中，读音相同的词可能用同一个符号记录。这种概念的聚类，在原理上与今天自然语言处理或者机器学习的聚类有很大的相似性，只是在远古，完成这个过程可能需要上千年；而今天，可能只需几天甚至几小时，视计算机的速度和数量而定。

3 以二级国标汉字库为准。

文字按照意思来聚类，最终会带来一些歧义性，也就是说有时弄不清一个多义字在特定环境下它到底表示其中的哪个含义。而解决这个问题的方法，过去的先生和今天的学者也没有什么不同，都是依靠上下文。有了上下文，大多数情况下多义字的去除歧义（Disambiguation）都可以做到。当然，总有个别做不到的时候，这就导致了学者们对某段话理解上的不同。中国古代学者对儒家经典的注释和正义，其实都是在按照自己的理解做消除歧义性的工作。今天的情况也类似，对上下文建立的概率模型再好，也有失灵的时候。这些是语言从产生伊始就固有的特点。

有了文字，前人的生活经验和发生的事件便一代代传了下来。只要一个文明不中断，或者这种文字还有人认识，这些信息就会永远流传下去，比如中国的文明便是如此。当然，当一种文字不再有人认识时，破解相应的信息就有点困难了，虽然办法还是有的。

不同的文明，因为地域的原因，历史上相互隔绝，便会有不同的文字。随着文明的融合与冲突，不同文明下的人们需要进行交流，或者说通信，那么翻译的需求便产生了。翻译这件事之所以能达成，仅仅是因为不同的文字系统在记录信息上的能力是等价的。（这个结论很重要。）进一步讲，文字只是信息的载体，而非信息本身。那么不用文字，而用其他的载体（比如数字）是否可以存储同样意义的信息呢？这个答案是肯定的，这也是现代通信的基础。当然，不同的文明进行交流时，或许会用不同的文字记载同一件事。这就有可能为我们破解无人能懂的语言提供一把钥匙。

从公元前 7 世纪起，随着希腊人开始卷入埃及的政权之争[4]，希腊文化开始对埃及产生了影响。尤其是后来希腊人（包括马其顿人）和罗马人先后成了埃及的主人，埃及的语言也逐渐拉丁化。象形文字退出了历史的舞台，不再是人们通信的工具，而只是一种信息的记载，只有庙里的祭司们能认得了。到了公元 4 世纪左右，罗马皇帝狄奥多西一世下令在古埃及清除非基督教的宗教，埃及的象形文字从此失传。1400 多年后，1798 年，拿破仑的远征军来到埃及，随军有上百名学者。一天，有个叫皮埃尔·弗朗索瓦·布沙尔（Pierre-François Bouchard）的中尉在一个叫罗塞塔（Rosetta）的地方发现了一块破碎的古埃及石碑（见图 1.4），上面有三种语言：埃及象形文字、埃及的拼音文字和古希腊文。他意识到这块石碑对破解古埃及秘密的重要性，便交给了随行的科学家让·约瑟夫·马塞尔（Jean-Joseph Marcel），后者拓下了石碑上的文字带回法国。1801 年，法国在埃及战败，罗塞塔石碑从法国人手里转到了英国人手里[5]，不过，马塞尔带回的拓片却在法国和其他欧洲国家的学者中传阅，直到 21 年后的 1822 年，法国语言学家商博良（Jean-François Champollion）破解了罗塞塔石碑上的古埃及象形文字。可见文字本身的载体是石头还是纸张并不重要，它所承载的信息才是最重要的。

4 公元前 653 年，希腊商人帮助埃及人抵抗外族入侵。

5 这是今天大英博物馆镇馆之宝之一。

图 1.4 罗塞塔石碑

罗塞塔石碑的破译，让我们了解了整个埃及从公元前 32 世纪（早期王朝时代）至今的历史，这是让历史学界和语言学界最感振奋的事情。今天，我们对 5000 年前埃及的了解远比对 1000 年前的玛雅文明要多得多，这要归功于埃及人通过文字记录了他们生活中最重要的信息。而对于我这个长期从事自然语言处理的学者来讲，这件事有两点指导意义。

1. 信息的冗余是信息安全的保障。罗塞塔石碑上的内容是同一信息重复三次，因此只要有一份内容完好保留下来，原有的信息就不会丢失，这对信道编码有指导意义。（感谢 2000 多年前古埃及人在罗塞塔石碑上用三种文字记录了托勒密五世登基的诏书。）

2. 语言的数据，我们称之为语料，尤其是双语或者多语的对照语料对翻译至关重要，它是我们从事机器翻译研究的基础。在这个方法上，我们并没有比商博良走得更远。唯一不同的是，我们有了更强大的数学工具和计算机，不需要花费他那么长的时间。

了解了罗塞塔石碑的历史，对于今天很多翻译软件和服务都叫作“罗塞塔”就不会觉得奇怪了，这其中包括 Google 的机器翻译和世界上销量最大的 PC 机上的翻译软件。

既然文字是出现在远古“信息爆炸”导致人们的头脑装不下这些信息的时候，那么数字则是出现在人们的财产多到需要数一数才搞清楚有多少的时候。著名的美籍俄裔物理学家乔治·伽莫夫（George Gamow，1904—1968）在他的科普读物《从一到无穷大》一书中讲了这样一个原始部落中的故事。两个酋长要比一比谁说的数字大，一个酋长想了想，先说了“3”，第二个酋长想了半天，说你赢了。因为在原始部落，物质极其缺乏，很少会超过 3，他们就称之为“许多”或者叫“数不清”。因此，在那个时代，不可能出现完整的计数系统。

当我们的祖先需要记录的物件超过 3 时，当他们觉得 5 和 8 还是有区别的时候，计数系统就产生了。而数字是计数系统的基础。当然，早期数字并没有书写的形式，而是掰指头，这就是我们今天使用十进制的原因。毫无疑问，如果我们有十二个指头，那今天我们用的一定是十二进制。为了帮助计数，早期人类还将数字一道道地刻在木头、骨头或者其他便于携带的物件上。20 世纪 70 年代，考古学家在斯威士兰和南非之间的乐邦博（Lebombo）山上发现几根 35 000 年前的狒狒腓骨，上面有用于计数的划痕（见图 1.5）。科学家们认为这是迄今发现的最早的人类计数工具，说明在 35 000 年前，人类就开始有了计数系统。

图 1.5 迄今为止发现的人类最早的计数工具——斯威士兰的乐邦博骨

具有书写形式的数字和象形文字应该诞生于同一时期，距今有几千年的历史。几乎所有早期的文明对于数字 1、2、3 的记录方式都是几横（中国）、几竖（罗马）或者几个楔子点（美索不达米亚的数字，见图 1.6），这是象形文字的典型特征。因此，和其他文字一样，数字在早期只是承载信息的工具，并不具有任何抽象的含义。

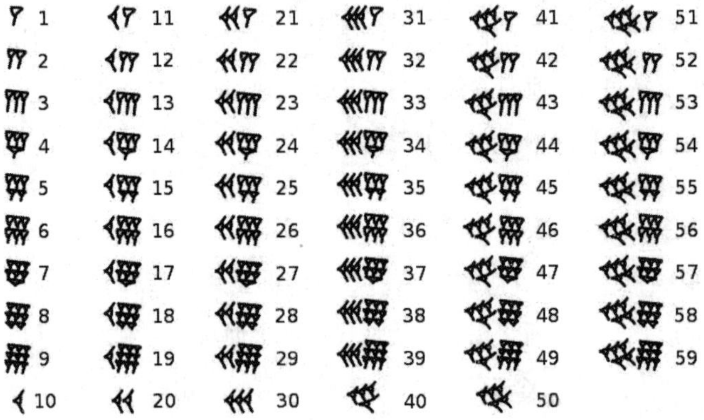

图 1.6 美索不达米亚的数字

渐渐地，我们的祖先发现十个指头不够用了。虽然最简单的办法就是把十个脚趾头也算上，但是这不能解决根本问题。事实上，我们的祖先没有这样做，当然也许在欧亚非大陆上出现过这么做的部落，但早就灭绝了。我们的祖先很聪明，发明了进位制，也就是我们今天说的逢十进一。这是人类的一大飞跃，因为我们的祖先开始懂得对数量进行编码了，不同的数字代表不同的量。几乎所有的文明都采用了十进制，那么有没有文明采用二十进制呢，也就是说他们数完全部的手指和脚趾才开始进位呢？答案是肯定的，这就是玛雅文明。因此，玛雅人的一个世纪，他们称为太阳纪，是 400 年。2012 年正好是目前这个太阳纪的最后一年，2013 年是新的太阳纪的开始。这是我在墨西哥从研究玛雅文化的教授那里得知的。不知道从何时起，2012 年这个太阳纪的最后一年被讹传为世界的最后一年。当然，这是题外话了。

相比十进制，二十进制有很多不便之处。我们中国人过去即使是不识几个字的人，也能背诵九九表。但是，换成二十进制，要背的可就是 19×19 的围棋盘了[6]。即使到了人类文明的中期，即公元前后，除非是学者，几乎没有人能够做到这一点。我想这可能是玛雅文明发展非常缓慢的原因之一，当然更重要的原因是它的文字极为复杂，以至于每个部落没有几个人能认识。

6 十进制、十二进制和十六进制混杂在一起的复杂单位制，除了美国，今天已经没有主要国家使用了。

对于不同位数数字的表示，中国人和罗马人都用明确的单位来表示数字的不同量级，中国人是用个十百千万亿兆[7]；罗马人用字符 I 代表 1，V 代表 5，X 代表 10，L 代表 50，C 代表 100，D 代表 500，M 代表 1000，再往上就没有了。这两种表示法都不自觉地引入了朴素的编码的概念。首先，它们都是用不同的符号代表不同的数字概念；第二，它们分别制定了解码的规则。在中国，解码的规则是乘法。200 万的写法含义是 2×100×10000；而在罗马，解码的规则是加减法——小数字出现在大数字左边为减，右边为加。比如 IV 表示 5-1=4，VII 表示 5+2=7，IIXX 表示 20-2=18。这个规则不仅复杂，而且很难描述大的数字和分数。罗马人要写 100 万的话，恐怕要 MMMM……地不断写下去，写满一整块黑板（见图 1.7）。虽然他们后来发明了在 M 上用上划线表示一千倍[8]，但是如果要书写 10亿的话，还是要写一黑板。因此，从编码的有效性来讲，中国人的做法比罗马人高明[9]。

7 兆本身又有两个含义：百万和万亿。

8 由于在罗马数字中上划线和下划线同时使用时又具有特殊含义，容易和单纯的上划线混淆，因此上划线一般不使用。

9 实际上，罗马人的老师希腊人的计数方式和中国古代颇为相似，不知为什么，罗马人没学会。

图 1.7 一位罗马学者试图在黑板上写出 100 万

描述数字最有效的是古印度人，他们发明了包括 0 在内的 10 个阿拉伯数字[10]，就是今天全世界通用的数字。这种表示方法比中国和罗马的都抽象，但是使用方便。因此，它们由阿拉伯人传入欧洲后，马上得到普及。只是欧洲人并不知道这些数字的真正发明者是印度人，而把功劳给了“二道贩子”阿拉伯人。阿拉伯数字或者说印度数字的革命性不仅在于它的简洁有效，而且标志着数字和文字的分离。这在客观上让自然语言的研究和数学在几千年里没有重合的轨迹，而且越走越远。

10
这个 0 很重要，否则就需要许多描述进制的量词，如个十百千万等。

3 文字和语言背后的数学

但是，任何事物的规律性都是内在的，并不随它的载体而改变。自然语言的发展，在冥冥之中都受着信息科学规律的引导。

当人类第二个文明的中心在两河流域的美索不达米亚建立的时候，一种新的文字 —— 楔形文字诞生了。考古学家和语言学家最初看到这些刻在泥板和石板[11]上，与埃及象形文字多少有点相像的符号时，以为它们是另一种象形文字。但是很快他们就发现这些文字其实是拼音文字，是我们这个星球上最古老的拼音文字，每个形状不同的楔子实际上是一个不

11
最早的泥板年代在公元前 26 世纪或者更远，迄今有 4 700 年左右的历史。

同的字母。如果把中文的笔画作为字母，它其实也是一种拼音文字，不过它是二维的而已。（然而，为了和罗马体系的拼音文字相区别，在这本书中我们会把汉字称为意型文字。）大英博物馆保存了上万块这种泥板和石板，上面都刻着楔形文字。这些刻满了文字的石板和泥板与亚述浮雕一起，被认为是最有价值的古巴比伦文物。

拼音文字由腓尼基人从美索不达米亚带到地中海东岸的叙利亚。腓尼基人是天生的商人，不愿意花大量时间雕刻这些漂亮的楔形字母，而将它们简化成 22 个字母。这些字母随着腓尼基人的商团经爱琴海诸岛（如克里特岛），然后传给了希腊人的祖先。但是，拼音文字在古希腊得到了充分的发展，和古巴比伦的楔形字母已经不同，古希腊文字母的拼写和读音已经紧密地结合起来了，这种语言相对容易学习。在之后的几个世纪里，伴随着马其顿人以及几个世纪后罗马人的扩张，这些只需要几十个字母的语言成为了欧亚非大陆语言体系的主体，因此，今天我们把所有西方的拼音文字称为罗马式的语言（Roman Languages）。

从象形文字到拼音文字是一个飞跃，因为人类在描述物体的方式上，从物体的外表进化到了抽象的概念，同时不自觉地采用了对信息的编码。不仅如此，我们的祖先对文字的编码还非常合理。在罗马体系的文字中，总体来讲，常用字短，生僻字长。而在意型文字中，也是类似，大都常用字笔画少，而生僻字笔画多。这完全符合信息论中的最短编码原理，虽然我们的祖先并不懂信息论。这种文字设计（其实是一种编码方法）带来的好处是书写起来省时间、省材料。

在蔡伦发明纸张以前，书写文字不是一件容易的事情。就以中文为例，在东汉以前要将文字刻在其他物件比如龟壳、石碑和竹简上。由于刻一个字的时间相当长，因此要惜墨如金。这就使得我们的古文（书面文字）非常简洁，但是也非常难懂，而同时期的口语却和今天的白话差别不大，语句较长但是易懂。（岭南客家话基本上保留了古代口语的原貌，写出来和我们清末民初的白话颇为相似。）这种现象非常符合今天信息科学（和工程）的一些基本原理，就是在通信时，如果信道较宽，信息不必压缩就可以直接传递；而如果信道很窄，信息在传递前需要尽可能地压缩，然后在接收端进行解压缩。在古代，两个人讲话说得快是一个宽信道，无需压缩；书写来得慢是一个窄信道，需要压缩。将日常的白话口语写成精简的文言文本身是信道压缩的过程，而将文言文解释清楚是解压缩的过程。这个现象与我们今天宽带互联网和移动互联网上的视频播放设定完全一致，前者是经过宽带传输，因此分辨率可以做得高得多；而后者由于空中频道带宽的限制，传输速度要慢一到两个数量级，因此分辨率要低得多。由此可见，在信息论尚未被发明的几千年前，中国人已经无意识地遵照它的规律行事了。

当司马迁用近 53 万字记载了中国上千年历史的同时，远在中东的犹太人也用类似的篇幅记载了自创世纪以来，主要是摩西以来他们祖先的历史，这就是《圣经》中的《旧约》部分[12]。《圣经》简洁的文风和中国的《史记》颇有相似之处。但是和《史记》这本由唯一作者写成的史书不同，《圣经》的写作持续了很多世纪，后世的人在做补充时，看到的是几百年前甚至上千年前原作的抄本。抄写的错误便在所难免。据说今天也只有牛津大学保留了一本没有任何错误的古本。虽然做事认真的犹太人要求在抄写《圣经》时，要虔诚并且打起十二分精神，尤其是每写到“上帝”（God 和 Lord）这个词时要去洗手祈祷，不过抄写错误还是难以避免。于是犹太人发明了一种类似于我们今天计算机和通信中校验码的方法。他们把每一个希伯来字母对应于一个数字，这样每行文字加起来便得到一个特殊的数字，这个数字便成为了这一行的校验码（见图 1.8）。同样，对于每一列也是这样处理。当犹太学者抄完一页《圣经》时，他们需要把每一行的文字加起来，看看新的校验码是否和原文的相同，然后对每一页进行同样的处理[13]。如果这一页每一行和每一列的校验码和原文完全相同，说明这一页的抄写无误。如果某行的校验码和原文中的对应不上，则说明这一行至少有一个抄写错误。当然，错误对应列的校验码也一定和原文对不上，这样可以很快找到出错的地方。这背后的原理和我们今天的各种校验是相同的。

12 《圣经》的中译本，不同版本字数不同，在 90 万—100 万字之间。其中《旧约》和《新约》大致各占篇幅的一半，约 50 万字。

13 Williams, Fred. "Meticulous Care in the Transmission of the Bible." Bible Evidences, n.d. Accessed October 11, 2008.

图 1.8　古犹太人抄写圣经，要检查每一行、每一列的校验是否正确

语言从古语发展到现代语言，在表达含义上比以前更准确、更丰富，这里面语法起到了很大的作用。我不是语言史学家，没有去考证语法出现的最早年代，但是大抵可以肯定在古希腊时期语法就开始成型了[14]。如果说从字母到词的构词法（Morphology）是词的编码规则，那么语法则是语言的编码和解码规则。不过，相比较而言，词可以被认为是有限而且封闭的集合，而语言则是无限和开放的集合。从数学上讲，对于前者可以有完备的编解码规则，而后者则不具备这个特性。因此，任何语言都有语法规则覆盖不到的地方，这些例外或者说不精确性，让我们的语言丰富多彩。虽然正统而教条的语言学家倾向于把这些例外作为“病句”，并且有的人毕其一生的精力来消灭病句，纯化语言，但是事实证明这种工作是徒劳的。莎士比亚的作品在他的时代完全是通俗而大众化的，其中包括大量违反古语法的名句，那个时代就开始有人试图完善（其实是篡改）莎士比亚戏剧。可今天这些语言不但没有消失，反而成了经典，而试图完善他著作的人却早已为大众遗忘。

14 也有人认为在更早的古巴比伦语中就形成了。

这就涉及一个语言学研究方法的问题：到底是语言对，还是语法对。前者坚持从真实的语句文本（称为语料）出发，而后者坚持从规则出发。经过三四十年的争论，最后实践是检验真理的唯一标准，自然语言处理的成就最终宣布了前者的获胜。这段历史，我们会在第 2 章“自然语言处理 —— 从规则到统计”中介绍。

小结

我们在这一章中讲述了文字、数字和语言的历史，目的是帮助读者感受语言和数学天然的、内在的联系。这里提到的一些概念和主题，是我们在后面的章节中讨论的重点，包括：

- 通信的原理和信息传播的模型
- （信源）编码和最短编码
- 解码的规则，语法
- 聚类
- 校验位
- 双语对照文本，语料库和机器翻译
- 多义性和利用上下文消除歧义性

这些今天自然语言处理学者们研究的问题，我们的祖先在设计语言之初其实已经遇到了，并且用类似今天的方法解决了，虽然他们的认识大多是自发的，而不是自觉的。他们过去遵循的法则和我们今天探求的研究方法背后有着共同的东西，这就是数学规律。

第 2 章　自然语言处理
从规则到统计

上一章讲到，语言的出现是为了人类之间的通信。字母（或者中文的笔画）、文字和数字实际上是信息编码的不同单位。任何一种语言都是一种编码的方式，而语言的语法规则是编解码的算法。我们把一个要表达的意思，通过某种语言的一句话表达出来，就是用这种语言的编码方式对头脑中的信息做了一次编码，编码的结果就是一串文字。而如果对方懂得这门语言，他或者她就可以用这门语言的解码方法获得说话人要表达的信息。这就是语言的数学本质。虽然动物也能做到传递信息，但是利用语言来传递信息是人类的特质。

1946 年[1]，现代电子计算机出现以后，计算机在很多事情上做得比人还好。既然如此，机器能不能懂得自然语言呢？事实上计算机一出现，人们就开始琢磨这件事。这里面涉及两个认知方面的问题：第一，计算机能否处理自然语言；第二，如果能，那么它处理自然语言的方法是否和人类一样。这也是本书要回答的两个问题。这里先给出简洁版的答案：对这两个问题的回答都是肯定的，Yes！

1 以冯·诺依曼体系的 ENIAC 为准。

1 机器智能

最早提出机器智能设想的是计算机科学之父阿兰·图灵（Alan Turing），1950 年他在《思想》（*Mind*）杂志上发表了一篇题为“计算的机器和智能”的论文。在论文中，图灵并没有提出什么研究的方法，而是提出了一种验证机器是否有智能的方法：让人和机器进行交流（见图 2.1），如果人无法判断自己交流的对象是人还是机器，就说明这个机器有智能了。这种方法被后人称为图灵测试（Turing Test）。图灵其实是留下了一个问题，而非答案，但是一般认为自然语言的机器处理（现在称作自然语言处理）的历史可以追溯到那个时候，至今已经 60 多年了。

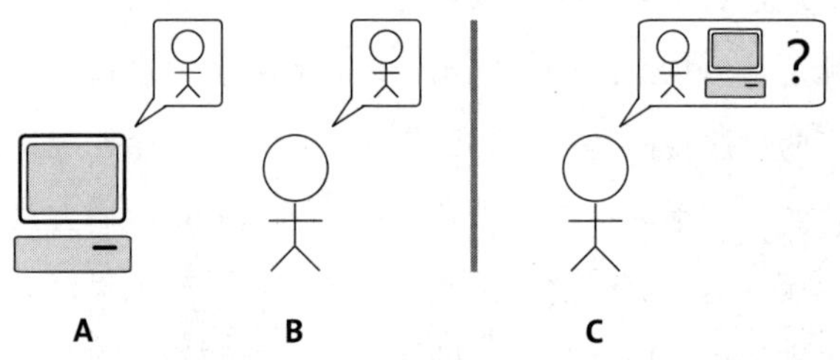

图 2.1 搞不清后面是人还是机器

自然语言处理 60 多年的发展过程，基本上可以分成两个阶段。早期的 20 多年，即从 20 世纪 50 年代到 70 年代，是科学家们走弯路的阶段。全世界的科学家对计算机处理自然语言的认识都局限在人类学习语言的方式上，也就是说，用电脑模拟人脑，这 20 多年的成果近乎为零。直到 20 世纪 70 年代，一些自然语言处理的先驱开始重新认识这个问题，找到了基于数学模型和统计的方法，自然语言处理进入第二个阶段。30 多年来，这个领域取得了实质性的突破，自然语言处理也在很多产品中得到广泛应用。虽然早期自然语言处理的工作对今天没有任何指导意义，但是回顾几代科学家的认识过程，对我们了解自然语言处理的方法很有好处，同时避免重走前人的弯路。

让我们回到 1956 年的夏天。28 岁的约翰·麦卡锡（John McCarthy），同龄的马文·明斯基（Marvin Minsky），37 岁的罗切斯特（Nathaniel Rochester）和 40 岁的香农等 4 人提议在麦卡锡工作的达特茅斯学院[2]开一个头脑风暴式的研讨会，他们称之为“达特茅斯夏季人工智能研究会议”。参加会议的还有 6 位年轻的科学家，包括 40 岁的赫伯特·西蒙（Herbert Simon）和 28 岁的艾伦·纽维尔（Allen Newell）。在这次研讨会上，大家讨论了当时计算机科学领域尚未解决的问题，包括人工智能、自然语言处理和神经网络等。人工智能这个提法便是在这次会议上提出的。这 10 个人，除了香农，当时大多没有什么名气。但是没关系，这些年轻人默默无闻的时间不会太久，后来这些人都非常了不起，其中出了 4 位图灵奖获得者（麦卡锡、明斯基、西蒙和纽维尔）。当然香农不必得什么图灵奖，作为信息论的发明人，他在科学史上的地位和图灵是相当的，而且通信领域的最高奖就是以他的名字命名的（见图 2.2）。

2 美国常青藤 8 所大学之一，也是美国最好的本科教育学校之一。

图 2.2　参加达特茅斯会议的西蒙、明斯基、麦卡锡（上排从左到右）纽维尔和香农（下排从左到右）

达特茅斯会议的意义超过 10 个图灵奖。这 10 个后来被证明是 20 世纪 IT 领域最优秀的科学家，开创了很多今天依然活跃的研究领域，而这些研究领域的成功使我们的生活变得十分美好。遗憾的是，受历史的局限，这 10 个世界上最聪明的头脑一个月的火花碰撞，并没有产生什么了不起的思想，他们对自然语言处理的理解，合在一起甚至不如今天一位世界一流大学的博士毕业生。那时候，全世界对自然语言处理的研究都陷入了一个误区。

当时，学术界对人工智能和自然语言理解的普遍认为：要让机器完成翻译或者语音识别等只有人类才能做的事情，就必须先让计算机理解自然语言，而做到这一点就必须让计算机拥有类似我们人类这样的智能。（今天几乎所有的科学家都不再坚持这一点，而很多门外汉还误以为计算机是靠类似我们人类的这种智能解决了上述问题。）为什么会有这样的认识？是因为人类就是这么做的，道理就这么简单。对于人类来讲，一个能把英语翻译成汉语的人，必定能很好地理解这两种语言。这就是直觉的作用。在人工智能领域，包括自然语言处理领域，后来把这样的方法论称作“鸟飞派”，也就是看看鸟是怎样飞的，就能模仿鸟造出飞机，而不需要了解空气动力学。事实上我们知道，怀特兄弟发明飞机靠的是空气动力学而不是仿生学。在这里，我们不要笑话我们前辈来自于直觉的天真想法，这是人类认识的普遍规律。今天，机器翻译和语音识别已经做得不错，并且有上亿人使用过，但是这个领域之外的大部分人依然错误地以为这两种应用是靠计算机理解了自然语言才实现的。事实上，它们全都靠得是数学，更准确地说是靠统计。

在 20 世纪 60 年代，摆在科学家面前的问题是怎样才能理解自然语言。当时普遍的认识是首先要做好两件事，即分析语句和获取语义。这实际上又是惯性思维的结果——它受到传统语言学研究的影响。从中世纪以来，语法一直是欧洲大学教授的主要课程之一。到 16 世纪，伴随着《圣经》被翻译介绍到欧洲以外的国家，这些国家的语言语法逐步得到完善。到 18、19 世纪，西方的语言学家们已经对各种自然语言进行了非常形式化的总结，这方面的论文非常多，形成了十分完备的体系。学习西方语言，都要学习语法规则（Grammar Rules）、词性（Part of Speech）和构词法（Morphologic）等。当然，应该承认这些规则是我们人类学习语言（尤其是外语）的好工具。而恰恰这些语法规则又很容易用计算机的算法描述，这就更坚定了大家对基于规则的自然语言处理的信心。

对于语义的研究和分析，相比较而言要不系统得多。语义也比语法更难在计算机中表达出来，因此直到 20 世纪 70 年代，这方面的工作仍然乏善可陈。值得一提的是，中国古代语言学的研究主要集中在语义而非语法上。很多古老的专著，比如《说文解字》等都是语义学研究的成果。由于语义对于我们理解自然语言是不可或缺的，因此各国政府在把很大比例的研究经费提供给"句法分析"相关研究的同时，也把一部分钱给了语义分析和知识表示等课题。现在把当时科学家头脑里的自然语言处理从研究到应用的依赖关系用图 2.3 来描述。

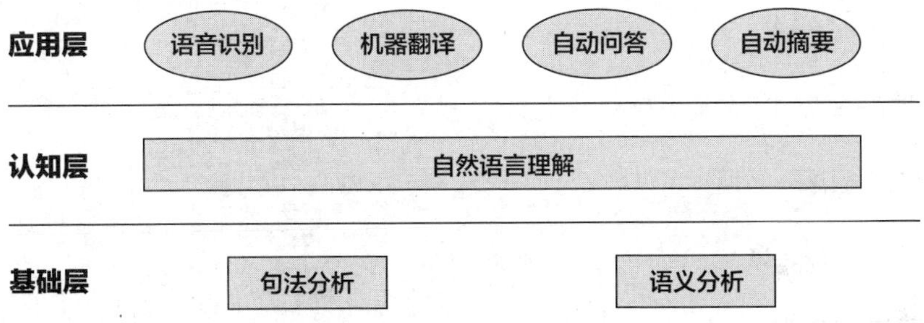

图 2.3 早期对自然语言处理的理解

让我们集中看看句法分析。先看下面一个简单的句子：

徐志摩喜欢林徽因。

这个句子可以分为主语、动词短语（即谓语）和句号三部分[3]，然后可以对每个部分作进一步分析，得到如图 2.4 所示的句法分析树（Syntactic Parse Tree，有时也简称为 Parse Tree）：

3
由于不同的人对同一个句子的句法分析经常不一致，因此，本书凡涉及句法分析和词性标注等例子，一律以宾夕法尼亚大学语言数据库（LDC）的标准为准。为了方便读者阅读，我把 LDC 的各种表示按实际意义从英语翻译成汉语。

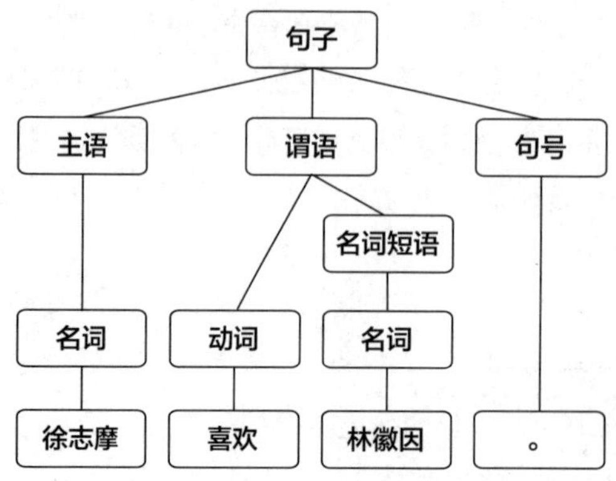

图 2.4 句法分析树

分析句子采用的文法规则通常被计算机科学家和语言学家称为重写规则（Rewrite Rules），具体到上面的句子，重写规则包括：

句子→主语谓语句号

主语→名词

谓语→动词　名词短语

名词短语→名词

名词→徐志摩

动词→喜欢

名词→林徽因

句号→。

20 世纪 80 年代以前，自然语言处理工作中的文法规则都是人工写的，这和后来采用机器总结的做法大不相同。直到 2000 年，很多公司，比如著名的机器翻译公司 SysTran，还是靠人工来总结文法规则。

20世纪60年代,基于乔姆斯基形式语言的编译器技术得到了很大的发展，计算机高级程序语言都可以概括成上下文无关的文法，这是一个在算法上可以在多项式时间内解决的问题（Polynomial Problem，详见附录）。

高级程序语言的规则和上述自然语言的规则从形式上看很相似。因此，很容易想到用类似的方法分析自然语言。那时，科学家们设计了一些非常简单的自然语句的文法分析器（Parser），可以分析词汇表为百十来个词、同时长度为个位数的简单语句（不能有很复杂的从句）。

科学家们原本以为随着对自然语言语法概括得越来越全面，同时计算机计算能力的提高，这种方法可以逐步解决自然语言理解的问题。但是这种想法很快遇到了麻烦。我们从上图可以看出，句子的文法分析实际上是一件很啰嗦的事：一个短短的句子居然分析出这么复杂的二维树结构，而且居然需要八条文法规则，即使刨去词性标注的后四条，依然还有四条。当然让计算机处理上述分析还是不难的，但要处理下面《华尔街日报》[4]中的一个真实句子就不是那么容易办到了：

> 美联储主席本·伯南克昨天告诉媒体 7 000 亿美元的救助资金将借给上百家银行、保险公司和汽车公司。[5]

虽然这个句子依然符合"句子→主语谓语句号"这条文法规则：

> 主语【美联储主席本·伯南克】|| 动词短语【昨天告诉媒体 7 000 亿美元的救助资金将借给上百家银行、保险公司和汽车公司】|| 句号【。】

然后，接下来可以进行进一步的划分，比如把主语"美联储主席本·伯南克"分解成两个名词短语"美联储主席"和"本·伯南克"，当然，前者修饰后者。对于动词短语也可以做同样的分析。如此，任何一个线性的语句，都可以被分析成这样一棵二维的文法分析树（Parse Tree）。我们没有将完整的分析树画出来，是因为在这本书的一页纸上，无法画出整个文法分析树 —— 这棵树非常大，非常复杂。应该讲，单纯基于文法规则的分析器是处理不了上面这么复杂的语句的。

这里面至少有两个越不过去的坎儿。首先，要想通过文法规则覆盖哪怕 20% 的真实语句，文法规则的数量（不包括词性标注的规则）也至少是几万条。语言学家几乎已经是来不及写了，而且这些文法规则写到后来

4 在自然语言处理学术领域，各国为了实验结果可以对比，一般采用《华尔街日报》的语料。

5 原句子是这样的"The Fed Chairman Ben Benanke told media yesterday that $700B bailout funds would be lended to hundreds of banks, insurance companies and automakers."

甚至会出现矛盾，为了解决这些矛盾，还要说明各个规则特定的使用环境。如果想要覆盖 50% 以上的语句，文法规则的数量最后会多到每增加一个新句子，就要加入一些新的文法。这种现象不仅出现在计算机处理语言上，而且出现在人类学习和自己母语不同语系的外语时。今天 30 岁以上的人都应该会有这种体会：无论在中学和大学英语考试成绩多么好，也未必能考好 GRE，更谈不上看懂英文的电影。原因就是我们即使学了 10 年的英语语法，也不能涵盖全部的英语。

其次，即使能够写出涵盖所有自然语言现象的语法规则集合，也很难用计算机来解析。描述自然语言的文法和计算机高级程序语言的文法不同。自然语言在演变过程中，产生了词义和上下文相关的特性。因此，它的文法是比较复杂的上下文有关文法（Context Dependent Grammar），而程序语言是我们人为设计的、便于计算机解码的上下文无关文法（Context Independent Grammar），相比自然语言简单得多。理解两者的计算量不可同日而语。

在计算机科学中，图灵奖得主高德纳（Donald Knuth）提出了用计算复杂度（Computational Complexity，请见附录）来衡量算法的耗时。对于上下文无关文法，算法的复杂度基本上是语句长度的二次方，而对于上下文有关文法，计算复杂度基本上是语句长度的六次方。也就是说，长度同为 10 的程序语言的语句和自然语言的语句，计算机对它们进行句法分析（Syntactic Parsing）的计算量，后者是前者的一万倍。而且随着句子长度的增长，二者计算时间的差异会以非常快的速度扩大。即使今天，有了很快的计算机（英特尔 i7 四核处理器），分析上面这个二三十个词的句子也需要一两分钟的时间。因此，在 20 世纪 70 年代，即使是制造大型机的 IBM 公司，也不可能采用规则的方法分析一些真实的语句。

2 从规则到统计

在上个世纪 70 年代，基于规则的句法分析很快就走到了尽头，而对于语义的处理则遇到了更大的麻烦。首先，自然语言中词的多义性很难用规则来描述，而是严重依赖于上下文，甚至是“世界的知识”（World Knowledge）或者常识。1966 年，著名人工智能专家明斯基（上面提到的达特茅斯会议的发起者之一）举了一个简单的反例来说明计算机处理语言的难处，“The pen is in the box.”和“The box is in the pen.”中两个 pen 的区别。第一句话很好理解，学过半年英语的学生都懂。但是第二句话则会让外国人很困惑，为什么盒子可以装到钢笔里？其实，第二句话对于英语是母语的人来讲很简单，因为这里 pen 是围栏的意思。整句话翻译成中文就是“盒子在围栏里”。这里面 pen 是指钢笔还是围栏，通过上下文已经不能解决，需要借助于常识，具体来说就是“钢笔可以放到盒子里，但是盒子比钢笔大，所以不能放到钢笔里”。这是一个很简单的例子，但清晰地说明了当时自然语言处理研究方法上存在的问题。1966 年的明斯基已经不是十年前那个默默无名的年轻人了，而是当时世界上数一数二的人工智能专家。他的意见对美国政府的科技决策部门产生了重大影响，自然科学基金会等部门对传统的自然语言处理研究非常失望，以至于在较长时间里对这方面的研究资助大大减少。可以说，利用计算机处理自然语言的努力直到 20 世纪 70 年代初是相当失败的。1970 年以后统计语言学的出现使得自然语言处理重获新生，并取得了今天的非凡成就。推动这个技术路线转变的关键人物是弗里德里克·贾里尼克（Frederick Jelinek）和他领导的 IBM 华生实验室（T. J. Watson）。最初，他们也没有想解决整个自然语言处理的各种问题，而只是希望解决语音识别的问题。采用基于统计的方法，IBM 将当时的语音识别率从 70% 提升到 90%，同时语音识别的规模从几百单词上升到几万单词，这样语音识别就有了从实验室走向实际应用的可能。关于这段历史，后面在贾里尼克的故事里会介绍。

IBM 华生实验室的方法和成就在自然语言处理界引发了巨大震动。后来成为 IBM 和 Google 主管研究的副总裁阿尔弗雷德·斯伯格特（Alfred Spector）博士，当时还是卡内基 - 梅隆大学教授，他 2008 年到 Google 上任后第一次和我单独面谈时，聊起当年这个转变的过程。他说，当年卡内基 - 梅隆大学已经在传统的人工智能领域走得非常远了，大家遇到了很多跨不过去的障碍。后来他去 IBM 华生实验室参观，看到那里基于统计的方法取得的巨大成绩，连他一个做系统出身的教授也能感受到今后在这个领域研究方法一定要变化。李开复修过他的课，算是他的学生，也是卡内基－梅隆大学最早从传统自然语言处理方法转到基于统计方法的研究者。李开复和洪小文因出色的工作，助力于他们的论文导师拉杰·雷迪（Raj Reddy）获得了图灵奖。

作为世界上两个顶尖公司的研究部门第一把手的斯伯格特，对未来研究方向的判断非常敏锐，当时能看出这一点并不奇怪。但是，并非所有的研究者都认可这个方向。基于规则的自然语言处理和基于统计的自然语言处理的争执后来还持续了 15 年左右，直到上个世纪 90 年代初。这期间，两路人马各自组织和召开自己的会议。如果在共同的会议上，则在各自的分会场开小会。到 90 年代以后，坚持前一种方法的研究人员越来越少，参会人数自然也越来越少；而后者却越来越多。这样，自然语言处理从规则到统计的过渡就完成了。15 年，对于一个学者来讲是一段非常长的时间，如果哪个人从做博士开始就选错了方向并且坚持错误，到 15 年后发现时，基本上这一辈子可能就一事无成了。

那么为什么这场争议持续了 15 年呢？首先，一种新的研究方法的成熟需要很多年。上个世纪 70 年代，基于统计的方法的核心模型是通信系统加隐马尔可夫模型。这一点在后面章节会详细介绍。这个系统的输入和输出都是一维的符号序列，而且保持原有的次序。最早获得成功的语音识别就是这样的，接下来第二个获得成功的词性分析也是如此。而在句法分析中，输入的是一维的句子，而输出的是二维的分析树；在机器翻译中，虽然输出的依然是一维的句子（另一种语言的），但是次序会有很大的变化，所以上述的方法就不太管用了。1988 年，IBM 的彼得·布朗（Peter Brown）等人提出了基于统计的机器翻译方法[6]，框架是对的，但是效果很差，因为当时既没有足够的统计数据，也没有足够强大的模型来解决不同语言语序颠倒的问题。这样在上个世纪整个 80 年代，除了布朗等人写了这篇论文，没有类似的机器翻译的工作有效展开，而布朗等人也去文艺

6
P. Brown, J Cocke, S Della Pietra, V Della Pietra, F. Jelinek, R. Mercer, P. Roossin, A statistical approach to language translation, Proceedings of the 12th conference on Computational Linguistics, P 71-76, August 22-27, 1988.

复兴技术公司[7]发财了。句法分析的问题就更加复杂，因为一个语法成分对另一个语法成分的修饰关系不一定相邻，而是中间间隔了很多短语的。只有基于有向图的统计模型才能很好地解决复杂的句法分析。在很长一段时间里，传统方法的捍卫者攻击对方的武器就是，基于统计的方法只能处理浅层的自然语言处理问题，而无法进入深层次的研究。

7 世界上迄今为止最成功的对冲基金，由著名微分几何数学家、陈省身-赛蒙斯定理的发明人赛蒙斯（Jim Simons）创立。彼得·布朗任 IT 部门第一主管。

在从 20 世纪 80 年代末至今的 25 年里，随着计算能力的提高和数据量的不断增加，过去看似不可能通过统计模型完成的任务，渐渐都变得可能了，包括很复杂的句法分析。到了 20 世纪 90 年代末期，大家发现通过统计得到的句法规则甚至比语言学家总结的更有说服力。2005 年以后，随着 Google 基于统计方法的翻译系统全面超过基于规则方法的 SysTran 翻译系统，基于规则方法学派固守的最后一个堡垒被拔掉了。这才使得我们在这本书里，可以且只需用数学的方法给出现今所有自然语言处理相关问题的全部答案。

第二点，也很有意思，用基于统计的方法代替传统的方法，需要等原有的一批语言学家退休。这在科学史上也是经常发生的事。钱钟书在《围城》中讲，老科学家可以理解成“老的科学家”或者“老科学的家”两种。如果是后者，他们年纪不算老，但是已经落伍，大家必须耐心等他们退休让出位子。毕竟，不是所有人都乐意改变自己的观点，无论对错。当然，等这批人退休之后，科学就会以更快的速度发展。因此，我常想，我自己一定要在还不太糊涂和固执时就退休（见图 2.5）。

图 2.5　唉，经费又给那些“老科学家”拿走了

在科学家的新老交替上，除了贾里尼克直接领导的IBM– 约翰 · 霍普金斯系统（包括我本人），米奇 · 马库斯（Mitch Marcus）领导的宾夕法尼亚大学也起了很大的作用。马库斯设法获得了美国自然科学基金会的支持，设立和领导了 LCD 项目，采集和整理全世界主要语言的语料，并且培养了一批世界级的科学家，让他们到世界主要的一流实验室里挑大梁。这前后两拨人形成了一个事实上的学派，占据了全世界自然语言处理学术界的主要位置。

同时，自然语言处理的应用在过去 25 年里也发生了巨大的变化。比如对自动问答的需求很大程度上被网页搜索和数据挖掘替代了。而新的应用越来越依靠数据的作用和浅层的自然语言处理的工作，这就在客观上大大加速了自然语言处理研究从基于规则的方法到基于统计的方法的转变。

今天，几乎不再有科学家自称是传统的基于规则方法的捍卫者。而自然语言处理的研究也从单纯的句法分析和语义理解，变成了非常贴近实际应用的机器翻译、语音识别、文本到数据库自动生成、数据挖掘和知识的获取，等等。

小结

基于统计的自然语言处理方法，在数学模型上和通信是相通的，甚至就是相同的。因此，在数学意义上自然语言处理又和语言的初衷 —— 通信联系在一起了。但是，科学家们用了几十年才认识到这个联系。

第3章 统计语言模型

我们在前面的章节一直强调，自然语言从它产生开始，逐渐演变成一种上下文相关的信息表达和传递的方式，因此让计算机处理自然语言，一个基本的问题就是为自然语言这种上下文相关的特性建立数学模型。这个数学模型就是在自然语言处理中常说的统计语言模型（Statistical Language Model），它是今天所有自然语言处理的基础，并且广泛应用于机器翻译、语音识别、印刷体或手写体识别、拼写纠错、汉字输入和文献查询。

1 用数学的方法描述语言规律

统计语言模型产生的初衷是为了解决语音识别问题。在语音识别中，计算机需要知道一个文字序列是否能构成一个大家理解而且有意义的句子，然后显示或者打印给使用者。

比如在上一章的例子中：

> 美联储主席本·伯南克昨天告诉媒体7000亿美元的救助资金将借给上百家银行、保险公司和汽车公司。

这句话就很通顺，意思也很明白。

如果改变一些词的顺序，或者替换掉一些词，将这句话变成：

> 本·伯南克美联储主席昨天7 000亿美元的救助资金告诉媒体将借给银行、保险公司和汽车公司上百家。

意思就含混了，虽然多少还能猜到一点。

但是如果再换成：

> 联主美储席本·伯诉体南将借天的救克告媒昨助资金70元亿00美给上百百百家银保行、汽车险公司公司和。

基本上读者就不知所云了。

如果问一个没有学过自然语言处理的人，句子为什么会变成这样，他可能会说，第一个句子合乎语法，词义清晰。第二个句子虽不合乎语法，但是词义还算清晰。而第三个句子则连词义都不清晰了。上个世纪70年代以前，科学家们也是这样想的，他们试图判断这个文字序列是否合乎文法、含义是否正确等。正如我们上节所讲，这条路走不通。而贾里尼克换了一个角度，用一个简单的统计模型很漂亮地搞定了这个问题。

贾里尼克的出发点很简单：一个句子是否合理，就看它的可能性大小如何。至于可能性就用概率来衡量。第一个句子出现的概率大致是10^{-20}，第二个句子出现的概率是10^{-25}，第三个句子出现的概率是10^{-70}。因此，第一个句子出现的可能性最大，是第二个句子的10万倍，第三个句子的一百亿亿亿亿亿亿倍。这个方法更普遍而严格的描述是：

假定S表示某一个有意义的句子，由一连串特定顺序排列的词$w_1, w_2, \cdots, w_n$组成，这里n是句子的长度。现在，我们想知道S在文本中出现的可能性，也就是数学上所说的S的概率$P(S)$。当然，也可以把人类有史以来讲过的话统计一下，同时不要忘记统计几百上千年间可能讲过的话，就知道这句话可能出现的概率了。但这种方法恐怕连傻子都知道行不通。因此，需要有个模型来估算。既然$S = w_1, w_2, \cdots, w_n$，那么不妨把$P(S)$展开表示：

$$P(S)=P(w_1,w_2,\cdots,w_n) \quad (3.1)$$

利用条件概率的公式，S 这个序列出现的概率等于每一个词出现的条件概率相乘，于是$P(w_1,w_2,\cdots,w_n)$可展开为：

$$P(w_1,w_2,\cdots,w_n)$$
$$=P(w_1)\cdot P(w_2|w_1)\cdot P(w_3|w_1,w_2)\cdot\cdots\cdot P(w_n|w_1,w_2,\cdots,w_{n-1}) \quad (3.2)$$

其中$P(w_1)$表示第一个词 w_1 出现的概率 [1]；$P(w_2|w_1)$是在已知第一个词的前提下，第二个词出现的概率；依此类推。不难看出，词w_n的出现概率取决于它前面的所有词。

1
当然更准确的描述是$P(w_1|<s>)$，即这个词在句子开头$<s>$条件下的概率。

从计算上来看，第一个词的条件概率$P(w_1)$很容易算，第二个词的条件概率$P(w_2|w_1)$也还不太麻烦，第三个词的条件概率$P(w_3|w_1,w_2)$已经非常难算了，因为它涉及三个变量w_1,w_2,w_3，每个变量的可能性都是一种语言字典的大小。到了最后一个词w_n，条件概率 $P(w_n|w_1,w_2,\cdots,w_{n-1})$的可能性太多，无法估算。怎么办？

从 19 世纪到 20 世纪初，俄国有个数学家叫马尔可夫（Andrey Markov），他提出了一种偷懒但还颇为有效的方法，也就是每当遇到这种情况时，就假设任意一个词w_i 出现的概率只同它前面的词w_{i-1}有关，于是问题就变得很简单了。这种假设在数学上称为马尔可夫假设 [2]。现在，S 出现的概率就变得简单了：

2
马尔可夫在 1906 年首先做出了这类过程。而将此一般化到可数无限状态空间是由柯尔莫果洛夫在 1936 年给出的。

$$P(S)$$
$$=P(w_1)\cdot P(w_2|w_1)\cdot P(w_3|w_2)\cdot\cdots\cdot P(w_i|w_{i-1})\cdot\cdots\cdot P(w_n|w_{n-1}) \quad (3.3)$$

公式（3.3）对应的统计语言模型是二元模型（Bigram Model）。顺便提一句，和语言模型相关的很多名词的中文翻译，最早是我 20 多年前提出的，依然沿用至今。Bigram Model 当初我译为二元文法模型，现在我觉得直接叫二元模型更准确。当然，也可以假设一个词由前面

$N-1$个词决定，对应的模型稍微复杂些，被称为N元模型。我们会在下一节中介绍。

接下来的问题就是如何估计条件概率 $P(w_i|w_{i-1})$。根据它的定义：

$$P(w_i|w_{i-1}) = \frac{P(w_{i-1},w_i)}{P(w_{i-1})} \qquad (3.4)$$

而估计联合概率$P(w_{i-1},w_i)$和边缘概率$P(w_{i-1})$，现在变得很简单。因为有了大量机读文本，也就是专业人士讲的语料库（Corpus），只要数一数w_{i-1},w_i这对词在统计的文本中前后相邻出现了多少次$\#(w_{i-1},w_i)$，以及w_{i-1}本身在同样的文本中出现了多少次$\#(w_{i-1})$，然后用两个数分别除以语料库的大小#，即可得到这些词或者二元组的相对频度：

$$f(w_{i-1},w_i) = \frac{\#(w_{i-1},w_i)}{\#} \qquad (3.5)$$

$$f(w_{i-1}) = \frac{\#(w_{i-1})}{\#} \qquad (3.6)$$

根据大数定理，只要统计量足够，相对频度就等于概率，即

$$P(w_{i-1},w_i) \approx \frac{\#(w_{i-1},w_i)}{\#} \qquad (3.7)$$

$$P(w_{i-1}) \approx \frac{\#(w_{i-1})}{\#} \qquad (3.8)$$

而$P(w_i|w_{i-1})$就是这两个数的比值，再考虑到上面的两个概率有相同的分母，可以约掉，因此

$$P(w_i|w_{i-1}) \approx \frac{\#(w_{i-1},w_i)}{\#(w_{i-1})} \qquad (3.9)$$

现在，读者也许已经开始能感受到数学的美妙之处了，它把一些复杂的问题变得如此简单。这似乎有点让人难以置信，用这么简单的数学模型能解决复杂的语音识别、机器翻译等问题，而用很复杂的文法规则和人

工智能却做不到。其实不光是普通人，就连很多语言学家都曾质疑过这种方法的有效性，但事实证明，统计语言模型比任何已知的借助某种规则的解决方法更有效。我们不妨看三个真实的例子。

第一个例子是三十多年前的一件事。这件事使得原本名不见经传的李开复一下子成了语音识别领域的顶级科学家。20 世纪 80 年代末，还在卡内基－梅隆大学做博士生的李开复，了解到了 IBM 所提出的统计语言模型之后，用这种方法将 997 个词的语音识别问题简化成了一个相当于 20 个词的识别问题，实现了有史以来第一次大词汇量非特定人连续语音的识别。

第二个例子是 Google 的机器翻译项目罗塞塔（Rosetta，大家应该知道它为什么起这个名字）。同很多大学和研究所相比，Google 在机器翻译领域的研究起步很晚。在罗塞塔项目启动之前，IBM、南加州大学、约翰·霍普金斯大学和 SysTran 公司等已经在这个领域研究了多年，并且多次参加了美国标准局（NIST）主持的对各种机器翻译系统的评测。Google 的罗塞塔系统 2007 年第一次参加 NIST 的评测，这个仅仅开发了两年的系统便一鸣惊人地夺得第一，而且评测分数高出所有基于规则的系统很多，要知道后者已经开发了十几年。这里面的秘密武器就是一个比其他竞争对手大上百倍[3]的语言模型。

3 指 N 元组的数量。

第三个例子是统计语言模型在自然语言处理上的最新应用。2012 年我回到 Google 以后，开发了计算机自动回答问题的产品。虽然以前在实验室中有不少科学家能够让计算机回答简单的问题，比如“中国的人口是多少？”“奥巴马是哪一年出生的？”但是没有计算机能够回答“为什么”和“怎么做”这一类的难题，比如“为什么天空是蓝色的？”我们利用大数据在很大程度上解决了这个难题，能够人工合成出这些问题的答案。但是，要想让机器合成的答案读起来“通顺”，就必须采用语言模型了。今天，这个产品的英文版和日文版已经上线。2019 年，Google 的 CEO 皮查伊将它作为 Google 在人工智能方面的主要成就，介绍给用户。关于如何让计算机回答问题，我们会在后面的章节里介绍。

从这些例子中我们看到语言模型已经成为了很多“智能化”计算机软件中不可或缺的一部分。

当然，真正实现一个好的统计语言模型，还有许多细节问题需要解决，比如，如果上面公式中的这对词(w_{i-1}, w_i)在语料库中没出现，或只出现一两次，估算概率就有点棘手了。贾里尼克及其同事的贡献不仅在于提出了统计语言模型，而且还很漂亮地解决了所有的细节问题。这些我们将在下一节中介绍。一般的读者如果并不需要在工作中使用统计语言模型，也不想关心数学味道太浓的细节，阅读就可以到此打住了，因为统计语言模型的基本原理已经介绍完了。数学的精彩之处就在于简单的模型可以干大事。

2　延伸阅读：统计语言模型的工程诀窍

读者知识背景：概率论和数理统计。

这本书的大多数章节都会有延伸阅读部分，主要写给专业读者和有兴趣学习这里面的数学原理的人，但是这些内容未必适合所有的读者。为了节省大家的时间，延伸阅读部分会标示出对读者背景知识的要求，大家可以自行决定是否跳过这部分内容。

2.1　高阶语言模型

上一节中公式（3.3）模型的假设前提是，句子中的每个词只和前面一个词有关，而和更前面的词就无关了，这似乎太简化了，或者说近似得过头了。确实是这样，读者很容易找到一些例子：某个词和前面第二个词有关，比如说“美丽的花朵”，花朵其实和美丽有关。因此，更普遍的假设是某个词和前面若干个词有关。

假定文本中的每个词w_i和前面$N-1$个词有关，而与更前面的词无关，这样当前词w_i的概率只取决于前面$N-1$个词$P(w_{i-N+1},w_{i-N+2},\cdots,w_{i-1})$。因此，

$$P(w_i|w_1,w_2,\cdots,w_{i-1})=P(w_i|w_{i-N+1},w_{i-N+2},\cdots,w_{i-1}) \tag{3.10}$$

公式（3.10）的这种假设被称为$N-1$阶马尔可夫假设，对应的语言模型称为N元模型（N-Gram Model）。$N=2$的二元模型就是公式（3.3），而$N=1$的一元模型实际上是一个上下文无关的模型，也就是假定当前词出现的概率与前面的词无关。而在实际中应用最多的是$N=3$的三元模型，更高阶的模型就很少使用了。

为什么N取值一般都这么小呢？这里面主要有两个原因。首先，N元模型的大小（或者说空间复杂度）几乎是N的指数函数，即$O(|V|^N)$，这里$|V|$是一种语言词典的词汇量，一般在几万到几十万个。而使用N元模型的速度（或者说时间复杂度）也几乎是一个指数函数，即$O(|V|^{N-1})$。因此，N不能很大。当N从 1 到 2，再从 2 到 3 时，模型的效果上升显著。而当模型从 3 到 4 时，效果的提升就不是很显著了，而资源的耗费却增加得非常快，所以，除非是为了做到极致不惜资源，很少有人使用四元以上的模型。Google 的罗塞塔翻译系统和语音搜索系统，使用的是四元模型，该模型存储于 500 台以上的 Google 服务器中。

最后还有一个问题，三元或四元甚至更高阶的模型是不是就能覆盖所有的语言现象呢？答案显然是否定的。在自然语言中，上下文之间的相关性可能跨度非常大，甚至可以从一个段落跨到另一个段落。因此，即便再怎么提高模型的阶数，对这种情况也无可奈何，这就是马尔可夫假设的局限性，这时就要采用其他一些长程的依赖性（Long Distance Dependency）来解决这个问题了，在以后的章节还会对此有介绍。

2.2　模型的训练、零概率问题和平滑方法

使用语言模型需要知道模型中所有的条件概率，我们称之为模型的参数。通过对语料的统计，得到这些参数的过程称作模型的训练。在前一

节中提到的模型训练方法，似乎非常简单。比如对于二元模型（3.3），就是拿两个数字，(w_{i-1}, w_i)在语料中同现的次数$\#(w_{i-1}, w_i)$和(w_{i-1})在语料中单独出现的次数$\#(w_{i-1})$，计算一下比值即可。但问题是，如果同现的次数$\#(w_{i-1}, w_i) = 0$怎么办，是否意味着条件概率$P(w_i|w_{i-1}) = 0$？反过来如果$\#(w_{i-1}, w_i)$和$\#(w_{i-1})$都只出现了一次，能否得出$P(w_i|w_{i-1}) = 1$这样非常绝对的结论？这就涉及统计的可靠性问题了。

在数理统计中，我们之所以敢用对采样数据进行观察的结果来预测概率，是因为有大数定理（Law of Large Numbers）在背后做支持，它的要求是有足够的观测值。例如，在某镇中心的楼上，看到楼下熙熙攘攘的人群中有 550 个男性，520 个女性，我们大致可以认为这个地方男性出现的概率是 550 ／（550 + 520）≈ 51.4%，而女性出现的概率为 520 ／（550 + 520）≈ 48.6%。但是，某天一大早，我们从楼上看下去，只有 5 个人，4 个女性 1 个男性，我们敢不敢说，女性出现的概率为 80%，而男性只有 20% 呢？显然不敢，因为这 5 个人出现的情况有非常大的随机性。也许第二天清晨，楼下只有 3 个人且全是男性，我们同样不敢得出这里不会出现女性的预测。

这是生活中的常识。但是在估计语言模型的概率时，很多人恰恰忘了这个道理，因此训练出来的语言模型“不管用”，然后回过头来怀疑这个方法是否有效。其实这个方法屡试不爽，今天的数字通信很大程度就建立在这个基础上，问题在于如何使用。那么如何正确地训练一个语言模型呢？

一个直接的办法就是增加数据量，但是即使如此，仍会遇到零概率或者统计量不足的问题。假定要训练一个汉语的语言模型，汉语的词汇量大致是 20 万这个量级[4]，训练一个三元模型就有 $200\,000^3 = 8 \times 10^{15}$ 个不同的参数。假如从互联网上刨去垃圾数据，有 100 亿个有意义的中文网页，这已经是相当高估的数据，每个网页平均 1 000 词。那么，即使将互联网上全部的中文内容都用作训练，依然只有 10^{13}，因此，如果用直接的比

4 以 Google IME 为参考。

值计算概率，大部分条件概率依然是零，这种模型我们称之为“不平滑”。在实际应用中，统计语言模型的零概率问题是无法回避的，必须解决。

训练统计语言模型的艺术就在于解决好统计样本不足时的概率估计问题。1953 年古德（I. J. Good）在他老板图灵（Alan Turing）（就是计算机科学史上的图灵）的指导下，提出了在统计中相信可靠的统计数据，而对不可信的统计数据打折扣的一种概率估计方法，同时将折扣出来的那一小部分概率给予未看见的事件（Unseen Events）。古德和图灵还给出了一个很漂亮的重新估算概率的公式，这个公式后来被称为古德 – 图灵估计（Good-Turing Estimate）。

古德 – 图灵估计的原理是这样的：对于没有看见的事件，我们不能认为它发生的概率就是零，因此我们从概率的总量（Probability Mass）中，分配一个很小的比例给这些没有看见的事件（见图 3.1）。这样一来，看见的那些事件的概率总和就要小于 1 了，因此，需要将所有看见的事件概率调小一点。至于小多少，要根据“越是不可信的统计折扣越多”的方法进行。

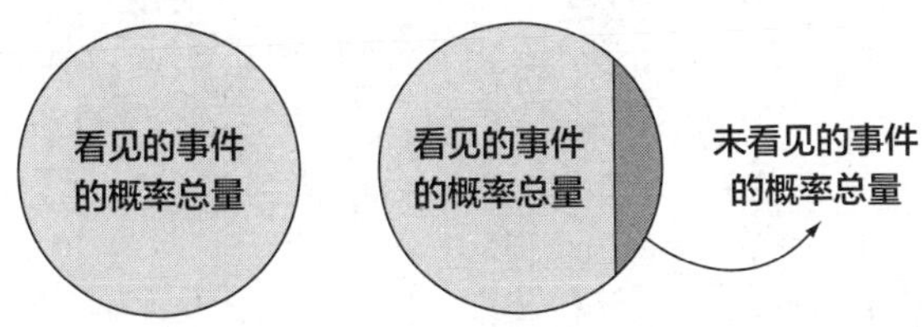

图 3.1　从左到右的变化，把一部分看得见的事件的概率分布给未看见的事件

下面以统计词典中的每个词的概率为例，来说明古德 – 图灵估计公式。

假定在语料库中出现r次的词有N_r个，特别地，未出现的词数量为N_0。语料库的大小为N。那么，很显然

$$N = \sum_{r=1}^{\infty} r N_r \tag{3.11}$$

出现 r 次的词在整个语料库中的相对频度（Relative Frequency）则是

rN_r/N，如果不做任何优化处理，就以这个相对频度作为这些词的概率估计。

现在假定当r 比较小时，它的统计可能不可靠，因此在计算那些出现r 次的词的概率时，要使用一个更小一点的次数，是d_r（而不直接使用r），古德－图灵估计按照下面的公式计算 d_r：

$$d_r = (r+1) \cdot N_{r+1}/N_r \quad (3.12)$$

显然

$$\sum_r d_r \cdot N_r = N \quad (3.13)$$

一般来说，出现一次的词的数量比出现两次的多，出现两次的比出现三次的多。这种规律称为 Zipf 定律(Zipf's Law)。图 3.2 是一个小语料库中，出现r 次的词的数量N_r 和 r 的关系。

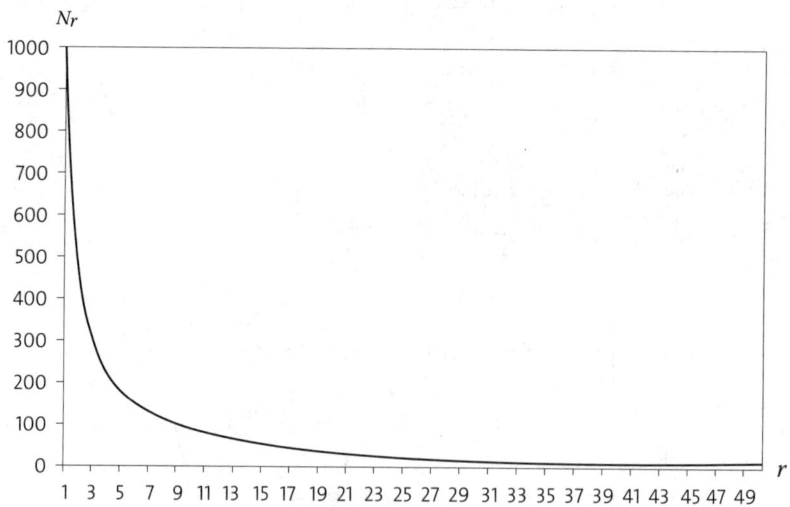

图 3.2　Zipf 定律：出现r 次词的数量 N_r 和 r 的关系

可以看出r 越大，词的数量N_r 越小，即 $N_{r+1} < N_r$。因此，一般情况下 $d_r<r$，而 $d_0>0$ 。这样就给未出现的词赋予了一个很小的非零值，从而解决了零概率的问题。同时下调了出现频率很低的词的概率。当然，在实际的自然语言处理中，一般对出现次数超过某个阈值的词，频率不下调，只对出现次数低于这个阈值的词，才下调频率，下调得到的频率总和给未出现的词。

这样出现 r 次的词的概率估计为 d_r/N 。于是，对于频率超过一定阈值的词，它们的概率估计就是它们在语料库中的相对频度，对于频率小于这个阈值的词，它们的概率估计就小于它们的相对频度，出现次数越少的，折扣越多。对于未看见的词，也给予了一个比较小的概率。这样所有词的概率估计都很平滑了。

对于二元组 (w_{i-1},w_i) 的条件概率估计 $P(w_i|w_{i-1})$ 也可以做同样的处理。我们知道，通过前一个词 w_{i-1} 预测后一个词 w_i 时，所有的可能情况的条件概率总和应该为 1，即

$$\sum_{w_i \in V} P(w_i|w_{i-1}) = 1 \tag{3.14}$$

对于出现次数非常少的二元组 (w_{i-1},w_i)，需要按照古德－图灵的方法打折扣，这样 $\sum_{w_{i-1},w_i\ seen} P(w_i|w_{i-1}) < 1$，同时意味着有一部分概率量没有分配出去，留给了没有看到的二元组 (w_{i-1},w_i)。基于这种思想，估计二元模型概率的公式如下：

$$P(w_i|w_{i-1}) = \begin{cases} f(w_i|w_{i-1}) & if\ \#(w_{i-1},w_i) \geqslant T \\ f_{gt}(w_i|w_{i-1}) & if\ 0 < \#(w_{i-1},w_i) < T \\ Q(w_{i-1}) \cdot f(w_i) & otherwise \end{cases} \tag{3.15}$$

其中 T 是一个阈值，一般在 8—10，函数 $f_{gt}()$ 表示经过古德－图灵估计后的相对频度，而

$$Q(w_{i-1}) = \frac{1 - \sum_{w_i\ seen} P(w_i|w_{i-1})}{\sum_{w_i\ unseen} f(w_i)} \tag{3.16}$$

这样可以保证等式（3.14）成立。

这种平滑的方法，最早由前 IBM 科学家卡茨（S. M. Katz）提出，故称为卡茨退避法（Katz Backoff）。类似地，对于三元模型，概率估计的公式如下：

$$P(w_i|w_{i-2},w_{i-1}) = \begin{cases} f(w_i|w_{i-2},w_{i-1}) & if\ \#(w_{i-2},w_{i-1},w_i) \geqslant T \\ f_{gt}(w_i|w_{i-2},w_{i-1}) & if\ 0 < \#(w_{i-2},w_{i-1},w_i) < T \\ Q(w_{i-2},w_{i-1}) \cdot P(w_i|w_{i-1}) & otherwise \end{cases} \quad (3.17)$$

对于一般情况的 N 元模型概率估计公式，依此类推。

内伊（Herman Ney）等人在此基础上优化了卡茨退避法，原理大同小异，就不赘述了，有兴趣的读者可以读参考文献 2。

因为一元组(w_i)出现的次数平均比二元组(w_{i-1},w_i)出现的次数要多很多，根据大数定理，它的相对频度更接近概率分布。类似地，二元组平均出现的次数比三元组要高，二元组的相对频率比三元组更接近概率分布。同时，低阶模型的零概率问题也要比高阶模型轻微。因此，用低阶语言模型和高阶模型进行线性插值来达到平滑的目的，也是过去行业中经常使用的一种方法，这种方法称为删除差值（Deleted Interpolation），详见下面的公式。该公式中的三个 λ 均为正数且和为 1。线性插值的效果比卡茨退避法略差，故现在已经较少使用了。

$$P(w_i|w_{i-2},w_{i-1}) = \lambda(w_{i-2},w_{i-1}) \cdot f(w_i|w_{i-2},w_{i-1}) + \lambda(w_{i-1}) \cdot f(w_i|w_{i-1}) + \lambda f(w_i) \quad (3.18)$$

2.3 语料的选取问题

模型训练中另一个重要的问题就是训练数据，或者说语料库的选取。如果训练语料和模型应用的领域相脱节，那么模型的效果往往会大打折扣。

比如，某个语言模型的应用是网页搜索，则该模型的训练数据就应该是杂乱的网页数据和用户输入的搜索串，而不是传统的、规范的新闻稿，即使前者夹杂着噪声和错误。

这里有一个很好的例子，来自腾讯搜索部门。最早的语言模型是使用《人民日报》的语料训练的，因为开发者认为这些语料干净、无噪声。但是实际的效果比较差，经常出现搜索串和网页不匹配的例子。后来改用网页的数据，尽管它们有很多的噪音，但是因为训练数据和应用一致，搜索质量反而好。

训练数据通常是越多越好。虽然通过上节介绍的平滑过渡的方法可以解决零概率和很小概率的问题，但是毕竟在数据量很大时概率模型的参数可以估计得比较准确。高阶的模型因为参数多，需要的训练数据也相应会多很多。遗憾的是，并非所有的应用都能得到足够多的训练数据，比如说机器翻译的双语语料就非常少，在这种情况下片面追求高阶的大模型就没什么意义。

在训练数据和应用数据一致并且训练量足够大的情况下，训练语料的噪音高低也会对模型的效果产生一定的影响，因此，在训练之前有时需要对训练数据进行预处理。一般情况下，少量的（没有模式的）随机噪音清除起来成本非常高，通常就不做处理了。但是对于能找到模式（Pattern）的、量比较大的噪音还是有必要过滤的，而且它们也比较容易处理，比如网页文本中存在的大量制表符。因此，在成本不高的情况下，有必要对训练数据进行过滤。对于数据的重要性，我们会在后面的章节里专门介绍。

小结

统计语言模型在形式上非常简单，也很容易理解。但是里头的学问却很深，一个专家可以在这方面研究很多年，比如我们在延伸阅读中提到的那些问题。数学的魅力就在于将复杂的问题简单化。

参考文献

1. Turing, Alan (October 1950), "Computing Machinery and Intelligence", Mind LIX (236): 433－460,doi:10.1093/mind/LIX.236.433

2. Katz, S. M. (1987). Estimation of probabilities from sparse data for the language model component of a speech recogniser. IEEE Transactions on Acoustics, Speech, and Signal Processing, 35(3), 400－401

3. Frederick Jelinek, Statistical Methods for Speech Recognition (Language, Speech, and Communication), 1998 MIT Press.

4. Kneser, Reinhard, and Ney. 1995. Improved backing-off for m-gram language modeling. In Proceedings of ICASSP-95, vol. 1,18－184.

第 4 章　谈谈分词

在本书的第一版中，这一章的题目是“谈谈中文分词”，在这一版中，我将标题改为“谈谈分词”，因为分词问题不仅中文有，很多亚洲语言比如日语、韩语和泰国语同样存在，甚至在拼音语言（英语、法语等）中，也有类似的问题，比如在英语句法分析时找词组和中文分词是一码事。不过它们使用的方法都是相同的，因此本章仍以中文分词为例来说明这个问题。

1　中文分词方法的演变

在第 3 章中我们谈到可以利用统计语言模型进行自然语言处理，而这些语言模型是建立在词的基础上的，因为词是表达语义的最小单位。对于西方拼音语言来讲，词之间有明确的分界符（Delimit），统计和使用语言模型非常直接。而对于一些亚洲语言（如中、日、韩、泰等），词之间没有明确的分界符（韩语名词短语和动词之间有分界符，但是短语内没有）。因此，需要先对句子进行分词，才能做进一步的自然语言处理。

分词的输入是一串胡子连着眉毛的汉字，例如一个句子：“中国航天官员应邀到美国与太空总署官员开会”，而分词的输出则是用分界符，比如用斜线或者竖线分割的一串词：中国 / 航天 / 官员 / 应邀 / 到 / 美国

/ 与 / 太空 / 总署 / 官员 / 开会 。

最容易想到的分词方法，也是最简单的办法，就是查字典。这种方法最早是由北京航天航空大学的梁南元教授提出的。“查字典”的方法，其实就是把一个句子从左向右扫描一遍，遇到字典里有的词就标识出来，遇到复合词（比如“上海大学”）就找最长的词匹配，遇到不认识的字串就分割成单字词，于是简单的分词就完成了。这种简单的分词方法完全能处理上面例子中的句子。当我们从左到右扫描时，先遇到“中”这个字，它本身是一个单字词，我们可以在这里做一个切割，但是，当我们再遇到“国”字时，发现它可以和前面的“中”字组成一个更长的词，因此，我们就将分割点放在“中国”的后面。接下来，我们发现“中国”不会和后面的字组成更长的词，那么这个分割点就最终确定了。

这个最简单的方法可以解决七八成以上的分词问题，应该讲它在复杂性（成本）不高的前提下，取得了还算满意的效果。但是，它毕竟太简单，遇到稍微复杂一点的问题就无能为力了。20 世纪 80 年代，哈尔滨工业大学的王晓龙博士将查字典的方法理论化，发展成最少词数的分词理论，即一句话应该分成数量最少的词串。这种方法一个明显的不足是当遇到有二义性（有双重理解意思）的分割时就无能为力了。比如，对短语“发展中国家”，正确的分割是“发展 - 中 - 国家”，而采用从左向右查字典的办法会将它分割成“发展 - 中国 - 家”，显然是错了。另外，并非所有的最长匹配都一定是正确的。比如“上海大学城书店”的正确分词应该是“上海 - 大学城 - 书店”，而不是“上海大学 - 城 - 书店”，“北京大学生”的正确分词是“北京 - 大学生”，而不是“北京大学 - 生”。

我们在第 1 章介绍过，语言中的歧义性伴随着语言的发展，困扰了学者们上千年。在中国古代，断句和说文解字从根本上讲，就是消除歧义性，而不同学者之间的看法也显然不相同。各种春秋的正义或者对论语的注释，就是各家按照自己的理解消除歧义性。分词的二义性是语言歧义性的一部分。20 世纪 90 年代以前，海内外不少学者试图用一些文法规则来解决分词的二义性问题，都不是很成功。当然也有一些学者开始注意到统计信息的作用，但是并没有找到有完善理论基础的正确方法。1990 年前后，当时在清华大学电子工程系工作的郭进博士用统计语言模型成功解决了分词二义性问题，将汉语分词的错误率降低了一个数量级。上面举的二义性的例子用统计语言模型都可以解决。

郭进是中国大陆地区自觉运用统计语言模型方法进行自然语言处理的第一人，并且获得了成功。这里面除了他比较努力以外，他特殊的经历也起了很大作用。他和我一样，虽然是计算机专业的博士，却在以通信为主的科系工作，他周围都是长期从事通信研究的同事，可以说是贾里尼克的同行，因此，他在方法论上接受通信模型非常直接。

利用统计语言模型分词的方法，可以用几个数学公式简单概括。假定一个句子 S 可以有几种分词方法，为了简单起见，假定有以下三种：

$$A_1, A_2, A_3, \cdots, A_k$$

$$B_1, B_2, B_3, \cdots, B_m$$

$$C_1, C_2, C_3, \cdots, C_n$$

其中，$A_1, A_2 \cdots B_1, B_2, \cdots, C_1, C_2 \cdots$ 等都是汉语的词，上述各种分词结果可能产生不同数量的词串，因为我用了 k, m, n 三个不同的下标表示这个句子在采用不同分词结果时词的数目。那么最好的一种分词方法应该保证分完词后这个句子出现的概率最大。也就是说，如果 $A_1, A_2, A_3, \cdots, A_k$ 是最好的分词方法，那么其概率满足

$$P(A_1, A_2, A_3, \cdots, A_k) > P(B_1, B_2, \cdots, B_m)$$

并且

$$P(A_1, A_2, A_3, \cdots, A_k) > P(C_1, C_2, \cdots, C_n)$$

因此，只要利用上一章提到的统计语言模型计算出每种分词后句子出现的概率，并找出其中概率最大的，就能找到最好的分词方法。

当然，这里面有一个实现的技巧。如果穷举所有可能的分词方法并计算出每种可能性下句子的概率，那么计算量是相当大的。因此，可以把它看成是一个动态规划（Dynamic Programming）的问题，并利用维特比（Viterbi）算法快速地找到最佳分词（后面的章节会介绍该算法）。上述过程可以用图 4.1 来描述：

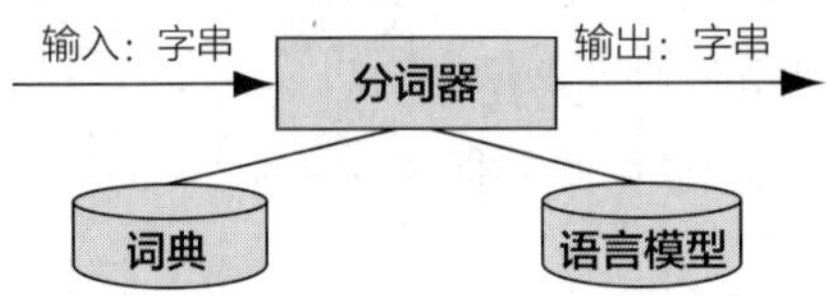

图 4.1 分词器示意图

在郭进博士之后，海内外不少学者利用统计的方法，进一步完善了中文分词。其中值得一提的是清华大学孙茂松教授和香港科技大学吴德凯教授的工作（见参考文献 4）。孙茂松教授的贡献主要在于解决了没有词典时的分词问题，而吴德凯教授是较早将中文分词方法用于英文词组的分割，并且将英文词组和中文词组在机器翻译时对应起来。

需要指出的是，语言学家对词语的定义不完全相同。比如说“北京大学”，有人认为是一个词，而有人认为该分成两个词。一个折中的解决办法是在分词的同时，找到复合词的嵌套结构。在上面的例子中，如果一句话包含“北京大学”四个字，那么先把它当成一个四字词，然后再进一步找出细分词“北京”和“大学”。这种方法最早是郭进在 *Computational Linguistics*（《计算语言学》）杂志上发表的，此后不少系统都采用这种方法。

一般来讲，应用不同，汉语分词的颗粒度大小应该不同。比如，在机器翻译中，颗粒度应该大一些，“北京大学”就不能被分成两个词。而在语音识别中，“北京大学”一般是被分成两个词。因此，不同的应用应该有不同的分词系统。Google 早期由于工程师少，没有精力开发分词器，只能直接使用 Basis Technology 公司的通用分词器，分词结果没有针对搜索进行优化。因此，后来 Google 有两位工程师葛显平博士和朱安博士，针对搜索设计和实现了专门的分词系统，以适应搜索特殊的需求。

在不少人看来，分词技术只是针对亚洲语言的，而罗马体系的拼音语言没有这个问题，其实不然。也许大家想不到，中文分词的方法也被应用到英语处理，主要是手写体识别中。因为在识别手写体时，单词之间的空格就不很清楚了。中文分词方法可以帮助判别英语单词的边界。

其实，自然语言处理的许多数学方法是通用的，与具体的语言无关。在 Google 内部，我们在设计语言处理的算法时，都会考虑它是否能很容易地适用于各种自然语言。这样才能有效地支持上百种语言的搜索。

需要指出的是任何方法都有它的局限性，虽然利用统计语言模型进行分词，可以取得比人工更好的结果，但是也不可能做到百分之百准确。因为统计语言模型很大程度上是依照“大众的想法”，或者“多数句子的用法”，而在特定情况下可能是错的。另外，有些人为创造出的“两难”的句子，比如对联“此地安能居住，其人好不悲伤”[1]，用什么方法都无法消除二义性。好在真实文本中，这些情况几乎不会发生。

1 它的两种分词方法“此地-安能-居住，其人-好不-悲伤”和“此地安-能居住，其人好-不悲伤”意思完全相反。

最后，关于分词还有两点需要说明。首先，这个问题属于已经解决的问题，不是什么难题了。在工业界，只要采用基本的统计语言模型，加上一些业界熟知的技巧就能得到很好的分词结果，不值得再去花很大的精力去做研究，因为即使能够进一步提高准确率，提升的空间也很有限。第二，英语和主要西方语言原本是没有分词问题的，除了要做文法分析找词组。不过随着平板电脑和智能手机的普及，手写体识别输入法也被很多人使用，很多手写体识别软件需要使用分词，因为大家在书写英语时，词与词之间常常是没有停顿的，这就如同我们写汉字没有空格一样，因此原本用来对中文进行分词的技术，也在英语的手写体识别中派上了用场。

2 延伸阅读：如何衡量分词的结果

2.1 分词的一致性

如何衡量分词结果的对与错和好与坏，看似容易，其实并不是那么简单。说它看似容易，是因为只要对计算机分词的结果和人工分词的结果进行比较就可以了。说它不是那么简单，是因为不同的人对同一个句子可能有不同的分词方法。比如有的人认为"清华大学"应该是一个词，有的人却认为"清华大学"是一个复合词，应该分成"清华 - 大学"两个词。应该讲，这两种分法都有道理，虽然语言学家可能比较坚持某一种是正确的。在不同的应用中，经常是一种词的切分比另一种更有效。

不同的人对词的切分看法上的差异性远比我们想象的要大得多。1994 年，我和 IBM 的研究人员合作，对此进行了研究。IBM 提供了 100 个有代表性的中文整句，我组织 30 名清华大学二年级的本科生独立对它们进行分词。实验前，为了保证大家对词的看法基本一致，我们对 30 名学生进行了半个小时的培训。实验结果表明，这 30 名教育水平相当的大学生分词的一致性只有 85%—90%。

在将统计语言模型用于分词以前，分词的准确率通常较低，可以提升的空间非常大。不同的人切分的差异虽然会影响分词评测的准确性，但是好的方法和坏的方法还是可以根据分词结果与人工切分的比较来衡量的。

当统计语言模型被广泛应用后，不同的分词器产生的结果的差异要远远小于不同人之间看法的差异，这时简单依靠与人工分词的结果比较来衡量分词器的准确性就很难，甚至是毫无意义的了。很难讲一个准确率在 97% 的分词器就一定比另一个准确率为 95% 的要好，因为这要看它们选用的所谓正确的人工分词的数据是如何得来的。我们甚至只能讲某个分词器和另一个分词器相比，与人工分词结果的吻合度稍微高一点而已。所幸的是，现在中文分词是一个已经解决了的问题，提高的空间微乎其微了。只要采用统计语言模型，效果都差不到哪里去。

2.2　词的颗粒度和层次

人工分词产生不一致性的原因主要在于人们对词的颗粒度的认识问题。在汉语里，词是表达意思最基本的单位，再小意思就变了。这就如同在化学里分子是保持化学性质的最小单位一样。再往下分到原子，化学的特性就变了。在这一点上所有的语言学家都没有异议。因此，对于“贾里尼克”这个词，所有的语言学家都会认为它不可拆分，如果拆成四个字，和原来的人名就没有联系了。但是对于“清华大学”，大家的看法就不同了，有些人认为它是一个整体，表示北京西郊一所特定的大学，也有人认为它是一个词组，或者说是一个名词短语，“清华”是修饰“大学”的定语，因此需要拆开，不拆开就无法体现它里面的修饰关系。这就涉及对词的颗粒度的理解了。

在这里不去强调谁的观点对，而是要指出在不同的应用中，会有一种颗粒度比另一种更好的情况。比如在机器翻译中，一般来讲，颗粒度大翻译效果好。比如“联想公司”作为一个整体，很容易找到它对应的英语翻译 Lenovo，如果分词时将它们分开，就很有可能翻译失败，因为在汉语中，“联想”一词首先是“根据相关联的场景想象”的意思。但是在另外一些应用，比如网页搜索中，小的颗粒度比大的颗粒度要好。比如“清华大学”这四个字如果作为一个词，在对网页分词后，它是一个整体了，当用户查询“清华”时，是找不到清华大学的，这绝对是有问题的。

针对不同的应用，我们可以构造不同的分词器，但是这样做不仅非常浪费，而且也没必要。更好的做法是让一个分词器同时支持不同层次的词的切分。也就是说，上面的“清华大学”既可以被看成一个整体，也可以被切分开，然后由不同的应用自行决定切分的颗粒度。这在原理和实现上并不是很麻烦，简单介绍如下。

首先需要一个基本词表和一个复合词表。基本词表包括像“清华”“大学”“贾里尼克”这样无法再分的词。复合词表包含复合词以及它们由哪些基本词构成，比如“清华大学：清华 - 大学”“搜索引擎：搜索 - 引擎”。

接下来需要根据基本词表和复合词表各建立一个语言模型，比如 L1 和 L2。

然后根据基本词表和语言模型 L1 对句子进行分词，就得到了小颗粒度的分词结果。如果对应到图 4.1 所示的分词器中，这里面的字串是输入，词串是输出。顺便讲一句，基本词比较稳定，分词方法又是解决了的，因此小颗粒度的分词除了偶尔增加点新词外，不需要什么额外的研究或工作。

最后，在此基础上，再用复合词表和语言模型 L2 进行第二次分词，对于图 4.1 所示的分词器，这时输入是基本词串，输出是复合词串，词表和语言模型这两个数据库改变了，但是分词器（程序）本身和前面的完全相同。

介绍了分词的层次概念后，我们可以更进一步讨论分词器准确性的问题了。分词的不一致性可以分为错误和颗粒度不一致两种，错误又分成两类，一类是越界型错误，比如把“北京大学生”分成“北京大学 - 生”。另一类是覆盖型错误，比如把“贾里尼克”拆成了四个字。这些是明显的错误，是改进分词器时要尽可能消除的。接下来是颗粒度的不一致性，人工分词的不一致性大多属于此类。这一类不一致性在衡量分词器的好坏时，可以不作为错误，以免不同人的看法的不同左右了对分词器的度量。对于某些应用，需要尽可能地找到各种复合词，而不是将其切分。总之，要继续做数据挖掘，不断完善复合词的词典（它的增长速度较快），这也是近年来中文分词工作的重点。

小结

中文分词以统计语言模型为基础，经过几十年的发展和完善，今天基本上可以看做是一个已经解决的问题。

当然不同的人做的分词器有好有坏，这里面的差别主要在于数据的使用和工程实现的精度。

参考文献

1. 梁南元 . 书面汉语自动分词系统 . http://www.touchwrite.com/demo/LiangNanyuan-JCIP-1987.pdf

2. 郭进 . 统计语言模型和汉语音字转换的一些新结果 . http://www.touchwrite.com/demo/GuoJin-JCIP-1993.pdf

3. 郭进 . Critical Tokenization and its Properties http://acl.ldc.upenn.edu/J/J97/J97-4004.pdf

4. 孙茂松 . Chinese word segmentation without using lexicon and hand-crafted training data http://portal.acm.org/citation.cfm?coll=GUIDE&dl=GUIDE&ID=980775

5. Dekai WU. "Stochastic inversion transduction grammars, with application to segmentation, bracketing, and alignment of parallel corpora". IJCAI-95: 14th Intl. Joint Conf. on Artificial Intelligence, 1328-1335. Montreal: Aug 1995.

第5章　隐马尔可夫模型

隐马尔可夫模型是一个并不复杂的数学模型，到目前为止，它一直被认为是解决大多数自然语言处理问题最为快速、有效的方法。它成功地解决了复杂的语音识别、机器翻译等问题。看完这些复杂的问题是如何通过简单的模型得到描述和解决，我们会由衷地感叹数学模型之妙。

1　通信模型

我们在前两章中介绍了，人类信息交流的发展贯穿了人类的进化和文明的全过程。而自然语言是人类交流信息的工具，语言和通信的联系是天然的。通信的本质就是一个编解码和传输的过程。但是自然语言处理早期的努力都集中在语法、语义和知识表述上，离通信的原理越走越远，而这样离答案也就越来越远。当自然语言处理的问题回归到通信系统中的解码问题时，很多难题都迎刃而解了。

让我们先来看一个典型的通信系统：发送者（人或者机器）发送信息时，需要采用一种能在媒体中（比如空气、电线）传播的信号，比如语音或者电话线的调制信号，这个过程是广义上的编码。然后通过媒体传播到接收方，这个过程是信道传输。在接收方，接收者（人或者机器）根据事先约定好的方法，将这些信号还原成发送者的信息，这个过程是广义上的解码。图 5.1 表示了一个典型的通信系统，它包含雅格布森（Roman Jakobson）提出的通信的 6 个要素[1]。

图 5.1 通信模型

1 雅格布森通信 6 个要素是：发送者（信息源），信道，接收者，信息，上下文和编码。

其中$s_1, s_2, s_3, \cdots$表示信息源发出的信号，比如手机发送的信号。$o_1, o_2, o_3, \cdots$是接收器（比如另一部手机）接收到的信号。通信中的解码就是根据接收到的信号$o_1, o_2, o_3, \cdots$还原出发送的信号$s_1, s_2, s_3, \cdots$。

这跟自然语言处理的工作，比如语音识别，又有什么直接的关系呢？不妨换一个角度来考虑这个问题。所谓语音识别，就是听者去猜测说话者要表达的意思。这其实就像通信中，接收端根据收到的信号去分析、理解、还原发送端传送过来的信息。我们平时在说话时，脑子就是一个信息源。我们的喉咙（声带）、空气，就是如电线和光缆般的信道。听众的耳朵就是接收器，而听到的声音就是传送过来的信号。根据声学信号来推测说话者的意思，就是语音识别。如果接收端是一台计算机，那么就要做语音的自动识别。

同样，很多自然语言处理的应用也可以这样理解。在从汉语到英语的翻译中，说话者讲的是汉语，但是信道传播编码的方式是英语，如果利用计算机，根据接收到的英语信息，推测说话者的汉语意思，就是机器翻译。同样，如果要根据带有拼写错误的语句推测说话者想表达的正确意思，那就是自动纠错。这样，几乎所有的自然语言处理问题都可以等价成通信的解码问题。

在通信中，如何根据接收端的观测信号$o_1, o_2, o_3, \cdots$来推测信号源发送的信息$s_1, s_2, s_3, \cdots$呢？只需要从所有的源信息中找到最可能产生出观测信

号的那一个信息。用概率论的语言来描述，就是在已知$o_1, o_2, o_3, \cdots$的情况下，求得令条件概率

$P(s_1, s_2, s_3, \cdots | o_1, o_2, o_3, \cdots)$达到最大值的那个信息串$s_1, s_2, s_3, \cdots$，即

$$s_1, s_2, s_3, \cdots = \underset{all\ s_1, s_2, s_3, \cdots}{\text{Arg Max}}\, P(s_1, s_2, s_3, \cdots | o_1, o_2, o_3, \cdots) \tag{5.1}$$

其中 Arg 是参数 Argument 的缩写，表示能获得最大值的那个信息串。当然，上面的概率不容易直接求出，不过可以间接地计算它。利用贝叶斯公式可以把上述公式等价变换成

$$\frac{P(o_1, o_2, o_3, \cdots | s_1, s_2, s_3, \cdots) \cdot P(s_1, s_2, s_3, \cdots)}{P(o_1, o_2, o_3, \cdots)} \tag{5.2}$$

其中 $P(o_1, o_2, o_3, \cdots | s_1, s_2, s_3, \cdots)$ 表示信息 $s_1, s_2, s_3, \cdots$ 在传输后变成接收的信号$o_1, o_2, o_3, \cdots$的可能性；而 $P(s_1, s_2, s_3, \cdots)$ 表示 $s_1, s_2, s_3, \cdots$ 本身是一个在接收端合乎情理的信号（比如一个合乎情理的句子）的可能性；最后$P(o_1, o_2, o_3, \cdots)$表示在发送端（比如说话的人）产生信息$o_1, o_2, o_3, \cdots$的可能性。

大家读到这里也许会问，你现在是不是把问题变得更复杂了，因为公式越写越长了。别着急，我们现在就来简化这个问题。首先，一旦信息$o_1, o_2, o_3, \cdots$产生了，它就不会改变了，这时$P(o_1, o_2, o_3, \cdots)$就是一个可以忽略的常数。因此，上面的公式可以等价成

$$P(o_1, o_2, o_3, \cdots | s_1, s_2, s_3, \cdots) \cdot P(s_1, s_2, s_3, \cdots) \tag{5.3}$$

当然，这里面还有两项，虽然多过公式（5.1）的一项，但是这个公式完全可以用隐马尔可夫模型（Hidden Markov Model）来估计。

2　隐马尔可夫模型

图 5.2　俄罗斯著名科学家安德烈 · 马尔可夫

隐马尔可夫模型（Hidden Markov Model）其实并不是 19 世纪俄罗斯数学家马尔可夫（Andrey Markov）发明的（见图 5.2），而是美国数学家鲍姆（Leonard E. Baum）等人在 20 世纪六七十年代发表的一系列论文中提出的，隐马尔可夫模型的训练方法（鲍姆 – 韦尔奇算法）也是以他的名字命名的。

要介绍隐马尔可夫模型，还是要从马尔可夫链说起。到了 19 世纪，概率论的发展从对（相对静态的）随机变量的研究发展到对随机变量的时间序列$s_1, s_2, s_3, \cdots, s_t, \cdots$，即随机过程（动态的）的研究。在哲学的意义上，这是人类认识的一个飞跃。但是，随机过程要比随机变量复杂得多。首先，在任何一个时刻 t，对应的状态 s_t 都是随机的。举一个大家熟悉的例子，我们可以把$s_1, s_2, s_3, \cdots, s_t, \cdots$看成是北京每天的最高气温，这里面每个状态$s_t$都是随机的。第二，任一状态$s_t$的取值都可能和周围其他的状态相关。回到上面的例子，任何一天的最高气温，与这段时间以前的最高气温是相关的。这样随机过程就有了两个维度的不确定性。马尔可夫为了简化问题，提出了一种简化的假设，即随机过程中各个状态s_t的概率分布，只与它的前一个状态s_{t-1}有关，即$P(s_t|s_1, s_2, s_3, \cdots, s_{t-1}) = P(s_t|s_{t-1})$。比如，对于天气预报，硬性假定今天的气温只跟昨天有关而与前天无关。当然这种假设未必适合所有的应用，但是至少对以前很多不好解决的问题给出了近似解。这个假设后来被命名为马尔可夫假设，而符合这个假设的随机过程则称为马尔可夫过程，也称为马尔可夫链。图 5.3 表示一个

离散的马尔可夫过程。

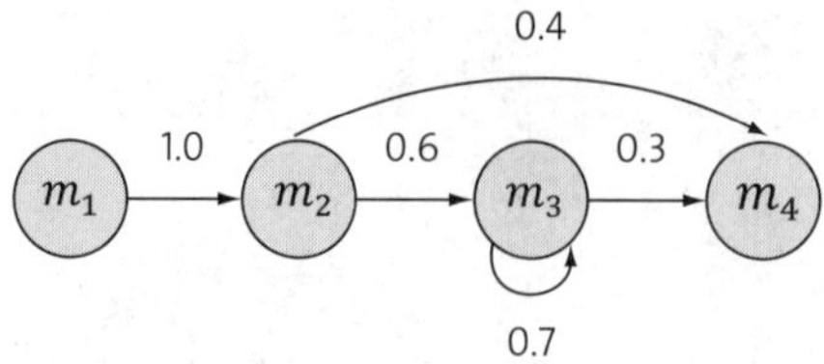

图 5.3 马尔可夫链

在这个马尔可夫链中，四个圈表示四个状态，每条边表示一个可能的状态转换，边上的权值是转移概率。例如，状态m_1到m_2之间只有一条边，且边上权值为 1.0。这表示从状态m_1只可能转换到状态m_2，转移概率为 1.0。从m_2出发的有两条边：到m_3和到m_4。其中权值 0.6 表示：如果某个时刻t的状态s_t是m_2，则下一个时刻的状态$s_{t+1}=m_3$的概率（可能性）是 60%。如果用数学符号表示是$P(s_{t+1}=m_3|s_t=m_2)=0.6$。类似的，有$P(s_{t+1}=m_4|s_t=m_2)=0.4$。

把这个马尔可夫链想象成一台机器，它随机地选择一个状态作为初始状态，随后按照上述规则随机选择后续状态。这样运行一段时间T之后，就会产生一个状态序列：$s_1,s_2,s_3,\cdots,s_T$。看到这个序列，不难数出某个状态m_i的出现次数$\#(m_i)$，以及从m_i转换到m_j的次数$\#(m_i,m_j)$，从而估计出从m_i到m_j的转移概率$\#(m_i,m_j)/\#(m_i)$。每一个状态只和前面一个有关，比如从状态 3 到状态 4，不论在此之前是如何进入到状态 3 的（是从状态 2 进入，还是在状态 3 本身转了几个圈子），这个概率都是 0.3。

隐马尔可夫模型是上述马尔可夫链的一个扩展：任一时刻t的状态s_t是不可见的。所以观察者没法通过观察到一个状态序列$s_1,s_2,s_3,\cdots,s_T$来推测转移概率等参数。但是，隐马尔可夫模型在每个时刻t会输出一个符号o_t，而且o_t跟s_t相关且仅跟s_t相关。这个被称为独立输出假设。隐马尔可夫模型的结构如图 5.4 所示：其中隐含的状态$s_1,s_2,s_3,\cdots$是一个典型的马尔可夫链。鲍姆把这种模型称为隐马尔可夫模型。

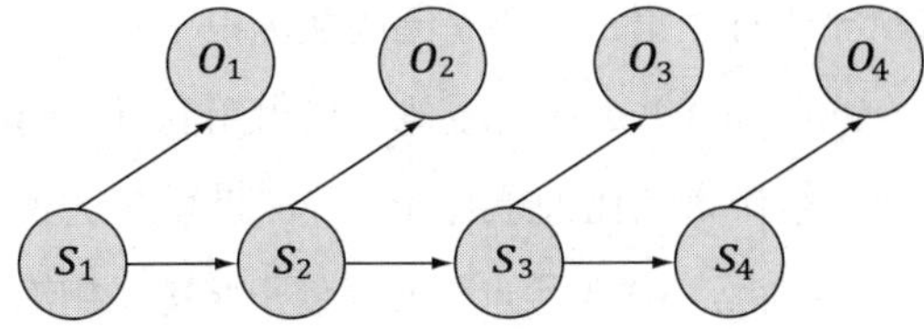

图 5.4 隐马尔可夫模型

基于马尔可夫假设和独立输出假设，我们可以计算出某个特定的状态序列$s_1, s_2, s_3, \cdots$产生出输出符号$o_1, o_2, o_3, \cdots$的概率。

$$P(s_1, s_2, s_3, \cdots, o_1, o_2, o_3, \cdots) = \prod_t P(s_t|s_{t-1}) \cdot P(o_t|s_t) \qquad (5.4)$$

读者可能已经看出，公式（5.4）在形态上和公式（5.3）非常相似。现在我们把马尔可夫假设和独立输出假设用于通信的解码问题（5.3），即把

$$\begin{aligned} &P(o_1, o_2, o_3, \cdots \mid s_1, s_2, s_3, \cdots) = \prod_t P(o_t|s_t) \\ &P(s_1, s_2, s_3, \cdots) = \prod_t P(s_t|s_{t-1}) \end{aligned} \qquad (5.5)$$

代入公式（5.3），这时正好得到公式（5.4）。这样通信的解码问题就可以用隐马尔可夫模型来解决了，而很多自然语言处理问题是和通信的解码问题等价的，因此它们完全可以由隐马尔可夫模型来解决。至于如何找出上面式子的最大值，进而找出要识别的句子$s_1, s_2, s_3, \cdots$，可以利用维特比算法（Viterbi Algorithm），这里面的细节我们会在后面的章节中介绍。

在公式（5.3）中，$P(s_1, s_2, s_3, \cdots)$是语言模型，我们在前面的一章已经介绍过了。

针对不同的应用，$P(s_1, s_2, s_3, \cdots|o_1, o_2, o_3, \cdots)$的名称也各不相同，在语音识别中它被称为“声学模型”（Acoustic Model），在机器翻译中是“翻译模型”（Translation Model），而在拼写校正中是“纠错模型”（Correction Model）。

隐马尔可夫模型最早的成功应用是语音识别。20 世纪 70 年代，当时

IBM 华生实验室的贾里尼克领导的科学家，主要是刚刚从卡内基－梅隆大学毕业的贝克夫妇（James and Janet Baker）[2]，他们提出用隐马尔可夫模型来识别语音，语音识别的错误率相比人工智能和模式匹配等方法降低了 2/3（从 30% 到 10%）。20 世纪 80 年代末李开复博士坚持采用隐马尔可夫模型的框架，成功研发出了世界上第一个大词汇量连续语音识别系统 Sphinx。接下来，隐马尔可夫模型陆续成功地应用于机器翻译、拼写纠错、手写体识别、图像处理、基因序列分析等很多 IT 领域，近 20 年来，它还广泛应用于股票预测和投资。

2 李开复的师兄和师姐，后来共同创立了 Dragon 语言公司，现已离异。

我最早接触到隐马尔可夫模型是 20 多年前的事。那时在“随机过程”（清华过去“臭名昭著”的一门课）里学到这个模型，但当时实在想不出它有什么实际用途。几年后，我在清华跟随王作英教授学习、研究语音识别时，他给了我几十篇文献。给我印象最深的就是贾里尼克和李开复的文章，它们的核心思想就是隐马尔可夫模型。复杂的语音识别问题居然能如此简单地表述、解决，令我由衷地感叹数学模型之妙。

3 延伸阅读：隐马尔可夫模型的训练

读者知识背景：概率论。

围绕着隐马尔可夫模型有三个基本问题：

1. 给定一个模型，如何计算某个特定的输出序列的概率；
2. 给定一个模型和某个特定的输出序列，如何找到最可能产生这个输出的状态序列；
3. 给定足够量的观测数据，如何估计隐马尔可夫模型的参数。

第一个问题相对简单，对应的算法是 Forward-Backward 算法，在此略过，有兴趣的读者可以参看弗里德里克·贾里尼克（Frederick Jelinek）的 *Statistical Methods for Speech Recognition (Language, Speech, and Communication)* 一书[3]。第二个问题可以用著名的维特比算法解决，我们在以后的章节中会介绍。第

3 The MIT Press (January 16, 1998)

三个问题就是我们这一节要讨论的模型训练问题。

在利用隐马尔可夫模型解决实际问题中，需要事先知道从前一个状态s_{t-1}进入当前状态s_t的概率$P(s_t|s_{t-1})$，也称为转移概率（Transition Probability），和每个状态s_t产生相应输出符号o_t的概率$P(o_t|s_t)$，也称为生成概率（Generation Probability）。这些概率被称为隐马尔可夫模型的参数，而计算或者估计这些参数的过程称为模型的训练。

我们从条件概率的定义出发，知道：

$$P(o_t|s_t) = \frac{P(o_t, s_t)}{P(s_t)} \tag{5.6}$$

$$P(s_t|s_{t-1}) = \frac{P(s_{t-1}, s_t)}{P(s_{t-1})} \tag{5.7}$$

对于公式（5.6）的状态输出概率，如果有足够多人工标记（Human Annotated）的数据，知道经过状态s_t有多少次$\#(s_t)$，每次经过这个状态时，分别产生的输出o_t是什么，而且分别有多少次$\#(o_t, s_t)$就可以用两者的比值

$$P(o_t|s_t) \approx \frac{\#(o_t, s_t)}{\#(s_t)} \tag{5.8}$$

直接算出（估计出）模型的参数。因为数据是人工标注的，因此这种方法称为有监督的训练方法（Supervised Training）。对于公式（5.7）的转移概率，其实和前面提到的训练统计语言模型的条件概率是完全相同的，因此可以依照统计语言模型的训练方法

$$P(w_i|w_{i-1}) \approx \frac{\#(w_{i-1}, w_i)}{\#(w_{i-1})} \tag{5.9}$$

直接得到。有监督的训练的前提是需要大量人工标注的数据。很遗憾的是，很多应用都不可能做到这件事，比如在语音识别中的声学模型训练。人是无法确定产生某个语音的状态序列的，因此也就无法标注训练模型的数据。而在另外一些应用中，虽然标注数据是可行的，但是成本非常高。比如训练中英机器翻译的模型，需要大量中英对照的语料，还要把中英

文的词组一一对应起来，这个成本非常高。因此，训练隐马尔可夫模型更实用的方式是仅仅通过大量观测到的信号$o_1, o_2, o_3, \cdots$就能推算模型参数的$P(s_t|s_{t-1})$ 和 $P(o_t|s_t)$ 的方法，这类方法称为无监督的训练方法，其中主要使用的是鲍姆 – 韦尔奇算法（Baum-Welch Algorithm）。

两个不同的隐马尔可夫模型可以产生同样的输出信号，因此，仅仅通过观察到的输出信号来倒推产生它的隐马尔可夫模型，可能会得到很多个合适的模型。但是总会是一个模型M_{θ_2}比另一个M_{θ_1}更有可能产生观测到的输出，其中θ_2和θ_1是隐马尔可夫模型的参数。鲍姆 – 韦尔奇算法就是用来寻找这个最可能的模型$M_{\hat{\theta}}$。

鲍姆 – 韦尔奇算法的思想是这样的：

首先找到一组能够产生输出序列O 的模型参数（显然它们是一定存在的，因为转移概率P 和输出概率 Q 为均匀分布时，模型可以产生任何输出，当然包括我们观察到的输出O 。）现在，有了这样一个初始的模型，我们称为M_{θ_0}，需要在此基础上找到一个更好的模型。假定解决了第一个问题和第二个问题，不但可以算出这个模型产生O 的概率 $P(O|M_{\theta_0})$，而且能够找到这个模型产生O 的所有可能的路径以及这些路径的概率。这些可能的路径，实际上记录了每个状态经历了多少次，到达了哪些状态，输出了哪些符号，因此可以将它们看做是“标注的训练数据”，并且根据公式（5.6）和公式（5.7）计算出一组新的模型参数θ_1，从 M_{θ_0} 到 M_{θ_1}的过程称为一次迭代。可以证明

$$P(O|M_{\theta_1}) > P(O|M_{\theta_0}) \tag{5.10}$$

接下来，我们从M_{θ_1}出发，可以找到一个更好的模型M_{θ_2}，并且不断地找下去，直到模型的质量不再有明显提高为止。这就是鲍姆 – 韦尔奇算法的原理，对于具体算法的公式，有兴趣的读者可以阅读参考文献 2，这里不再赘述。

鲍姆 – 韦尔奇算法的每一次迭代都是不断地估计（Expectation）新的模

型参数，使得输出的概率（我们的目标函数）达到最大化（Maximization），因此这个过程被称为期望值最大化（Expectation-Maximization），简称 EM 过程。EM 过程保证算法一定能收敛到一个局部最优点，很遗憾它一般不能保证找到全局最优点。因此，在一些自然语言处理的应用，比如词性标注中，这种无监督的鲍姆 – 韦尔奇算法训练出的模型比有监督的训练得到的模型效果略差，因为前者未必能收敛到全局最优点。但是如果目标函数是凸函数（比如信息熵），则只有一个最优点，在这种情况下 EM 过程可以找到最佳值。在第 27 章“上帝的算法 —— 期望最大化算法”里，我们还会对 EM 过程进行更详细的介绍。

小结

隐马尔可夫模型最初应用于通信领域，继而推广到语音和语言处理中，成为连接自然语言处理和通信的桥梁。同时，隐马尔可夫模型也是机器学习的主要工具之一。和几乎所有的机器学习的模型工具一样，它需要一个训练算法（鲍姆 – 韦尔奇算法）和使用时的解码算法（维特比算法），掌握了这两类算法，就基本上可以使用隐马尔可夫模型这个工具了。

参考文献

1. Baum, L. E.; Petrie, T. (1966). "Statistical Inference for Probabilistic Functions of Finite State Markov Chains". The Annals of Mathematical Statistics 37 (6): 1554-1563.
2. Baum, L. E.; Eagon, J. A. (1967). "An inequality with applications to statistical estimation for probabilistic functions of Markov processes and to a model for ecology". Bulletin of the American Mathematical Society 73 (3).
3. Baum, L. E.; Sell, G. R. (1968). "Growth transformations for functions on manifolds". Pacific Journal of Mathematics 27 (2): 211-227.
4. Baum, L. E.; Petrie, T.; Soules, G.; Weiss, N. (1970). "A Maximization Technique Occurring in the Statistical Analysis of Probabilistic Functions of Markov Chains". The Annals of Mathematical Statistics 41.
5. Jelinek, F.; Bahl, L.; Mercer, R. (1975). "Design of a linguistic statistical decoder for the recognition of continuous speech". IEEE Transactions on Information Theory 21 (3): 250.

第 6 章　信息的度量和作用

到目前为止，虽然我们一直在谈论信息，但是信息这个概念依然有些抽象。我们常常说信息很多，或者信息较少，但却很难说清楚信息到底有多少。比如，一本 50 多万字的中文书《史记》到底有多少信息量，或者一套莎士比亚全集有多少信息量。我们也常说信息有用，那么它的作用是如何客观、定量地体现出来的呢？信息用途的背后是否有理论基础呢？对于这两个问题，几千年来都没有人给出很好的解答。直到 1948 年，香农（Claude Shannon）在他著名的论文“通信的数学原理”（*A Mathematic Theory of Communication*）中提出了“信息熵”（读 shāng）的概念，才解决了信息的度量问题，并且量化出信息的作用。

1　信息熵

一条信息的信息量与其不确定性有着直接的关系。比如说，我们要搞清楚一件非常非常不确定的事，或是我们一无所知的事情，就需要了解大量的信息。相反，如果已对某件事了解较多，则不需要太多的信息就能把它搞清楚。所以，从这个角度来看，可以认为，信息量就等于不确定性的多少。

那么如何量化信息量的度量呢？来看一个例子。2014 年举行了世界杯足球赛，大家都很关心谁会是冠军。假如我错过了看世界杯，赛后我问一个知道比赛结果的观众“哪支球队是冠军”？他不愿意直接告诉我，而让我猜，并且我每猜一次，他要收一元钱才肯告诉我是否猜对了，那么我要掏多少钱才能知道谁是冠军呢？我可以把球队编上号，从 1 到 32，然后提问：“冠军球队在 1—16 号中吗？”假如他告诉我猜对了，我会接着问：“冠军在 1—8 号中吗？”假如他告诉我猜错了，我自然知道冠军队在 9—16 号中。这样只需要 5 次，我就能知道哪支球队是冠军。所以，谁是世界杯冠军这条消息的信息量只值 5 元钱。

当然，香农不是用钱，而是用“比特”（Bit）这个概念来度量信息量。一个比特是一位二进制数，在计算机中，一个字节就是 8 比特。在上面的例子中，这条消息的信息量是 5 比特。（如果有朝一日有 64 支球队进入决赛阶段的比赛，那么“谁是世界杯冠军”的信息量就是 6 比特，因为要多猜一次。）读者可能已经发现，信息量的比特数和所有可能情况的对数函数 log 有关[1]。（log32 = 5，log64 = 6。）

1 如无特别说明，本书中的对数一律以 2 为底。

有些读者会发现实际上可能不需要猜 5 次就能猜出谁是冠军，因为像西班牙、巴西、德国、意大利这样的球队夺得冠军的可能性比日本、南非、韩国等球队大得多。因此，第一次猜测时不需要把 32 支球队等分成两个组，而可以把少数几支最可能的球队分成一组，把其他球队分成另一组。然后猜冠军球队是否在那几支热门队中。重复这样的过程，根据夺冠概率对余下候选球队分组，直至找到冠军队。这样，也许 3 次或 4 次就猜出结果。因此，当每支球队夺冠的可能性（概率）不等时，“谁是世界杯冠军”的信息量比 5 比特少。香农指出，它的准确信息量应该是

$$H=-(p_1\cdot\log p_1+p_2\cdot\log p_2+\cdots+p_{32}\cdot\log p_{32}) \qquad (6.1)$$

其中，$p_1,p_2,\cdots,p_{32}$ 分别是这 32 支球队夺冠的概率。香农把它称为“信息熵”（Entropy），一般用符号 H 表示，单位是比特。当 32 支球队夺冠概率相同时，对应的信息熵等于 5 比特，有兴趣的读者可以推算一下。

有数学基础的读者还可以证明上面公式的值不可能大于 5。对于任意一个随机变量X（比如得冠军的球队），它的熵定义如下：

$$H(X) = -\sum_{x \in X} P(x) \log P(x) \tag{6.2}$$

变量的不确定性越大，熵也就越大，要把它搞清楚，所需信息量也就越大。信息量的量化度量为什么叫作“熵”这么一个奇怪的名字呢？因为它的定义形式和热力学的熵有很大的相似性。这一点我们在扩展阅读中再介绍。

有了“熵”这个概念，就可以回答本文开始提出的问题，即一本 50 万字的中文书平均有多少信息量。我们知道，常用的汉字（一级二级国标）大约有 7 000 字。假如每个字等概率，那么大约需要 13 比特（即 13 位二进制数）表示一个汉字。但汉字的使用频率不是均等的。实际上，前 10% 的汉字占常用文本的 95% 以上。因此，即使不考虑上下文的相关性，而只考虑每个汉字的独立概率，那么，每个汉字的信息熵大约也只有 8—9 比特。如果再考虑上下文相关性，每个汉字的信息熵就只有 5 比特左右。所以，一本 50 万字的中文书，信息量大约是 250 万比特。采用较好的算法进行压缩，整本书可以存成一个 320KB 的文件。如果直接用两字节的国标编码存储这本书，大约需要 1MB 大小，是压缩文件的 3 倍。这两个数量的差距，在信息论中称作“冗余度”（Redundancy）。需要指出的是这里讲的 250 万比特是个平均数，同样长度的书，所含的信息量可以相差很多。如果一本书重复的内容很多，它的信息量就小，冗余度就大。

不同语言的冗余度差别很大，而汉语在所有语言中冗余度是相对小的。大家可能都有这个经验，一本英文书，翻译成汉语，如果字体大小相同，那么中译本一般都会薄很多。这和人们普遍的认识 —— 汉语是最简洁的语言 —— 是一致的。对中文信息熵有兴趣的读者可以读我和王作英教授在《电子学报》上合写的一篇文章“汉语信息熵和语言模型的复杂度”[2]。

2 http://engine.cqvip.com/content/citation.dll?id=2155540

2 信息的作用

自古以来，信息和消除不确定性是相联系的。在英语里，信息和情报是同一个词（Information），而我们知道情报的作用就是排除不确定性。有些时候，在战争中 1 比特的信息能抵过千军万马。在第二次世界大战中，当纳粹德国兵临莫斯科城下时，斯大林在欧洲已经无兵可派，而他们在西伯利亚的中苏边界却有 60 万大军不敢使用，因为苏联人不知道德国的轴心国盟友日本当时的军事策略是北上进攻苏联，还是南下和美国开战。如果是南下，那么苏联人就可以放心大胆地从亚洲撤回 60 万大军增援莫斯科会战。事实上日本人选择了南下，其直接行动是后来的偷袭珍珠港，但是苏联人并不知晓。斯大林不能猜，因为猜错了后果是很严重的。这个“猜”既是指扔钢镚儿似的卜卦，也包括主观的臆断。最后，传奇间谍佐尔格向莫斯科发去了信息量仅 1 比特却价值无限的情报（信息）：“日本将南下”，于是苏联就把西伯利亚所有的军队调往了欧洲战场。后面的故事大家都知道了。

如果把这个故事背后的信息论原理抽象化、普遍化（见图 6.1），可以总结如下：

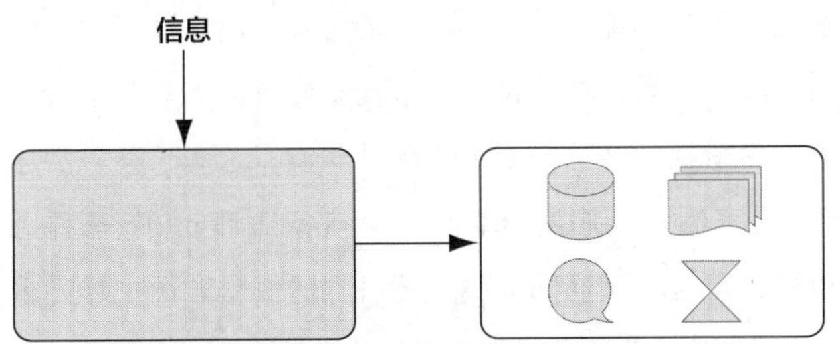

图 6.1 信息是消除系统不确定性的唯一办法（在没有获得任何信息前，一个系统就像是一个黑盒子，引入信息，就可以了解黑盒子系统的内部结构）

一个事物（比如上面讲到的日本内阁的战略决定）内部会存有随机性，也就是不确定性，假定为U，而从外部消除这个不确定性唯一的办法是引入信息I，而需要引入的信息量取决于这个不确定性的大小，即$I > U$才行。当$I < U$时，这些信息可以消除一部分不确定性，也就是说新的不确定性。

$$U' = U - I \tag{6.3}$$

反之，如果没有信息，任何公式或者数字的游戏都无法排除不确定性。这个朴素的结论非常重要，但是在研究工作中经常被一些半瓶子醋的专家忽视，希望做这方面工作的读者谨记。几乎所有的自然语言处理、信息与信号处理的应用都是一个消除不确定性的过程。读了这本书早期博客的读者很多都反映，希望我多讲点搜索方面的例子，因此这里就以搜索为例说明信息的作用。

网页搜索本质上就是要从大量（几十亿个）网页中，找到和用户输入的搜索词最相关的几个网页。几十亿种可能性，当然是很大的不确定性U。如果只剩下几个网页，就几乎没有了不确定性了（此时$U' << U$），甚至是完全确定了（对于导航类搜索就是如此，第一条结果通常就是要找的网页）。因此，网页搜索本质上也是利用信息消除不确定性的过程。如果提供的信息不够多，比如搜索词是常用的关键词，诸如“中国”“经济”之类的，那么会有好多相关的结果，用户可能还是无从选择。这时正确的做法是挖掘新的隐含信息，比如网页本身的质量信息。如果这些信息还是不够消除不确定性，不妨再问问用户。这就是相关搜索的理论基础。不正确的做法是在这个关键词上玩数字和公式的游戏，由于没有额外的信息引入，这种做法没有效果，这就是很多做搜索质量的人非常辛苦却很少有收获的原因。最糟糕的做法是引入人为的假设，这和“蒙”没什么差别。其结果是似乎满足了个别用户的口味，但是对大部分用户来讲，搜索结果反而变得更糟（这就如同斯大林猜测日本的战略意图一样）。合理利用信息，而非玩弄什么公式和机器学习算法，是做好搜索的关键。

知道的信息越多，随机事件的不确定性就越小。这些信息，可以是直接针对我们要了解的随机事件，比如上面提到的日本内阁的战略决定；也可以是和我们关心的随机事件相关的其他（事件）的信息——通过获取这些相关信息也能帮助我们了解所关注的对象。比如在前面几章提到的自然语言的统计模型，其中的一元模型就是通过某个词本身的概率分布，来消除不确定因素；而二元及更高阶的语言模型则还使用了上下文的信息，那就能准确预测一个句子中当前的词汇了。在数学上可以严格地证明为什么这些“相关的”信息也能够消除不确定性。为此，需要引入一个条件熵（Conditional Entropy）的概念。

假定X和Y是两个随机变量，X是我们需要了解的。假定我们现在知道了X的随机分布$P(X)$，那么也就知道了X的熵：

$$H(X) = -\sum_{x \in X} P(x) \cdot \log P(x) \qquad (6.4)$$

那么它的不确定性就是这么大。现在假定我们还知道Y的一些情况，包括它和X一起出现的概率，在数学上称为联合概率分布（Joint Probability），以及在Y取不同值的前提下X的概率分布，在数学上称为条件概率分布（Conditional Probability）。定义在Y的条件下的条件熵为：

$$H(X|Y) = -\sum_{x \in X, y \in Y} P(x,y) \log P(x|y) \qquad (6.5)$$

在本章的延伸阅读中，我们会证明$H(X) \geqslant H(X|Y)$，也就是说多了Y的信息之后，关于X的不确定性下降了！在统计语言模型中，如果把Y看成是前一个字，那么在数学上就证明了二元模型的不确定性小于一元模型。同理，可以定义有两个条件的条件熵为：

$$H(X|Y,Z) = -\sum_{x \in X, y \in Y, z \in Z} P(x,y,z) \log P(x|y,z) \qquad (6.6)$$

还可以证明$H(X|Y) \geqslant H(X|Y,Z)$。也就是说，三元模型应该比二元的好。

最后还有一个有意思的问题：上述式子中的等号什么时候成立？等号成立说明增加了信息，不确定性却没有降低。这可能么？答案是肯定的，如果我们获取的信息与要研究的事物毫无关系，等号就成立。再回到本节上面的例子，如果佐尔格送去的情报是关于德国人和英国人在北非的军事行动，则不论这样的情报有多少，都解决不了斯大林的困惑。

用一句话概括这一节：信息的作用在于消除不确定性，自然语言处理的大量问题就是寻找相关的信息。

3 互信息

我们在上一节中提到，当获取的信息和要研究的事物“有关系”时，这些信息才能帮助我们消除不确定性。当然“有关系”这种说法太模糊，太不科学，最好能够量化地度量“相关性”。比如常识告诉我们，一个随机事件“今天北京下雨”和另一个随机变量“过去 24 小时北京空气的湿度”的相关性就很大，但是它们的相关性到底有多大？再比如“过去 24 小时北京空气的湿度”似乎就和“旧金山的天气”相关性不大，但我们是否能说它们毫无相关性[3]？为此，香农在信息论中提出了一个“互信息”（Mutual Information）的概念作为两个随机事件“相关性”的量化度量（见图 6.2）。

3 按照蝴蝶效应的理论，它们的相关性并不如想象得那么小！

图 6.2 好闷热啊，要下雨了。闷热和下雨直接的互信息很高

假定有两个随机事件X 和 Y，它们的互信息定义如下：

$$I(X;Y)=\sum_{x\in X,y\in Y}P(x,y)\log\frac{P(x,y)}{P(x)P(y)} \qquad (6.7)$$

很多见了公式就头大的读者看了这个定义可能会感到有点烦。不过没关系，

大家只要记住这个符号$I(X;Y)$就好。我们接着会证明，其实这个互信息就是上节介绍的随机事件X的不确定性或者说熵$H(X)$，以及在知道随机事件Y条件下的不确定性，或者说条件熵$H(X|Y)$之间的差异，即

$$I(X;Y)=H(X)-H(X|Y) \tag{6.8}$$

现在清楚了，所谓两个事件相关性的量化度量，就是在了解了其中一个Y的前提下，对消除另一个X不确定性所提供的信息量。需要讲一下，互信息是一个取值在 0 到$\min(H(X), H(Y))$之间的函数，当X和Y完全相关时，它的取值是$H(X)$，同时$H(X)=H(Y)$；当二者完全无关时，它的取值是 0。

在自然语言处理中，两个随机事件，或者语言特征的互信息是很容易计算的。只要有足够的语料，就不难估计出互信息公式中的$P(X,Y)$，$P(X)$和$P(Y)$三个概率，进而算出互信息。因此，互信息被广泛用于度量一些语言现象的相关性。

机器翻译中，最难的两个问题之一是词义的二义性（又称歧义性，Ambiguation）问题。比如 Bush 一词可以是美国总统布什的名字，也可以是灌木丛。（有一个笑话，2004 年和布什争夺总统的民主党候选人克里的名字 Kerry 被一些机器翻译系统翻译成了“爱尔兰的小母牛”，这是 Kerry 在英语中的另一个意思，见图 6.3。）

图 6.3　布什和克里电视辩论（“灌木丛”总统，“小母牛”参议员）

那么如何正确地翻译这些词呢？人们很容易想到要用语法，分析语句，

等等。其实，迄今为止，没有一种语法能很好地解决这个问题，因为Bush 不论翻译成人名还是灌木丛，都是名词，在语法上没有太大问题。当然爱较真的读者可能会提出，必须加一条规则“总统做宾语时，主语得是一个人”，要是这样，语法规则就多得数不清了，而且还有很多例外，比如一个国家在国际组织中也可以做主席（总统）的轮值国。其实，真正简单却非常实用的方法是使用互信息。具体的解决办法大致如下：首先从大量文本中找出和总统布什一起出现的互信息最大的一些词，比如总统、美国、国会、华盛顿，等等。当然，再用同样的方法找出和灌木丛一起出现的互信息最大的词，比如土壤、植物、野生，等等。有了这两组词，在翻译 Bush 时，看看上下文中哪类相关的词多就可以了。这种方法最初是由盖尔（William Gale）、丘奇（Kenneth Church）和雅让斯基（David Yarowsky）提出的。

20 世纪 90 年代初，雅让斯基是宾夕法尼亚大学自然语言处理大师马库斯（Mitch Marcus）教授的博士生，他很多时候都泡在贝尔实验室丘奇等人的研究室里。也许是急于毕业，他在盖尔等人的帮助下想出了一个最快也是最好地解决翻译中的二义性的方法，就是上面这个看似简单的方法，效果却好得让同行们大吃一惊。雅让斯基因而只用了三年就从马库斯那里拿到了博士，而他的师兄弟们平均要花六年时间。

4 延伸阅读：相对熵

读者知识背景：概率论。

前面已经介绍了信息熵和互信息，它们是信息论的基础，而信息论则在自然语言处理中扮演着指导性的角色。在这一节里我们将介绍信息论中的另一个重要的概念——“相对熵”（Relative Entropy，或 Kullback-Leibler Divergence），以及它在自然语言处理中的作用。

“相对熵”，在有些文献中它被称为“交叉熵”，在英语中是 Kullback-Leibler Divergence，是以它的两个提出者库尔贝克和莱伯勒的名字命名的。相对熵也用来衡量相关性，但和变量的互信息不同，它用来衡量两个取值为正数的函数的相似性，它的定义如下：

$$KL(f(x)\,\|\,g(x)) = \sum_{x\in X} f(x)\cdot\log\frac{f(x)}{g(x)} \tag{6.9}$$

同样，大家不必关心公式本身，只要记住下面三条结论就好：

1. 对于两个完全相同的函数，它们的相对熵等于零。

2. 相对熵越大，两个函数差异越大；反之，相对熵越小，两个函数差异越小。

3. 对于概率分布或者概率密度函数，如果取值均大于零，相对熵可以度量两个随机分布的差异性。

需要指出的是相对熵是不对称的，即

$$KL(f(x)||g(x)) \neq KL(g(x)||f(x))$$

这样使用起来有时不是很方便，为了让它对称，詹森和香农提出一种新的相对熵的计算方法，将上面的不等式两边取平均，即

$$JS(f(x)||g(x)) = \frac{1}{2}[KL(f(x)||g(x)) + KL(g(x)||f(x))] \tag{6.10}$$

相对熵最早是用在信号处理上。如果两个随机信号，它们的相对熵越小，说明这两个信号越接近，否则信号的差异越大。后来研究信息处理的学者们也用它来衡量两段信息的相似程度，比如说如果一篇文章是照抄或者改写另一篇，那么这两篇文章中词频分布的相对熵就非常小，接近于零。在 Google 的自动问答系统中，我们采用了上面的詹森 – 香农度量来衡量两个答案的相似性。

相对熵在自然语言处理中还有很多应用，比如用来衡量两个常用词（在语法和语义上）在不同文本中的概率分布，看它们是否同义。另外，利用相对熵，还可以得到信息检索中最重要的一个概念：词频率 – 逆向文档频率

（TF-IDF），后面会在网页搜索相关性和新闻分类中进一步介绍 TF-IDF 的概念。

小结

熵、条件熵和相对熵这三个概念与语言模型的关系非常密切。我们在第 2 章中谈到语言模型时，没有讲如何定量地衡量一个语言模型的好坏，因为当时还没有介绍这三个概念。当然，读者会很自然地想到，既然语言模型能减少语音识别和机器翻译的错误，那么就拿一个语音识别系统或者机器翻译软件来试试，好的语言模型必然导致错误率较低。这种想法是对的，而且今天的语音识别和机器翻译也是这么做的。但这种测试方法对于语言模型的研究人员来讲，既不直接，又不方便，而且很难从错误率反过来定量度量语言模型。事实上，在贾里尼克等人研究语言模型时，世界上既没有像样的语音识别系统，更没有机器翻译。我们知道，语言模型是为了用上下文预测当前的文字。模型越好，预测得越准，那么当前文字的不确定性就越小。

信息熵正是对不确定性的衡量，因此可以想象信息熵能直接用于衡量统计语言模型的好坏。当然，因为有了上下文的条件，所以对高阶的语言模型，应该用条件熵。如果再考虑到从训练语料和真实应用的文本中得到的概率函数有偏差，就需要再引入相对熵的概念。贾里尼克从条件熵和相对熵出发，定义了一个称为语言模型复杂度（Perplexity）的概念，直接衡量语言模型的好坏。复杂度有很清晰的物理含义，它是在给定上下文的条件下，句子中每个位置平均可以选择的单词数量。一个模型的复杂度越小，每个位置的词就越确定，模型越好。

李开复博士在介绍他发明的 Sphinx 语音识别系统的论文里谈到，如果不用任何语言模型（即零元语言模型），（模型的）复杂度为 997，也就是说句子中每个位置有 997 个可能的单词可以填入。如果（二元）语言模型只考虑前后词的搭配，不考虑搭配的概率，复杂度为 60。虽然它比不用语言模型好很多，但与考虑搭配概率的二元语言模型相比要差很多，因为后者的复杂度只有 20。

对信息论有兴趣又有一定数学基础的读者，可以阅读斯坦福大学托马斯·科弗（Thomas Cover）教授的专著《信息论基础》（*Elements of Information Theory*）。科弗教授是当今最权威的信息论专家。

现在，让我们来概括一下本章的内容。信息熵不仅是对信息的量化度量，而且是整个信息论的基础。它对于通信、数据压缩、自然语言处理都有很大的指导意义。信息熵的物理含义是对一个信息系统不确定性的度量，在这一点上，它和热力学中熵的概念有相似之处，因为后者就是一个系统无序的度量，从另一个角度讲也是对一种不确定性的度量。这说明科学上很多看似不同的学科之间也会有很强的相似性。

参考文献

1. Thomas M. Cover, Joy A. Thomas. *Elements of Information Theory* New York: Wiley, 1991. ISBN 0-471-06259-6

Thomas M. Cover, Joy A. Thomas．信息论基础．清华大学出版社，2003.

2. Kai-Fu Lee, Automatic Speech Recognition:The Development of the SPHINX System, Springer, 1989.

3. Gale, W., K. Church, and D. Yarowsky. "A Method for Disambiguating Word Senses in a Large Corpus." Computers and the Humanities. 26, pp. 415-439, 1992.

第 7 章　贾里尼克和现代语言处理

谨以本章纪念弗里德里克 · 贾里尼克博士
1932 年 11 月 18 日—2010 年 9 月 14 日

最初在“谷歌黑板报”上发表“数学之美”系列文章时，为了引起读者的兴趣，我介绍了一些成功地将数学原理应用于自然语言处理领域的大师和学者。但我的根本目的不是单纯地讲故事或聊八卦，而是为了给有志于信息领域研究的年轻人介绍一批大师和成功者，让大家学到他们的思维方法，从而能获得他们那样的成功。在当今物欲横流的社会，学术界浮躁，年轻人焦虑，少数有着远大志向的年轻人实际上是非常孤独的。这很像罗曼 · 罗兰笔下一战后的法国。罗曼 · 罗兰为那些追求灵魂高尚而非物质富裕的年轻人写下了《巨人三传》[1]，让大家呼吸到巨人的气息。今天，我希望把一批大师介绍给有志学子。我们从弗里德里克·贾里尼克（见图 7.1）开始。

1 即《贝多芬传》《米开朗基罗传》和《托尔斯泰传》。

按顺序读到这一章的读者也许注意到了，我们在前面的章节中多次提到了贾里尼克这个名字。事实上，现代语音识别和自然语言处理确实是跟他的名字紧密联系在一起的。在这里我不想列举他的贡献，而想讲一讲他作为一个普通人的故事。这些事要么是我亲身经历的，要么是他亲口对我讲的。

图 7.1　贾里尼克

1　早年生活

弗里德里克·贾里尼克（Frederek Jelinek，我们称他弗莱德）出生于捷克克拉德诺（Kladno）[2] 一个富有的犹太家庭，他的父亲是一位牙科医生。承袭了犹太民族的传统，弗莱德的父母从小就很重视他的教育，并且打算送他去英国的公学（私立学校）读书。为了教他学好德语，还专门请了一位德国的家庭女教师。但是第二次世界大战完全打碎了他们的梦想。他们先是从家中被赶了出去，流浪到布拉格。他的父亲死在了集中营，弗莱德成天在街头玩耍，学业荒废。二战后，当弗莱德再度回到学校时，他不仅要从小学补起，而且成绩一塌糊涂，全部是 D，但是很快他就赶上了班上的同学。不过，他在小学时从来没有得过 A。

2 捷克中部距首都布拉格 25 公里的小城。

1946 年，弗莱德的母亲决定全家移民美国。在美国，贾里尼克一家生活非常贫困，全家基本是靠母亲做点心赚钱为生，弗莱德当时只有十几岁，就进工厂打工赚钱补贴家用。显然，他没有（可能）天天待在教室和家里，没把时间都花在课本上，他在上大学前花在读书上的时间恐怕连现在一般好学生的一半都不到。当然，我自己在小学（文革阶段）和中学（20世纪80年代）花在课本上的时间也不到现在学生的一半。所以我们都不赞同中小学生只会上学考试的教育方式。

每当弗莱德和我谈起各自少年时的教育，我们都同意这样几个观点。首先，小学生和中学生其实没有必要花那么多时间读书，而他们的社会经验、生活能力以及在那时树立起的志向将帮助他们的一生。第二，中学阶段花很多时间比同伴多读的课程，上大学以后用很短时间就能读完，因为在大学阶段，人的理解力要强得多。举个例子，在中学需要花500小时才能学会的内容，在大学可能花100小时就够了。因此，一个学生在中小学阶段建立的那一点点优势在大学很快就会丧失殆尽。第三，学习（和教育）是持续一辈子的过程，很多中学成绩优异的亚裔学生进入名校后表现明显不如那些出于兴趣而读书的美国同伴，因为前者持续学习的动力不足。第四，书本的内容可以早学，也可以晚学，但是错过了成长阶段却是无法补回来的。（因此，少年班的做法不足取。）现在中国的好学校里，恐怕百分之九十九的孩子在读书上花的时间都比我当时要多，更比贾里尼克要多得多，但是这些孩子今天可能有百分之九十九在学术上的建树不如我，更不如贾里尼克。这实在是教育的误区。

贾里尼克十来岁时就有了最早的理想——成为一个律师，为他父亲那样的冤屈者辩护，但是到美国后，他很快意识到自己浓重的外国口音将使他在法庭上的辩护很吃力。贾里尼克的第二个理想是成为医生，也算是子承父业。他想进哈佛大学医学院，但他无力承担医学院8年高昂的学费（4年的本科教育加上4年的医学院教育）。而恰恰此时麻省理工学院给了他一份（为东欧移民设的）全额奖学金。贾里尼克决定到麻省理工学电机工程。看起来贾里尼克的理想在不断改变，但是他通过努力走向成功的志向一直没有改变。

在那里，他遇到了许多世界级的大师，包括信息论的鼻祖香农博士和语言学大师雅格布森（Roman Jakobson，他提出了著名的通信六要素[3]）。后来贾里尼克的太太米兰娜从捷克来到美国，在哈佛大学求学，弗莱德经常去邻校哈佛陪着太太听课。在那里，他经常去听伟大的语言学家乔姆斯基（Noam Chomsky）的课。这三位大师对贾里尼克后来的研究方向 —— 利用信息论解决语言问题产生了重要影响。我一直认为，一个人想要在自己的领域做到世界一流，他的周围必须有非常多的一流人物。贾里尼克的幸运之处在于年轻时就得到了这些大师的指点，以后在研究境界上比同龄人高出了一筹。

3 雅格布森的通信模型见第 3 章。

弗莱德从麻省理工获得博士学位后，在哈佛大学教了一年书，然后到康奈尔大学任教，成了贾里尼克教授。他之所以选择康奈尔大学，是因为找工作时和那里的一位语言学家哈克特（Charles Hackott）谈得颇为投机。当时那位教授表示愿意和贾里尼克在利用信息论解决语言问题上进行合作。但是，等贾里尼克到了康奈尔以后，那位教授表示对语言学不再有兴趣转而写歌剧去了。贾里尼克对语言学家的坏印象从此开始。加上后来他在 IBM 时发现语言学家们说起来头头是道，干起活来高不成低不就，便从此对语言学家深恶痛绝。他甚至说："我每开除一名语言学家，我的语音识别系统识别率就会提高一点。"[4] 这句话后来在业界广为流传，为每一个搞语音识别和语言处理的人所熟知。

4 "Every time I fire a linguist, the performance of the speech recognizer goes up".

2　从水门事件到莫妮卡·莱温斯基

这个标题不是我为了哗众取宠而起的，而是贾里尼克在 1999 年 ICASSP[5] 做的大会报告的题目，因为水门事件发生的时间（1972 年）恰恰是统计语音识别和自然语言处理开始的时间，而因莱温斯基事件弹劾克林顿总统也正好发生于当时会议的前一年。

5 国际声学、语音和信号处理大会，International Conference on Acoustic, Speech and Signal Processing.

贾里尼克在康奈尔十年磨一剑，潜心研究信息论，终于悟出了自然语言处理的真谛。1972 年，贾里尼克到 IBM 华生实验室做学术休假（Sabbatical），无意中领导了语音识别实验室，两年后他在康奈尔和 IBM 之间选择了留在 IBM。在那里，贾里尼克组建的研究队伍阵容之强大可谓空前绝后，其中包括他的著名搭档波尔（L. Bahl），著名的语音识别 Dragon 公司的创始人贝克夫妇（Jim Baker & Janet Baker），解决最大熵迭代算法的达拉·皮垂（S. Della Pietra 和 V. Della Pietra）孪生兄弟，BCJR 算法的另外两个共同提出者库克（J. Cocke）和拉维夫（J. Raviv），以及第一个提出机器翻译统计模型的布朗（Peter Brown）。就连当年资历最浅的小字辈拉法特（John Laffety）现在都成了了不起的学者。

20 世纪 70 年代的 IBM 有点像 20 世纪 90 年代的微软和过去 10 年（施密特时代）的 Google，任由杰出科学家做自己感兴趣的研究。在那种宽松的环境里，贾里尼克等人提出了统计语音识别的框架结构。在贾里尼克之前，科学家们把语音识别问题当作人工智能和模式匹配问题。而贾里尼克把它当成通信问题，并用两个隐马尔可夫模型（声学模型和语言模型）把语音识别概括得清清楚楚。这个框架结构至今仍对语音和语言处理影响深远，它不仅从根本上使得语音识别有实用的可能，而且奠定了今天自然语言处理的基础。贾里尼克后来也因此当选美国工程院院士，并被 Technology 杂志评为 20 世纪 100 名发明家之一。

贾里尼克的前辈香农等人在将统计的方法应用于自然语言处理时，遇到了两个不可逾越的障碍：缺乏计算能力强大的计算机和大量可以用于统计的机读文本语料。最后，他的前辈们不得不选择放弃。在 20 世纪 70 年代的 IBM，虽然计算机的计算能力不能和今天相比，但是已经可以做不少事情了。贾里尼克和他的同事需要解决的问题就是如何找到大量的机读语料。这在今天已经不是问题的问题，在当时可是有点麻烦，因为当时不仅没有网页，连出版物大多都没有电子版的记录，即使有，也在不同的出版商手里，很难收集全。好在当时有一项全球性的业务是通过全球电信网连接在一起的，那就是电传。IBM 的科学家最初就是通过电传业务的文本开始进行自然语言处理研究的。

回想起来，基于统计的自然语言处理方法由在 20 世纪 70 年代的 IBM 奠定，有着历史的必然性。首先，只有 IBM 有足够强大的计算功能和数据。其次，贾里尼克（等人）已经在这个领域做了十多年的理论研究，且当时正在 IBM 工作。最后，上个世纪 70 年代是小沃森将 IBM 的业务发展到顶点的时代，IBM 对基础研究的投入力度非常大。如果当时的年轻人能看到这几点，又有足够好的数学基础（这是当时贾里尼克等人挑选科学家的必要条件），应该加入 IBM，这样一定是前途无量。

贾里尼克和波尔、库克以及拉维夫的另一大贡献是 BCJR 算法，这是今天数字通信中应用最广的两个算法之一（另一个是维特比算法）。有趣的是，这个算法发明了 20 年后，才得以广泛应用。于是 IBM 把它列为 IBM 有史以来对人类的最大贡献之一，并贴在加州阿莫顿实验室（Amaden Research Labs）的墙上。遗憾的是 BCJR 四个人已经全部离开 IBM，有一次 IBM 的通信部门需要用这个算法，还得从斯坦福大学请一位专家去讲解，这位专家看到 IBM 橱窗里的成就榜，感慨万分。

1999 年在美国凤凰城召开的 ICASSP 年会上，贾里尼克以“从水门事件到莫妮卡 · 莱温斯基”为题做了大会报告，总结了语音识别领域 30 年的成就。重点回顾了当年 IBM 的工作，以及后来约翰 · 霍普金斯大学的工作，也包括我的工作。

很多年后我和阿尔弗雷德 · 斯伯格特（Alfred Spector）[6] 谈论为什么当初是没有什么语音识别基础的 IBM 而不是在这个领域有很长研究时间的 AT&T 贝尔实验室或者卡内基 – 梅隆大学提出统计语音识别和自然语言处理。斯伯格特认为原因在于没有基础的 IBM 反而不受条条框框的束缚。这是一个方面，而我强调的则是，大多数时候，很多的历史偶然性背后有着它必然的原因，统计自然语言处理诞生于 IBM 看似有些偶然，但是当时只有 IBM 有这样的计算能力，又有物质条件同时聚集起一大批世界上最聪明的头脑。

6 先后担任 IBM 和 Google 主管研究的副总裁。

3 一位老人的奇迹

读过《浪潮之巅》的读者可能还记得，上个世纪 80 年代末到 90 年代初，是 IBM 最艰难的时期，也是郭士纳大量削减科研经费的时期。不幸的是，语音识别和自然语言处理的研究也在郭士纳削减的名单里。贾里尼克和 IBM 一批最杰出的科学家在上个世纪 90 年代初离开了 IBM，其中大多数人都在华尔街取得了巨大的成功，成为千万甚至亿万富翁。贾里尼克已经到了退休的年龄，他的财富足以舒舒服服地安度晚年。但他是一个一辈子都闲不下来的人，而且书生气很浓，于是 1994 年去约翰·霍普金斯大学建立了世界著名的 CLSP（Center for Language and Speech Processsing）实验室。

在贾里尼克到约翰·霍普金斯大学以前，这所以医学院闻名于世的大学在工程领域学科趋于老化，早已经没有了第二次世界大战前堪与麻省理工学院或者加州理工学院比肩的可能，也完全没有语音识别和自然语言处理这样的新兴学科。贾里尼克从头开始，在短短两三年内就将 CLSP 变成世界一流的研究中心。他主要做了两件大事，两件小事。两件大事是，首先，从美国政府主管研究的部门那里申请到了很多研究经费，然后，每年夏天，他用一部分经费，邀请世界上 20—30 名顶级的科学家和学生到 CLSP 一起工作，使得 CLSP 成为世界上语音和语言处理的中心之一。两件小事是，首先，他招募了一批当时很有潜力的年轻学者，比如今天在自然语言处理方面颇负盛名的雅让斯基和今天 eBay 主管研究的副总裁布莱尔 。第二，他利用自己的影响力，在暑期把他的学生派到世界上最好的公司去实习，通过这些学生的优异表现，树立起 CLSP 在培养人才方面的声誉。10 多年后，由于国家安全的需要，美国政府决定在一所一流大学里建立一个信息处理的国家级研究中心（Center of Excellence），贾里尼克领导的约翰·霍普金斯大学的科学家们，在竞标中击败他们在学术界的老对手麻省理工学院和卡内基 - 梅隆大学，将这个中心落户到约翰·霍普金斯大学，确立了他在这个学术领域的世界级领导地位。

贾里尼克治学极为严谨，对学生要求也极严。他淘汰学生的比例极高，即使留下来的，毕业时间也极长。但是，另一方面，贾里尼克也千方百计利用自己的影响力为学生的学习和事业提供便利。贾里尼克为组里的每一位学生提供从进组第一天到离开前最后一天全部的学费和生活费。他还为每一位学生联系实习机会，并保证每位学生在博士生阶段至少在大公司实习一次。从他那里拿到博士学位的学生，全部任职于著名实验室，比如 IBM、微软、AT&T 和 Google 的实验室。为了提高外籍学生的英语水平，贾里尼克自己出资为他们请私人英语教师。

贾里尼克教授桃李满天下，这里面包括他的学生、过去的下属以及在学术界众多沿袭他的研究方法的晚辈，比如 Google 研究院的院长诺威格（Peter Norvig）和费尔南多·皮耶尔（Fernando Pereira），这些人分布在世界上主要的大学和公司的研究所，逐渐形成了一个学派。而贾里尼克是这个学派的精神领袖。

贾里尼克教授在学术上给我最大的帮助就是提高了我在学术上的境界。他告诉我最多的是：什么方法不好。在这一点上与股神巴菲特给和他吃饭的投资人[7]的建议有异曲同工之处。巴菲特和那些投资人讲，你们都非常聪明，不需要我告诉你们做什么，我只需要告诉你们不要去做什么（这样可以少犯很多错误），这些不要做的事情，是巴菲特从一生的经验教训中得到的。贾里尼克会在第一时间告诉我什么方法不好，因为在 IBM 时他和他的同事吃过这方面的亏。至于什么方法好，他相信我比他强，自己能找到。所以他节省了我很多可能做无用功的时间。同时，他考虑问题的方法让我终身受益。

7 巴菲特每年和一位投资人共进午餐，取决于哪位投资人出价高。这个出价由巴菲特捐给慈善机构。

贾里尼克生活俭朴，一辆老式丰田车开了 20 多年，比组里学生的车都破。他每年都邀请组里的学生和教授到家里做客，很多已毕业的学生也专程赶来聚会。在那里，他不再谈论学术问题，而会谈些巩俐的电影（他太太是哥伦比亚大学电影专业的教授），或是一些科学家的八卦，比如著名的信息论专家、斯坦福大学的科弗（Thomas Cover）教授如何被拉斯韦加斯的赌馆列为不受欢迎的人，等等。但是他家里聚会上的食物实在难吃，无非是些生胡萝卜和芹菜。后来贾里尼克掏钱让系里另一个教授米勒承办聚会，米勒教授每次都请专业大厨在家做出极丰盛的晚宴，并准备许多美酒，从此这种聚会就转移到米勒家了。

贾里尼克的太太米兰娜是哥伦比亚大学电影领域的教授，可能是受他太太影响，他很早就开始观看中国电影。中国早期走向世界的电影，女主角基本上都是巩俐，所以他很奇怪为什么这么大的国家只有这么一位女演员。此外，贾里尼克早期对中国的了解就是清华大学和青岛啤酒了。他多次把这两个名字搞混，有两次被香港科技大学的冯雁（Pascale Fung）教授抓住这个错误。

贾里尼克说话心直口快，不留余地。在他面前谈论学术一定要十分严谨，否则很容易被他抓住辫子。除了刚才提到的对语言学家略有偏见的评论，他对许多世界级的大师都有过很多“刻薄”但又实事求是的评论，这些评论在业界广为流传。当然，当一个人真正做出成绩时，贾里尼克还是毫不吝惜地大加赞赏。1999 年，我在欧洲语言大会 Eurospeech 上获得了最佳论文奖，贾里尼克在实验室里一见到我就讲“我们以你为荣”（We are proud of you.），并且后来多次提及此事。贾里尼克在 40 多年的学术生涯中居然没有得罪太多人，可以说是一个奇迹。我想这除了他的成就之外，还在于他为人公正。

前面讲过，贾里尼克是一个闲不住的人。我经常看到他周末到实验室加班。他在 70 多岁以后依然头脑敏锐，并且每天按时上班。2010 年 9 月 14 日，他像往常一样来到办公室，但不幸的是，因为心脏病发作在办公桌前过世了。我听到这个消息时又悲伤又震惊，因为几个月前我去约翰·霍普金斯大学看他时，他还是好好的。他在别人退休、安度晚年的年龄开始创立当今世界学术界最大的语音和语言处理中心，并且工作到了生命的最后一天。很多年前他和我谈论学习是一辈子的事情，他确实做到了。

贾里尼克的诸多学生和朋友都在 Google 工作，这些人和 Google 公司为约翰·霍普金斯大学捐赠了一笔钱，设立了贾里尼克奖学金。有志于从事这个领域研究的大学生，可以去申请这个奖学金。

第 8 章　简单之美

布尔代数和搜索引擎

在接下来的几章里，我们会介绍与搜索有关的技术。几年前，当这个系列在谷歌黑板报上登出时，很多读者都很想通过它知道 Google 的独门搜索技术，对我只讲述简单的原理感到很失望。这次，我可能还是要让一些读者失望了，因为我依然不会讲得很深。主要有这样几个原因，首先我希望这本书的读者是大众，而不仅仅是搜索引擎公司的工程师。对于前者，帮助他们了解数学在工程中的作用，远比了解与他们的工作无关的算法要有意义得多。第二，技术分为术和道两种，具体的做事方法是术，做事的原理和原则是道。这本书的目的是讲道而不是术。很多具体的搜索技术很快会从独门绝技到普及，再到落伍，追求术的人一辈子工作很辛苦。只有掌握了搜索的本质和精髓才能永远游刃有余。第三，很多希望我介绍"术"的人是想走捷径。但是真正做好一件事没有捷径，离不开一万小时的专业训练和努力。做好搜索，最基本的要求是每天分析10—20 个不好的搜索结果，累积一段时间才会有感觉。我在 Google 改进搜索质量的时候每天分析的搜索数量远不止这个，Google 的搜索质量第一技术负责人阿米特 · 辛格（Amit Singhal）至今依然经常分析那些不好的搜索结果。但是，很多做搜索的工程师（美国的、中国的都有）都做不到这一点，他们总是指望靠一个算法、一个模型就能毕其功于一役，而这是不现实的。

现在我们回到搜索引擎这个话题。搜索引擎的原理其实非常简单，建立一个搜索引擎大致需要做这样几件事：自动下载尽可能多的网页；建立快速有效的索引；根据相关性对网页进行公平准确的排序。所以我到了腾讯以后，就把搜搜所有的搜索产品都提炼成下载、索引和排序这三种基本服务。这就是搜索的“道”。所有的搜索服务都可以在这三个基本服务的基础上很快实现，这就是搜索的“术”。

在腾讯内部升级搜索引擎时，首先要改进和统一的就是所有搜索业务的索引，否则提高搜索质量就如同浮沙建塔一样不稳固。同样，我们在这本书中介绍搜索，也是从索引出发，因为它最基础，也最重要。

1　布尔代数

世界上不可能有比二进制更简单的计数方法了，它只有两个数字：0 和 1。从单纯数学的角度来讲，它甚至比我们的十进制更合理。但是，我们人有 10 个手指，使用起来比二进制（或者八进制）方便得多，所以人类在进化和文明发展过程中采用了十进制。二进制的历史其实也很早，中国古代的阴阳学说可以认为是最早二进制的雏形。而二进制作为一个计数系统，则是公元前 2 世纪至公元 5 世纪时由印度学者完成的，但是他们没有使用 0 和 1 计数。到 17 世纪，德国伟大的数学家莱布尼兹（Gottfried Leibniz）进一步完善了二进制，并且用 0 和 1 表示它的两个数字，成为我们今天使用的二进制。二进制除了是一种计数的方式外，它还可以表示逻辑的“是”与“非”。这第二个特性在索引中非常有用。布尔运算是针对二进制，尤其是二进制第二个特性的运算，它很简单，可能没有比布尔运算更简单的运算了。尽管今天每个搜索引擎都宣称自己如何聪明，多么智能（这个词非常忽悠人），其实从根本上讲都没有逃出布尔运算的框框。

布尔（George Boole）是 19 世纪英国的一位中学数学老师，还创办过一所中学。后来在爱尔兰科克（Cork）的一所学院当教授。生前没有人认为他是数学家，虽然他曾经在《剑桥大学数学杂志》（*Cambridge*

Mathematical Journal）上发表过论文。（英国另一位生前没有被公认为科学家的是著名物理学家焦耳，虽然他生前已经是英国皇家科学院院士，但是他的公认身份是啤酒商。）布尔在工作之余，喜欢阅读数学论著，思考数学问题。1854 年，布尔的《思维规律》（*An Investigation of the Laws of Thought, on which are founded the Mathematical Theories of Logic and Probabilities*）一书出版，这本书第一次向人们展示了如何用数学的方法解决逻辑问题。在此之前，人们普遍认为数学和逻辑是两个不同的学科，今天联合国教科文组织依然把它们严格分开。

布尔代数简单得不能再简单了。运算的元素只有两个：1（TRUE，真）和 0（FALSE，假）。基本的运算只有“与”（AND）、“或”（OR）和“非”（NOT）三种（后来发现，这三种运算都可以转换成“与非”AND-NOT 一种运算）。全部运算只用下列几张真值表就能完全描述清楚。

表 8.1　与运算真值表

AND	1	0
1	1	0
0	0	0

表 8.1 说明，如果 AND 运算的两个元素有一个是 0，则运算结果总是 0。如果两个元素都是 1，运算结果是 1。例如，“太阳从西边升起”这个判断是假的（0），“水可以流动”这个判断是真的（1），那么，“太阳从西边升起并且水可以流动”就是假的（0）。

表 8.2　或运算真值表

OR	1	0
1	1	1
0	1	0

表 8.2 说明，如果 OR 运算的两个元素有一个是 1，则运算结果总是 1。

如果两个元素都是 0，则运算结果是 0。比如说，“张三是比赛第一名”这个结论是假的（0），“李四是比赛第一名”是真的（1），那么“张三或者李四是比赛第一名”就是真的（1）。

表 8.3 非运算真值表

NOT	
1	0
0	1

表 8.3 说明，NOT 运算把 1 变成 0，把 0 变成 1。比如，如果“象牙是白的”是真的（1），那么“象牙不是白的”必定是假的（0）。

读者也许会问，这么简单的理论能解决什么实际问题。和布尔同时代的数学家们也有同样的疑问。事实上，在布尔代数提出后 80 多年里，它确实没有什么像样的应用，直到 1938 年香农在他的硕士论文中指出用布尔代数来实现开关电路，才使得布尔代数成为数字电路的基础。所有的数学和逻辑运算，加、减、乘、除、乘方、开方，等等，全都能转换成二值的布尔运算。正是依靠这一点，人类用一个个开关电路最终“搭出”电子计算机。我们在第一章讲到，数学的发展实际上是不断地抽象和概括的过程，这些抽象了的方法看似离生活越来越远，但是它们最终能找到适用的地方，布尔代数便是如此。

现在看看文献检索和布尔运算的关系。对于一个用户输入的关键词，搜索引擎要判断每篇文献是否含有这个关键词，如果一篇文献含有它，我们则相应地给这篇文献一个逻辑值 —— 真（TRUE 或 1），否则，给一个逻辑值 —— 假（FALSE 或 0）。比如要找有关原子能应用的文献，但并不想知道如何造原子弹。可以这样写一个查询语句“原子能 AND 应用 AND（NOT 原子弹）”，表示符合要求的文献必须同时满足三个条件：

包含原子能，包含应用，不包含原子弹

一篇文献对于上面每一个条件，都有一个 TRUE 或者 FALSE 的答案。根据上述真值表就能算出每篇文献是不是要找的。这样逻辑推理和计算就合二为一了。

布尔代数对于数学的意义等同于量子力学对于物理学的意义，它们将我们对世界的认识从连续状态扩展到离散状态。在布尔代数的“世界”里，万物都是可以量子化的，从连续的变成一个个分离的，它们的运算“与、或、非”也就和传统的代数运算完全不同了。现代物理的研究成果表明，我们的世界实实在在是量子化的而不是连续的。我们的宇宙的基本粒子数目是有限的[1]，而且远比古高尔（googol，10^{100}）[2]要小得多。

1 据 http://www.universetoday.com/36302/atoms-in-the-universe/ 估计宇宙中原子的数量是 10^{78}—10^{82}，如果按照最小的基本粒子（夸克、电子、光子等）统计，再考虑到暗物质和暗能量，折算下来不应该超过 10^{86}。

2 Google 公司的名称便是来源于此，表示它的索引量大。

2 索引

大部分使用搜索引擎的人都会吃惊为什么它能在零点零几秒内找到成千上万甚至上亿的搜索结果。显然，如果是扫描所有的文本，计算机扫描的速度再快也不可能做到这一点，这里面一定暗藏技巧。这个技巧就是建索引。这就如同我们科技读物末尾的索引，或者图书馆的索引。Google 有一道面试产品经理的考题，就是“如何向你的奶奶解释搜索引擎”。大部分候选人都是试图从互联网、搜索等产品的技术层面给出解释，如此，这道题基本通不过。好的回答是拿图书馆的索引卡片做类比。每个网站就像图书馆里的一本书，我们不可能在图书馆书架上一本本地找，而是要通过搜索卡片找到它的位置，然后直接去书架上拿。

图书馆的索引卡片当然无法进行复杂的逻辑运算。但是，当信息检索进入计算机时代后，图书的索引便不再是卡片，而是基于数据库的。数据库的查询语句（SQL）支持各种复杂的逻辑组合，但是背后的基本原理是基于布尔运算的，至今如此。早期的文献检索查询系统，严格要求查询语句符合布尔运算。相比之下，今天的搜索引擎要聪明得多，它会自动把用户的查询语句转换成布尔运算的算式，但是基本的原理并没有什么不同。

最简单的索引结构是用一个很长的二进制数表示一个关键字是否出现在每篇文献中。有多少篇文献，就有多少位数，每一位对应一篇文献，1 代表相应的文献有这个关键字，0 代表没有。比如关键字“原子能”对应的二进制数是 0100100011000001……，表示第 2、第 5、第 9、第 10、第 16 篇文献包含这个关键字。上述过程其实就是将一篇篇千差万别的文本进行量子化的过程。注意，这个二进制数非常之长。同样，假定“应用”对应的二进制数是 0010100110000001……，那么要找到同时包含“原子能”和“应用”的文献时，只要将这两个二进制数进行布尔运算 AND。根据上面的真值表，可知结果为 0000100000000001……，表示第 5 篇、第 16 篇文献满足要求。

注意，计算机做布尔运算是非常非常快的。现在最便宜的微机都可以在一个指令周期内进行 32 位布尔运算，一秒进行数十亿次以上。当然，由于这些二进制数中的绝大部分位数都是零，只需要记录那些等于 1 的位数即可。于是，搜索引擎的索引就变成了一张大表：表的每一行对应一个关键词，而每一个关键词后面跟着一组数字，是包含该关键词的文献序号。

对于互联网的搜索引擎来讲，每一个网页就是一个文献。互联网的网页数量是巨大的，网络中所用的词也非常非常多。因此，这个索引是巨大的，在万亿字节这个量级。早期的搜索引擎（比如 AltaVista 以前的所有搜索引擎），由于受计算机速度和容量的限制，只能对重要、关键的主题词建立索引。至今很多学术杂志还要求作者提供 3—5 个关键词。这样，所有不常见的词和太常见的虚词就找不到了。现在，为了保证对任何搜索都能提供相关的网页，常见的搜索引擎都会对所有的词进行索引。但是，这在工程上却极具挑战性。

假如互联网上有 100 亿[3]（10^{10}）个有意义的网页，而词汇表的大小是 30 万（也是保守估计的数字），那么这个索引的大小至少是 100 亿 ×30 万 = 3 000 万亿。考虑到大多数词只出现在一部分文本中，压缩比为 100 ∶ 1，也是 30 万亿的量级。为了网页排名方便，索引中还需存有大量附加信息，诸如每个词出现的位置、次数，等等。因此，整个索引就

3 实际数量比这个多。

变得非常之大，显然，这不是一台服务器的内存能够存下的。所以，这些索引需要通过分布式的方式存储到不同的服务器上。普遍的做法就是根据网页的序号将索引分成很多份（Shards），分别存储在不同的服务器中。每当接受一个查询时，这个查询就被分发到许许多多的服务器中，这些服务器同时并行处理用户请求，并把结果送到主服务器进行合并处理，最后将结果返回给用户。

随着互联网上内容的增加，尤其是互联网 2.0 时代，用户产生的内容越来越多，即使是 Google 这样的服务器数量近乎无限的公司，也感到了数据增加带来的压力。因此，需要根据网页的重要性、质量和访问的频率建立常用和非常用等不同级别的索引。常用的索引需要访问速度快，附加信息多，更新也要快；而非常用的要求就低多了。但是不论搜索引擎的索引在工程上如何复杂，原理上依然非常简单，即等价于布尔运算。

小结

布尔代数非常简单，但是对数学和计算机发展的意义重大，它不仅把逻辑和数学合二为一，而且给了我们一个看待世界的全新视角，开创了今天数字化的时代。在此，借用伟大的科学家牛顿的一句话来结束这一章，“（人们）发觉真理在形式上从来是简单的，而不是复杂和含混的。”（Truth is ever to be found in simplicity, and not in the multiplicity and confusion of things.）

第 9 章　图论和网络爬虫

离散数学是当代数学的一个重要分支，也是计算机科学的数学基础。它包括数理逻辑、集合论、图论和近世代数四个分支。数理逻辑基于布尔运算，前面已经介绍过了。这里介绍图论和互联网自动下载工具网络爬虫之间的关系。顺便提一句，用 Google Trends 来搜索一下“离散数学”这个词，可以发现不少有趣的现象。比如，武汉、西安、合肥、南昌、南京、长沙和北京这些城市对这一数学主题最有兴趣，除了南昌，其他城市恰好是中国在校大学生人数较多的一些城市。

第 8 章谈到了如何建立搜索引擎的索引，那么如何自动下载互联网所有的网页呢？这需要用到图论中的遍历（Traverse）算法。

1　图论

图论的起源可追溯到大数学家欧拉（Leonhard Euler）所处的那个年代。1736 年，欧拉来到普鲁士的哥尼斯堡（Konigsberg，大哲学家康德的故乡，现在是俄罗斯的加里宁格勒），发现当地居民有一项消遣活动，就是试图将图 9.1 中的每座桥恰好走过一遍并回到原出发点，但从来没有人成功过。欧拉证明了这种走法是不可能的，并就此写了一篇论文，一般认为这便是图论的开始。至于为什么不可能，我们在延伸阅读里会介绍。

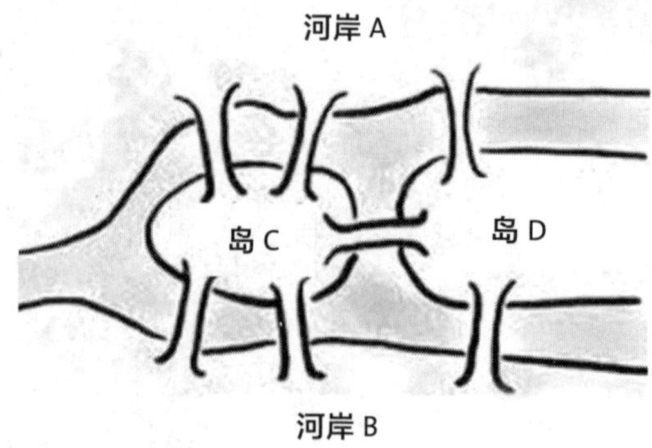

图 9.1 哥尼斯堡的七座桥

图论中所讨论的图由一些节点和连接这些节点的弧组成。如果我们把中国的城市当成节点，把连接城市的国道当成弧，那么全国的公路干线网就是图论中所说的图。关于图的算法有很多，但最重要的是图的遍历算法，也就是如何通过弧访问图的各个节点。以中国公路网为例，我们从北京出发，访问所有的城市。可以先看一看北京和哪些城市直接相连，比如与天津、济南、石家庄、沈阳、呼和浩特直接相连（图 9.2 中的黑色线条）。当然，这些城市之间还可以有其他的连接（图 9.2 中的灰色线）。

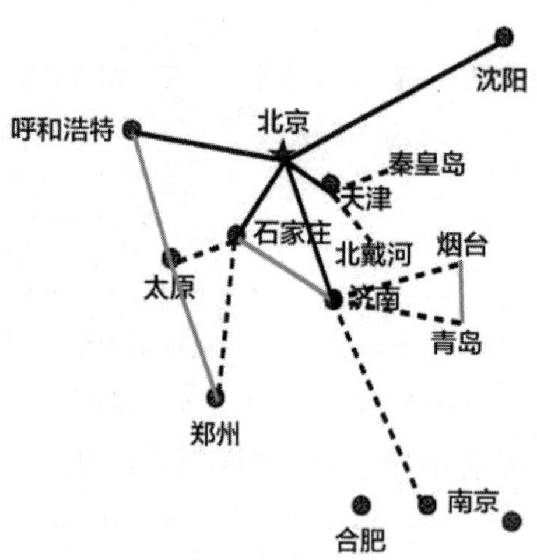

图 9.2 中国公路图

从北京出发，可以依次访问这些城市。先访问那些直接和北京相连的城市，比如天津、济南等。然后看看都有哪些城市和这些已经访问过的城市相连，比如北戴河、秦皇岛与天津相连，青岛、烟台、南京和济南相连，太原、郑州和石家庄相连等（图 9.2 中的虚线），而后再一次访问北戴河、秦皇岛和烟台等城市，直到把中国所有的城市都访问过一遍为止。这种图的遍历算法称为“广度优先搜索”（Breadth-First Search，简称 BFS），因为它先要尽可能“广”地访问与每个节点直接连接的其他节点，如图 9.3 所示。

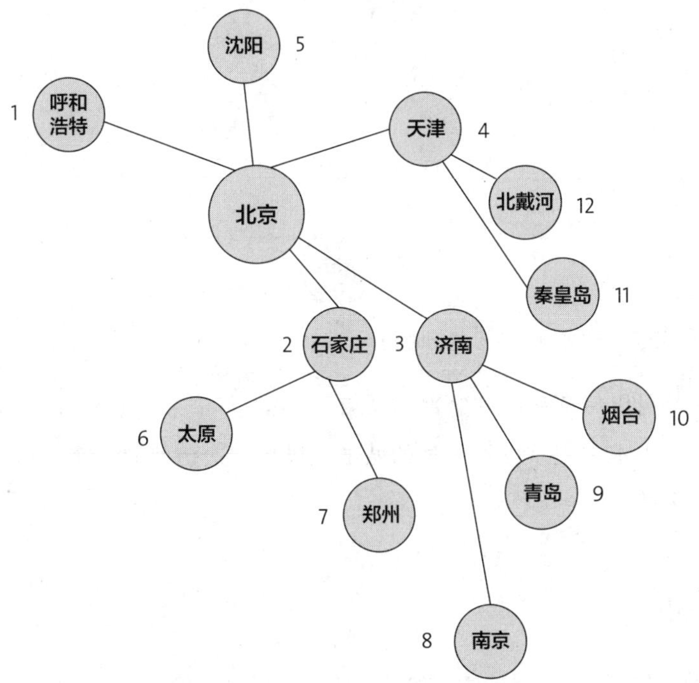

图 9.3　广度优先遍历，图中的数字表示遍历的次序

另外还有一种策略是从北京出发，随便找一个相连的城市作为下一个要访问的城市，比如说济南，然后从济南出发到下一个城市，比如说南京，再访问从南京出发的城市，一直走到头，直到找不到更远的城市了，再往回找，看看中间是否有尚未访问的城市。这种方法叫“深度优先搜索”（Depth-First Search，简称 DFS），因为它是一条路走到黑。图 9.4 所示的是采用深度优先搜索算法时遍历整个图的次序。

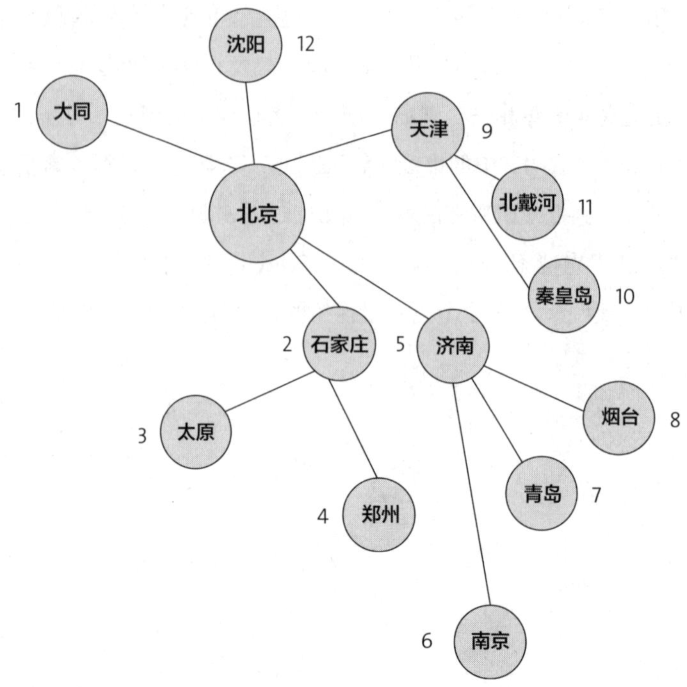

图 9.4 深度优先遍历，图中的数字表示遍历的次序

这两种方法都可以保证访问到全部的城市。当然，不论采用哪种方法，都应该用一个小本本记录已访问过的城市，以免多次访问同一个城市或者漏掉哪个城市。

2 网络爬虫

现在看看图论的遍历算法和搜索引擎的关系。互联网虽然很复杂，但是说穿了其实就是一张大图而已 —— 可以把每一个网页当作一个节点，把那些超链接（Hyperlinks）当作连接网页的弧。很多读者可能已经注意到，网页中那些带下划线的蓝色文字背后其实藏着对应的网址，当你点击时，浏览器通过这些隐含的网址跳转到相应的网页。这些隐含在文字背后的网址称为“超链接”。有了超链接，我们可以从任何一个网页出发，用图的遍历算法，自动地访问到每一个网页并把它们存起来。完成这个功能的程序叫作网络爬虫（Web Crawlers），有些文献也称之为“机器人”

（Robot）。世界上第一个网络爬虫是由麻省理工学院的学生马休·格雷（Matthew Gray）在 1993 年写成的。他给自己的程序起了个名字叫“互联网漫游者”（WWW Wanderer）。以后的网络爬虫尽管越写越复杂，但原理是一样的。

我们来看看网络爬虫如何下载整个互联网。假定从一家门户网站的首页出发，先下载这个网页，然后通过分析这个网页，可以找到页面里的所有超链接，也就等于知道了这家门户网站首页所直接链接的全部网页，诸如腾讯邮件、腾讯财经、腾讯新闻等。接下来访问、下载并分析这家门户网站的邮件等网页，又能找到其他相连的网页。让计算机不停地做下去，就能下载整个的互联网。当然，也要记载哪个网页下载过了，以免重复。在网络爬虫中，人们使用一种“哈希表”（Hash Table，也叫“散列表”）而不是一个记事本记录网页是否下载过的信息。

现在的互联网非常庞大，不可能通过一台或几台计算机服务器就能完成下载任务。比如 Google 在 2013 年时整个索引大约有 10 000 亿个网页，即使更新最频繁的基础索引也有 100 亿个网页，假如下载一个网页需要一秒钟，那么下载这 100 亿个网页则需要 317 年，如果下载 10 000 亿个网页则需要 32 000 年左右，是我们人类有文字记载历史的 6 倍时间。因此，一个商业的网络爬虫需要有成千上万个服务器，并且通过高速网络连接起来。如何建立起这样复杂的网络系统，如何协调这些服务器的任务，就是网络设计和程序设计的艺术了。

3　延伸阅读：图论的两点补充说明

3.1　欧拉七桥问题的证明

把每一块连通的陆地作为一个顶点，每一座桥当成图的一条边，那么就把哥尼斯堡的七座桥抽象成图 9.5。

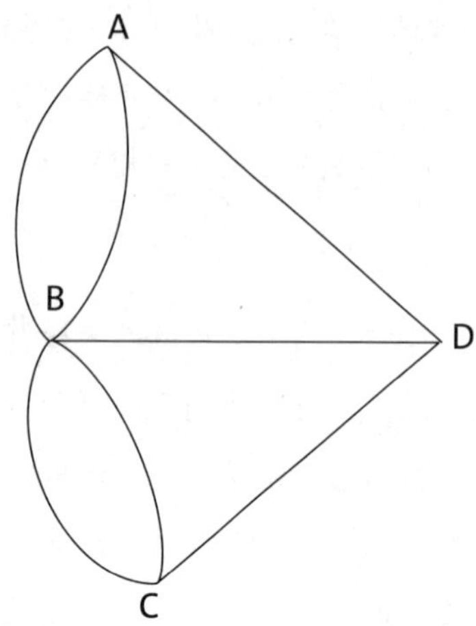

图 9.5　哥尼斯堡七桥的抽象图

对于图中的每一个顶点，将与之相连的边的数量定义为它的度（Degree）。

定理：如果一个图能够从一个顶点出发，每条边不重复地遍历一遍回到这个顶点，那么每一顶点的度必须为偶数。

证明：假如能够遍历图的每一条边各一次，那么对于每个顶点，需要从某条边进入顶点，同时从另一条边离开这个顶点。进入和离开顶点的次数是相同的，因此每个顶点有多少条进入的边，就有多少条出去的边。也就是说，每个顶点相连的边的数量是成对出现的，即每个顶点的度都是偶数。

在图 9.5 中，有多个顶点的度为奇数，因此，这个图无法从一个顶点出发，遍历每条边各一次然后回到这个顶点。

3.2　构建网络爬虫的工程要点

“如何构建一个网络爬虫”是我在 Google 最常用的一道面试题。因为我经常使用，一些面试者其实知道这个事实。但我还是继续使用，而且仍能有效地考察出一个候选人的计算机科学理论基础、算法能力及工程素养。这道题的妙处在于它没有完全对和错的答案，但是有好和不好、可行和不可行的答案，而且可以不断地往深处问下去。一个好的候选人不需要做过网络爬虫也能很好地回答这道题，而那些仅仅有执行能力的三流工程师，即使在做网络爬虫的工作，对里面的很多地方也不会考虑周全。

网络爬虫在工程实现上要考虑的细节非常多，其中大的方面有这样几点。

首先，用 BFS 还是 DFS？

虽然从理论上讲，这两个算法（在不考虑时间因素的前提下）都能够在大致相同的时间[1]里“爬下”整个“静态”互联网上的内容，但是工程上的两个假设——不考虑时间因素，互联网静态不变，都是现实中做不到的。搜索引擎的网络爬虫问题更应该定义成“如何在有限时间里最多地爬下最重要的网页”。显然各个网站最重要的网页应该是它的首页。在最极端的情况下，如果爬虫非常小，只能下载非常有限的网页，那么应该下载的是所有网站的首页，如果把爬虫再扩大些，应该爬下从首页直接链接的网页（就如同和北京直接相连的城市），因为这些网页是网站设计者自认为相当重要的网页。在这个前提下，显然 BFS 明显优于 DFS。事实上在搜索引擎的爬虫里，虽然不是简单地采用 BFS，但是先爬哪个网页，后爬哪个网页的调度程序，原理上基本上是 BFS。

1 是节点数量V和边的数量E之和的线性函数，即$O(V+E)$。

那么是否 DFS 就不使用了呢？也不是这样的。这跟爬虫的分布式结构以及网络通信的握手成本有关。所谓“握手”就是指下载服务器和网站的服务器建立通信的过程。这个过程需要额外的时间（Overhead Time），如果握手的次数太多，下载的效率就降低了。实际的网络爬虫都是一个由成百上千甚至成千上万台服务器组成的分布式系统。对于某个网站，一般是由特定的一台或者几台服务器专门下载。这些服务器下载完一个网站，然后再进入下一个网站，而不是每个网站先轮流下载 5%，然后再回过头来下载第二批，这样可以避免握手的次数太多。要是下载完第一个网站再下载第二个，那么这又有点像 DFS，虽然下载同一个网站（或者子网站）时，还是需要用 BFS 的。

总结起来，网络爬虫对网页遍历的次序不是简单的 BFS 或者 DFS，而是有一个相对复杂的下载优先级排序的方法。管理这个优先级排序的子系统一般称为调度系统（Scheduler），由它来决定当一个网页下载完成后，接下来下载哪一个。当然在调度系统里需要存储那些已经发现但是尚未下载的网页的 URL，它们一般存在一个优先级队列（Priority Queue）里。而用这种方式遍历整个互联网，在工程上和 BFS 更相似。因此，在爬虫中，BFS 的成分多一些。

第二，页面的分析和 URL 的提取。

在上一节中提到，当一个网页下载完成后，需要从这个网页中提取其中的 URL，把它们加入到下载的队列中。这个工作在互联网的早期不难，因为那时的网页都是直接用 HTML 语言书写的。那些 URL 都以文本的形式放在网页中，前后都有明显的标识，很容易提取出来。但是现在很多 URL 的提取就不那么直接了，因为很多网页如今是用一些脚本语言（比如 JavaScript）生成的。打开网页的源代码，URL 不是直接可见的文本，而是运行这一段脚本后才能得到的结果。因此，网络爬虫的页面分析就变得复杂很多，它要模拟浏览器运行一个网页，才能得到里面隐含的 URL。有些网页的脚本写得非常不规范，以至于解析起来非常困难。可是，这些网页还是可以在浏览器中打开，说明浏览器可以解析。因此，需要做浏览器内核的工程师来写网络爬虫中的解析程序，可惜出色的浏览器内核工程师在全世界数量并不多。因此，若你发现一些网页明明存在，但搜索引擎就是没有收录，一个可能的原因是网络爬虫中的解析程序没能成功解析网页中不规范的脚本程序。

第三，记录哪些网页已经下载过的小本本 —— URL 表。

在互联网上，一个网页可能被多个网页中的超链接所指向，即在互联网这张大图上，有很多弧（链接）可以走到这个节点（网页）。这样在遍历互联网这张图时，这个网页可能被多次访问到。为了防止一个网页被下载多次，我们可以用一个哈希表记录哪些网页已经下载过。再遇到这个网页时，我们就可以跳过它。采用哈希表的好处是，判断一个网页的 URL 是否在表中，平均只需一次（或者略多的）查找。当然，如果遇到还未下载的网页，除了下载该网页，还要适时将这个网页的 URL 存入哈希表中，这个操作对哈希表来讲也非常简单。在一台下载服务器上建立和维护一张哈希表并不是难事。但是如果同时有上千台服务器一起下载网页，维护一张统一的哈希表就不那么简单了。首先，这张哈希表会大到一台服务器存储不下。其次，由于每个下载服务器在开始下载前和完成下载后都要访问和维护这张表，以免不同的服务器做重复的工作，这个存储哈希表的服务器的通信就成了整个爬虫系统的瓶颈。如何消除这个瓶颈是我经常考应聘者的试题。

这里有各种解决办法，没有绝对正确的，但是却也有好坏之分。好的方法一般都采用了这样两个技术：首先明确每台下载服务器的分工，也就是说在调度时一看到某个 URL 就知道要交给哪台服务器去下载，以免很多服务器都要重复判断某个 URL 是否需要下载。然后，在明确分工的基础上，判断 URL 是否下载就可以批处理了，比如每次向哈希表（一组独立的服务器）发送一大批询问，或者每次更新一大批哈希表的内容。这样通信的次数就大大减少了。

小结

在图论出现后的很长时间里，现实世界中图的规模都是在几千个节点以内（比如公路图、铁路图等）。那时候，图的遍历比较简单，因此在工业界没有多少人专门研究这个问题。过去，即使是计算机专业的学生，大部分人也体会不到这个领域的研究有什么实际用处，因为大家在工作中可能永远用不上。但是随着互联网的出现，图的遍历方法一下子有了用武之地。很多数学方法就是这样，看上去没有什么实际用途，但是随着时间的推移会突然派上大用场。这恐怕是世界上还有很多人毕生研究数学的原因。

第10章　PageRank
Google的民主表决式网页排名技术

对于大部分用户的查询，今天的搜索引擎，都会返回成千上万条结果，那么应该如何排序，把用户最想看到的结果排在前面呢？这个问题很大程度上决定了搜索引擎的质量。我们在这一章和下一章将回答这个问题。总的来讲，对于一个特定的查询，搜索结果的排名取决于两组信息：关于网页的质量信息（Quality），以及这个查询与每个网页的相关性信息（Relevance）。这一章介绍衡量网页质量的方法，下一章介绍度量搜索关键词和网页相关性的方法。

1　PageRank算法的原理

大家可能知道，Google革命性的发明是它名为“PageRank”的网页排名算法，这项技术在1998年前后使得搜索的相关性有了质的飞跃，比较圆满地解决了以往网页搜索结果中排序不好的问题。以至于大家认为Google的搜索质量好，甚至整个公司的成功都是基于这个算法。当然，这样的说法实际上有些夸大了这个算法的作用。

最先试图给互联网上的众多网站排序的并不是Google，而是雅虎公司。雅虎的创始人杨致远和费罗最早使用目录分类的方式让用户通过互联网检索信息（关于这段历史，读者可以参看拙作《浪潮之巅》）。但由于当时计算机存储容量和速度的限制，雅虎和同时代的其他搜索引擎都存在一个共同的问题：收录的网页太少，而且只能对网页中常见内容相关的实际用词进行索引。那时，用户很难找到相关信息。我记得 1999 年以前查找一篇论文，要换好几个搜索引擎。后来 DEC 开发了 AltaVista 搜索引擎，只用了一台 Alpha 服务器，收录的网页却比以往任何引擎都多，而且对网页上的每个词都进行索引。但是，AltaVista 虽然让用户搜索到了大量结果，但大部分结果却与查询不太相关，有时要翻好几页才能找到想看的网页。所以，最初的 AltaVista 在一定程度上解决了覆盖率的问题，但还不能很好地对结果进行排序。和 AltaVista 同时代的搜索引擎公司还有 Inktomi。这两家公司多少发现了互联网网页的质量在搜索结果的排序中也应该起一些作用，于是尝试了一些方法，有点效果，但这些方法都是在数学上不很完善的方法。这些方法或多或少地用到了指向某个网页的链接以及链接上的文本（在搜索技术中称为锚文本，Anchor Text）的技术。这在当时都是公开的技术。1996 年，我在约翰·霍普金斯大学的师兄斯科特·韦斯（Scott Weiss，后来在威廉·玛丽学院任教）在做信息检索博士论文时就用链接数量作为搜索排序的一个因子。

真正找到计算网页自身质量的完美的数学模型的是 Google 创始人拉里·佩奇和谢尔盖·布林。Google 的“PageRank”（网页排名）是怎么回事呢？其实简单地说就是民主表决。打个比方，假如我们要找李开复博士，有 100 个人举手说自己是李开复。那么谁是真的呢？也许有好几个真的，但即使如此谁又是大家真正想找的呢？如果大家都说在创新工场的那个是真的，那么他就是真的（见图 10.1）。

图 10.1 大家都说“他是李开复”

在互联网上，如果一个网页被很多其他网页所链接，说明它受到普遍的承认和信赖，那么它的排名就高。这就是 PageRank 的核心思想。当然 Google 的 PageRank 算法实际上要复杂得多。比如说，对来自不同网页的链接区别对待，因为那些排名高的网页的链接更可靠，于是要给这些链接以较大的权重。这就好比在现实世界中股东大会里的表决，要考虑每个股东的表决权（Voting Power），拥有 20% 表决权的股东和拥有 1% 表决权的股东，对最后的表决结果的影响力明显不同。PageRank 算法考虑了这个因素，即网页排名高的网站贡献的链接权重大。

现在举一个例子，我们知道一个网页Y的排名应该来自于所有指向这个网页的其他网页$X_1, X_2, \cdots, X_K$的权重之和，图 10.2 中，Y的网页排名 $pagerank = 0.001 + 0.01 + 0.02 + 0.05 = 0.081$。

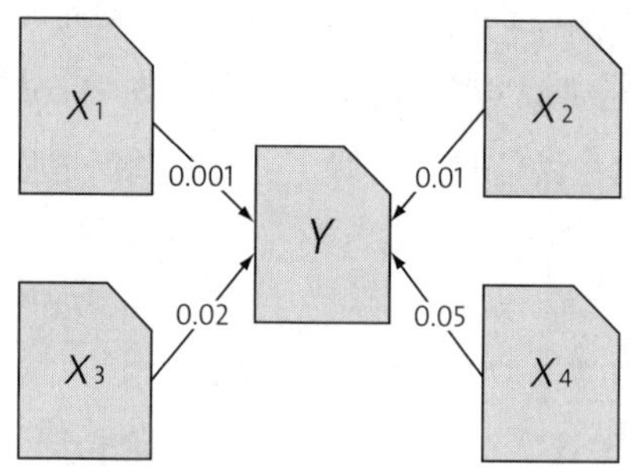

图 10.2 网页排名的计算

虽然佩奇和布林不强调这个算法中谁都贡献了什么思想，但是据我了解，上述想法应该来自于佩奇。接下来的问题是 X_1、X_2、X_3、X_4 的权重分别是多少，如何度量。佩奇认为，应该是这些网页本身的网页排名。现在麻烦来了，计算搜索结果的网页排名过程中需要用到网页本身的排名，这不成了“先有鸡还是先有蛋”的问题了吗？

破解这个怪圈的应该是布林。他把这个问题变成了一个二维矩阵相乘的问题，并用迭代的方法解决了这个问题。他们先假定所有网页的排名是相同的，并且根据这个初始值，算出各个网页的第一次迭代排名，然后再根据第一次迭代排名算出第二次的排名。他们两个人从理论上证明了不论初始值如何选取，这种算法都能保证网页排名的估计值能收敛到排名的真实值。值得一提的事，这种算法不需要任何人工干预。

理论问题解决了，又遇到实际问题。因为互联网上网页的数量是巨大的，上面提到的二维矩阵从理论上讲有网页数量的二次方这么多个元素。假定有十亿个网页，那么这个矩阵就有一百亿亿个元素。这么大的矩阵相乘，计算量是非常大的。佩奇和布林两个人利用稀疏矩阵计算的技巧，大大简化了计算量，并实现了这个网页排名算法。

随着互联网网页数量的增长，PageRank 的计算量越来越大，必须利用多台服务器才能完成。Google 早期时，PageRank 计算的并行化是半手工、半自动的，这样更新一遍所有网页的 PageRank 的周期很长。2003 年，Google 的工程师迪恩（Jeffrey Dean）和格麦瓦特（Sanjay Ghemawat）发明了并行计算工具 MapReduce，PageRank 的并行计算完全自动化了，这就大大缩短了计算时间，使网页排名的更新周期比以前短了许多。

我到 Google 后，佩奇和我们几个新员工座谈时，讲起他当年和布林是怎么想到网页排名算法的。他说："当时我们觉得整个互联网就像一张大的图，每个网站就像一个节点，而每个网页的链接就像一个弧。我想，互联网可以用一个图或者矩阵描述，我也许可以用这个发现做篇博士论文。"他和布林就这样发明了 PageRank 算法。PageRank 中的 Page 一词在英文里既有网页、书页等意思，也是佩奇的姓氏。我们开玩笑讲，为什么这个算法叫"佩奇"算法不叫"布林"算法?

网页排名算法的高明之处在于它把整个互联网当作一个整体来对待。这无意中符合了系统论的观点。相比之下，以前的信息检索大多把每一个网页当作独立的个体对待，大部分人当初只注意了网页内容和查询语句的相关性，忽略了网页之间的关系。虽然在佩奇和布林同时代也有一些人在思考如何利用网页之间的联系来衡量网页的质量，但只是摸到一些皮毛，找到一些拼凑的办法，都没有从根本上解决问题。

PageRank 在当时对搜索结果的影响非常大。在 1997—1998 年前后，所有互联网上能找到的搜索引擎，每十条结果只有两三条是相关的、有用的。而还在斯坦福大学实验室里的 Google 当时能做到每十条结果有七八条是相关的。这是一个质的差别，给人的感觉就如同 iPhone 和老式诺基亚手机的差异那么大。这使 Google 得以迅速打败以前所有的搜索引擎。但是今天，任何商业的搜索引擎，十条结果都有七八条是相关的了，而且决定搜索质量最有用的信息是用户的点击数据，相反，一项新的技术为搜索质量带来的提升空间却非常有限，用户很难感觉到差别。这也是后来微软等公司很难在搜索上有所作为的原因。

2 延伸阅读：PageRank 的计算方法

读者知识背景：线性代数。

假定向量

$$\boldsymbol{B}=(b_1,b_2,\cdots,b_N)^{\mathrm{T}} \tag{10.1}$$

为第一、第二……第 N 个网页的网页排名。矩阵

$$\boldsymbol{A}=\begin{bmatrix} a_{11} & \cdots & a_{1n} & \cdots & a_{1M} \\ \cdots & & & & \cdots \\ a_{m1} & \cdots & a_{mn} & \cdots & a_{mM} \\ \cdots & & & & \cdots \\ a_{M1} & \cdots & a_{Mn} & \cdots & a_{MM} \end{bmatrix} \tag{10.2}$$

为网页之间链接的数目，其中 a_{mn} 代表第 n 个网页指向第 m 个网页的链接数。$\boldsymbol{A}$ 是已知的，$\boldsymbol{B}$ 是未知的，是我们所要计算的。

假定 $\boldsymbol{B}_i$ 是第 i 次迭代的结果，那么

$$\boldsymbol{B}_i=\boldsymbol{A}\cdot\boldsymbol{B}_{i-1} \tag{10.3}$$

初始假设：所有网页的排名都是 $1/N$，即

$\boldsymbol{B}_0=\left(\frac{1}{N},\frac{1}{N},\cdots,\frac{1}{N}\right)$。

显然通过公式（10.3）简单（但是计算量非常大）的矩阵运算，可以得到 $\boldsymbol{B}_1, \boldsymbol{B}_2, \cdots\cdots$ 可以证明（省略）$\boldsymbol{B}_i$ 最终会收敛，即 $\boldsymbol{B}_i$ 无限趋近于 $\boldsymbol{B}$，此时：$\boldsymbol{B}=\boldsymbol{B}\times\boldsymbol{A}$。因此，当两次迭代的结果 $\boldsymbol{B}_i$ 和 $\boldsymbol{B}_{i-1}$ 之间的差异非常小，接近于零时，停止迭代运算，算法结束。一般来讲，只要 10 次左右的迭代基本上就收敛了。

由于网页之间链接的数量相比互联网的规模非常稀疏，因此计算网页的网页排名也需要对零概率或者小概率事件进行平滑处理。网页的排名是个一维向量，对它的平滑处理只能利用一个小的常数 α。这时，公式（10.3）变成

$$\boldsymbol{B}_i=\left[\frac{\alpha}{N}\cdot \boldsymbol{I}+(1-\alpha)\boldsymbol{A}\right]\cdot \boldsymbol{B}_{i-1} \tag{10.4}$$

其中 N 是互联网网页的数量，α 是一个（较小的）常数，$\boldsymbol{I}$ 是单位矩阵。

网页排名的计算主要是矩阵相乘，这种计算很容易分解成许多小任务，在多台计算机上并行处理。矩阵相乘具体的并行化方法会在第 29 章介绍 Google 并行计算工具 MapReduce 时再作讨论。

小结

今天，Google 搜索引擎比最初复杂、完善了许多。但是 PageRank 在 Google 所有算法中依然是至关重要的。在学术界，这个算法被公认为是文献检索中最大的贡献之一，并且被很多大学列为信息检索课程（Information Retrieval）的内容。佩奇也因为这个算法在 30 岁时当选为美国工程院院士，是继乔布斯和盖茨之后又一位当选院士的辍学生。由于 PageRank 算法受到专利保护，它带来了两个结果。首先，其他搜索引擎开始时都比较遵守游戏规则，不去侵犯它，这对当时还很弱小的 Google 是一个很好的保护。第二，它使得斯坦福大学拥有了超过 1% 的 Google 股票，收益超过 10 亿美元。

参考文献

1. Sergey Brin and Lawrence Page , The Anatomy of a Large-Scale Hypertextual Web Search Engine,http://infolab.stanford.edu/~backrub/google.html

第 11 章　如何确定网页和查询的相关性

我们在前面几章里介绍了如何自动下载网页、建立索引和度量网页的质量（PageRank）。接下来我们来讨论针对某个查询，如何找到最相关的网页。了解了这三个方面的知识，有一定编程基础的读者就可以写出一个简单的搜索引擎了，比如为自己所在的学校或院系搭建一个小型搜索引擎。

2007 年我为 Google 黑板报写这一节时，技术和算法的重要性依然高于数据，因此确定网页和查询的相关性主要依靠算法。但是今天，由于商业搜索引擎已经有了大量的用户点击数据，因此，对搜索相关性贡献最大的是根据用户对常见搜索点击网页的结果得到的概率模型。如今，影响搜索引擎质量的诸多因素，除了用户的点击数据之外，都可以归纳成下面四大类。

1. 完备的索引。俗话说巧妇难为无米之炊，如果一个网页不在索引中，那么再好的算法也找不到。

2. 对网页质量的度量，比如 PageRank。当然，正如在前面一章中介绍的那样，现在来看，PageRank 的作用比 10 年前已经小了很多。今天，对网页质量的衡量是全方位的，比如对网页内容权威性的衡量，一些八卦网站的 PageRank 可能很高，但是它们的内容权威性很低。

3. 用户偏好。这一点也很容易理解，因为不同用户的喜好不同，因此一个好的搜索引擎会针对不同用户，对相同的搜索给出不同的排名。

4. 确定一个网页和某个查询的相关性的方法。这就是我们这一章要谈论的内容。

我们还是看看前面章节中介绍过的例子，比如查找关于“原子能的应用”的网页。第一步是在索引中找到包含这三个词的网页（详见第 8 章关于布尔运算的内容）。现在任何一个搜索引擎能提供几十万甚至是上百万个与这个查询词组多少有点关系的网页，比如 Google 返回了大约一千万个结果。那么哪个应该排在前面呢？显然应该把网页本身质量好，且与查询关键词“原子能的应用”相关性高的网页排在前面。第 10 章已经介绍了如何度量网页的质量。这里介绍另外一个关键技术：如何度量网页和查询的相关性。

1　搜索关键词权重的科学度量 TF-IDF

短语“原子能的应用”可以分成三个关键词：原子能，的，应用。根据直觉，我们知道，这三个词出现较多的网页应该比它们出现较少的网页相关性高。当然，这个办法有一个明显的漏洞，那就是篇幅长的网页比篇幅短的网页占便宜，因为一般来说长网页包含的关键词要多些。因此，需要根据网页的长度，对关键词的次数进行归一化，也就是用关键词的次数除以网页的总字数。我们把这个商称为“关键词的频率”，或者“单文本词频”（Term Frequency），比如，某个网页上一共有 1 000 个词，其中“原子能”“的”和“应用”分别出现了 2 次、35 次和 5 次，那么它们的词频就分别是 0.002、0.035 和 0.005。将这三个数相加，其和 0.042 就是相应网页和查询“原子能的应用”的“单文本词频”。

因此，度量网页和查询的相关性，有一个简单的方法，就是直接使用各个关键词在网页中出现的总词频。具体地讲，如果一个查询包含 N 个关键词 $w_1, w_2, \cdots, w_N$，它们在一个特定网页中的词频分别是：$TF_1, TF_2, \cdots, TF_N$。（TF：Term Frequency，是词频一词的英文缩写）。那么，这个查询和该网页的相关性（即相似度）就是：

$$TF_1 + TF_2 + \cdots + TF_N \tag{11.1}$$

读者可能已经发现了又一个漏洞。在上面的例子中，“的”这个词占了总词频的 80% 上，而它对确定网页的主题几乎没什么用处。我们称这种词叫“停止词”（Stop Word），也就是说，在度量相关性时不应考虑它们的频率。在汉语中，停止词还有“是”“和”“中”“地”“得”等几十个。忽略这些停止词后，上述网页和查询的相关性就变成了 0.007，其中“原子能”贡献了 0.002，“应用”贡献了 0.005。

细心的读者可能还会发现另一个小漏洞。在汉语中，“应用”是个很通用的词，而“原子能”是个很专业的词，后者在相关性排名中比前者重要。因此，需要对汉语中的每一个词给一个权重，这个权重的设定必须满足下面两个条件。

1. 一个词预测主题的能力越强，权重越大，反之，权重越小。在网页中看到“原子能”这个词，或多或少能了解网页的主题。而看到“应用”一词，则对主题基本上还是一无所知。因此，“原子能”的权重就应该比“应用”大。

2. 停止词的权重为零。

很容易发现，如果一个关键词只在很少的网页中出现，通过它就容易锁定搜索目标，它的权重也就应该大。反之，如果一个词在大量网页中出现，看到它仍然不很清楚要找什么内容，它的权重就应该小。

概括地讲，假定一个关键词 w 在 D_w 个网页中出现过，那么 D_w 越大，w 的权重越小，反之亦然。在信息检索中，使用最多的权重是“逆文本频率指数”（Inverse Document Frequency，缩写为 IDF），它的公式为 $\log\left(\frac{D}{D_w}\right)$，其中 D 是全部网页数。比如，假定中文网页数是 $D = 10$ 亿，停止词“的”在所有的网页中都出现，即 $D_w = 10$ 亿，那么它的 $IDF = \log$（10 亿 / 10 亿）$= \log(1) = 0$。假如专用词“原子能”在 200 万个网页中出现，即 $D_w = 200$ 万，则它的权重 $IDF = \log(500) = 8.96$。又假定通用词“应用”

出现在五亿个网页中，它的权重 $IDF = \log(2)$，则只有 1。

也就是说，在网页中找到一个“原子能”的命中率（Hits）相当于找到九个“应用”的命中率。利用 IDF，上述相关性计算的公式就由词频的简单求和变成了加权求和，即

$$TF_1 \cdot IDF_1 + TF_2 \cdot IDF_2 + \cdots + TF_N \cdot IDF_N \qquad (11.2)$$

在上面的例子中，该网页和“原子能的应用”的相关性为 0.0161，其中“原子能”贡献了 0.0126，而“应用”只贡献了 0.0035。这个比例和我们的直觉比较一致了。

TF-IDF（Term Frequency / Inverse Document Frequency）的概念被公认为信息检索中最重要的发明。在搜索、文献分类和其他相关领域有着广泛的应用。讲起 TF-IDF 的历史蛮有意思。IDF 的概念最早是剑桥大学的斯巴克·琼斯[1]（Karen Spärck Jones）提出来的。1972 年，斯巴克·琼斯在一篇题为“关键词特殊性的统计解释和它在文献检索中的应用”的论文中提出 IDF 的概念。遗憾的是，她既没有从理论上解释为什么权重 IDF 应该是对数函数 $\log\left(\frac{D}{D_w}\right)$（而不是其他函数，比如平方根 $\sqrt{\frac{D}{D_w}}$），也没有在这个题目上做进一步的深入研究，以至于在以后的很多文献中人们提到 TF-IDF 时没有引用她的论文，绝大多数人甚至不知道斯巴克·琼斯的贡献。同年，剑桥大学的罗宾逊写了一个两页纸的解释，解释得很不好。倒是后来康奈尔大学的萨尔顿（Salton）多次撰文、写书讨论 TF-IDF 在信息检索中的用途，加上萨尔顿本人的大名（信息检索领域的世界级大奖就是以萨尔顿的名字命名的），很多人都引用萨尔顿的书，甚至以为这个信息检索中最重要的概念是他提出的。当然，世界并没有忘记斯巴克·琼斯的贡献。2004 年，在纪念《文献学学报》创刊 60 周年之际，该学报重印了斯巴克·琼斯的大作。罗宾逊在同期期刊上写了篇文章，用香农的信息论解释 IDF，这回的解释是对的，但文章写得并不好，非常冗长（足足 18 页），把简单问题搞复杂了。其实，信息论的

1
斯巴克·琼斯，剑桥大学计算机女科学家，最著名的言论：“计算机是如此重要，因此不能只留给男人去做！”在程序界广为流传。

学者们已经发现并指出，所谓 IDF 的概念就是一个特定条件下关键词的概率分布的交叉熵（Kullback-Leibler Divergence）（详见本书第 6 章“信息的度量和作用”）。这样，关于信息检索相关性的度量，又回到了信息论。

现在的搜索引擎对 TF-IDF 进行了不少细微的优化，使得相关性的度量更加准确了。当然，对有兴趣写一个搜索引擎的爱好者来讲，使用 TF-IDF 就足够了。如果结合网页排名（PageRank）算法，那么给定一个查询，有关网页的综合排名大致由相关性和网页排名的乘积决定。

2 延伸阅读：TF-IDF 的信息论依据

读者背景知识：信息论和概率论。

一个查询（Query）中每一个关键词（Key Word）w 的权重应该反映这个词对查询来讲提供了多少信息。一个简单的办法就是用每个词的信息量作为它的权重，即

$$\begin{aligned} I(w) &= -P(w)\log P(w) \\ &= -\frac{TF(w)}{N}\log\frac{TF(w)}{N} = \frac{TF(w)}{N}\log\frac{N}{TF(w)} \end{aligned} \quad (11.3)$$

其中，N 是整个语料库的大小，是个可以省略的常数。上面的公式可以简化成

$$I(w) = TF(w)\log\frac{N}{TF(w)} \quad (11.4)$$

但是，公式（11.4）有一个缺陷：两个词出现的频率 TF 相同，一个是某篇特定文章中的常见词，而另外一个词是分散在多篇文章中，那么显然第一个词有更高的分辨率，它的权重应该更大。显然，更好的权重公式应该反映出关键词的分辨率。

如果做一些理想的假设，

1）每个文献大小基本相同，均为 M 个词，即 $M = \frac{N}{D} = \frac{\sum_w TF(w)}{D}$。

2）一个关键词在文献一旦出现，不论次数多少，贡献都等同，这样一个词要么在一个文献中出现 $c(w) = \frac{TF(w)}{D(w)}$ 次，要么是零。注意，$c(w) < M$，那么从公式（11.4）出发可以得到下面的公式：

$$TF(w)\log\frac{N}{TF(w)} = TF(w)\log\frac{MD}{c(w)D(w)}$$

$$= TF(w)\log(\frac{D}{D(w)}\frac{M}{c(w)}) \qquad (11.5)$$

这样，我们看到 TF-IDF 和信息量之间的差异就是公式（11.6）中的第二项。因为 $c(w) < M$，所以第二项大于零，它是 $c(w)$ 的递减函数。把上面的公式重写成

$$TF\text{-}IDF(w) = I(w) - TF(w)\log\frac{M}{c(w)} \qquad (11.6)$$

可以看到，一个词的信息量 $I(w)$ 越多，TF-IDF 值越大；同时 w 命中的文献中 w 平均出现的次数越多，第二项越小，TF-IDF 也越大。这些结论和信息论完全相符。

小结

TF-IDF 是对搜索关键词的重要性的度量，并且具备很强的理论根据。因此，即使是对搜索不是很精通的人，直接采用 TF-IDF，效果也不会太差。现在各家搜索引擎对关键词重要性的度量，都在 TF-IDF 的基础上做了一定的改进和微调。但是，在原理上与 TF-IDF 相差不远。

参考文献

1. Spärck Jones, Karen. "A statistical interpretation of term specificity and its application in retrieval". Journal of Documentation28 (1): 11-21, 1972.

2. Salton, G. and M. J. McGill. *Introduction to modern information retrieval*. McGraw-Hill, 1986.

3. H.C. Wu, R.W.P. Luk, K.F. Wong, K.L. Kwok. "Interpreting tf-idf term weights as making relevance decisions". *ACM Transactions on Information Systems* 26 (3): 1-37, 2008.

第 12 章　有限状态机和动态规划

地图与本地搜索的核心技术

2007 年，第一次在谷歌黑板报上写“数学之美”系列时，本地搜索和服务还不是很普及，智能手机不仅数量有限，而且完全没有结合本地信息。地图服务的流量与网页搜索相比，只是众多垂直搜索的一部分。今天，本地生活服务变得越来越重要，而确认地点、查看地图、查找路线等依然是本地生活服务的基础。这里为了减少章节的数量，我将有限状态机这个系列和动态规划的一部分合并，组成围绕地图和本地生活搜索的一章。

2008 年 9 月 23 日，Google、T-Mobile 和 HTC 宣布了第一款基于开源操作系统 Android 的 3G 智能手机 G1。这款手机的外观和体验远不如一年之前苹果推出的第一款 iPhone，价钱也差不了太多，但是依然有不少人使用。它的杀手级功能是利用全球卫星定位系统实现全球导航。卫星导航的功能早在 2000 年前后就已有车载设备使用，但是售价昂贵。2004 年我购买的一款麦哲伦便携式导航系统，价格在 1000 美元左右（现在只要两三百美元），后来一些智能手机也开发了这个功能，但是基本上不可用。Android 手机的这个功能当时已经完全可以媲美任何一个卫星导航仪，加上它的地址识别技术（采用有限状态机）比卫星导航仪严格的地址匹配技术（不能输错一个字母）要好得多，结果麦哲伦等导航仪厂商在 G1 发布当天的股价暴跌四成。

智能手机的定位和导航功能，其实只有三项关键技术：第一，利用卫星定位，这一点传统的导航仪都能做到，不做介绍；第二，地址的识别，在本章第一节中介绍；第三，根据用户输入的起点和终点，在地图上规划最短路线或者最快路线，在本章第二节中介绍。

1 地址分析和有限状态机

地址的识别和分析是本地搜索必不可少的技术。判断一个地址的正确性同时非常准确地提炼出相应的地理信息（省、市、街道、门牌号等）看似简单，实际上很麻烦。比如腾讯公司在深圳的地址，我收到的邮件和包裹上面有如下各种各样的地址：

广东省深圳市腾讯大厦

广东省 518057 深圳市南山区科技园腾讯大厦

深圳市 518057 科技园腾讯大厦

深圳市南山区科技园腾讯公司

深圳市南山区科技园腾讯总部 518000（估计不知道准确的邮编）

广东省深圳市科技园中一路腾讯公司

……

这些地址写得都有点不清楚，但是邮件和包裹我都收到了，说明邮递员可以识别。但是，如果让一个程序员写一个分析器分析这些地址的描述，恐怕就不是一件容易的事了。其根本原因在于，地址的描述虽然看上去简单，但是它依然是比较复杂的上下文有关的文法，而不是上下文无关。比如下面的两个地址：

上海市北京东路 ×× 号

南京市北京东路 ×× 号

当识别器扫描到“北京东路”时，它和后面的门牌号是否构成一个正确的地址，需要看它的上下文，即城市名。我们在前面的章节中讲过，上下文有关文法的分析既复杂又耗时，它的分析器也不好写。如果没有好的模型，这个分析器写出来很难看不说，还有很多情况覆盖不了。比如这样的地址描述：

（深圳市）深南大道和南山大道交口西 100 米[1]

1 很多商家还真是这么描述它们的地址。

所幸的是，地址的文法是上下文有关文法中相对简单的一种，因此有许多识别和分析的方法，但最有效的是有限状态机。

有限状态机是一个特殊的有向图（参见本书第 9 章中与图论相关的内容），它包括一些状态（节点）和连接这些状态的有向弧。图 12.1 所示的是一个识别中国地址的有限状态机的简单例子。

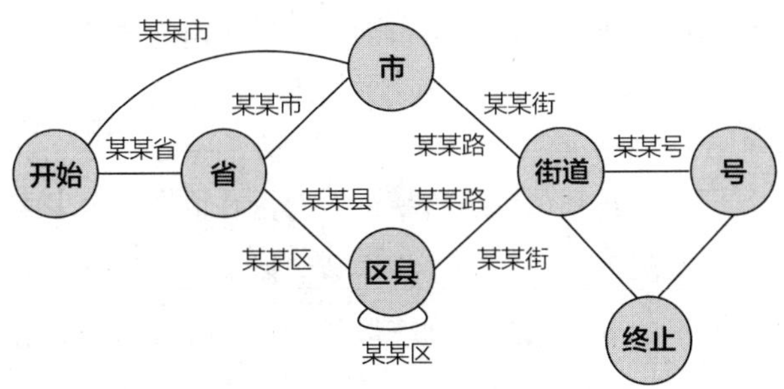

图 12.1　识别地址的有限状态机

每一个有限状态机都有一个开始状态和一个终止状态，以及若干中间状态。每一条弧上带有从一个状态进入下一个状态的条件。比如，在上图中，当前的状态是“省”，如果遇到一个词组和（区）县名有关，就进入状态“区县”；如果遇到的下一个词组和城市有关，那么就进入“市”的状态；如此等等。如果一条地址能从状态机的开始状态经过状态机的若干中间状态，走到终止状态，则这条地址有效，否则无效。比如，“北京市双清路 83 号”对于上面的有限状态来讲有效，而“上海市辽宁省马家庄”则无效（因为无法从“市”走回到“省”）。

使用有限状态机识别地址，关键要解决两个问题，即通过一些有效的地址建立状态机，以及给定一个有限状态机后，地址字串的匹配算法。好在这两个问题都有现成的算法。有了关于地址的有限状态机后，就可以用它分析网页，找出网页中的地址部分，建立本地搜索的数据库。同样，也可以对用户输入的查询进行分析，挑出其中描述地址的部分，当然，剩下的关键词就是用户要找的内容。比如，对于用户输入的“北京市双清路附近的酒家”，Google 本地会自动识别出地址“北京市双清路”和要找的对象“酒家”。

上述基于有限状态机的地址识别方法在实用中会有一些问题：当用户输入的地址不太标准或者有错别字时，有限状态机会束手无策，因为它只能进行严格匹配。（其实，有限状态机在计算机科学中早期的成功应用是在程序语言编译器的设计中。一个能运行的程序在语法上必须是没有错的，所以不需要模糊匹配。而自然语言则很随意，无法用简单的语法描述。）

为了解决这个问题，我们希望看到可以进行模糊匹配，并给出一个字串为正确地址的可能性。为了实现这一目的，科学家们提出了基于概率的有限状态机。这种基于概率的有限状态机和离散的马尔可夫链（详见前面关于马尔可夫模型的章节）基本上等效。

在上个世纪 80 年代以前，尽管有不少人使用基于概率的有限状态机，但都是为自己的应用设计专用的有限状态机的程序。上个世纪 90 年代以后，随着有限状态机在自然语言处理上的广泛应用，不少科学家致力于编写通用的有限状态机程序库。其中，最成功的是前 AT&T 实验室的三位科学家，莫瑞（Mehryar Mohri）、皮耶尔（Fernando Pereira）和瑞利（Michael Riley）。他们三人花了很多年时间，编写成一个通用的基于概率的有限状态机 C 语言工具库。由于 AT&T 有对学术界免费提供各种编程工具的好传统，他们三人也把自己多年的心血拿出来和同行们共享。可惜好景不长，AT&T 实验室风光不再，这三个人都离开了 AT&T。莫瑞成了纽约大学的教授；皮耶尔先当了宾夕法尼亚大学的计算机系主任，而后成为 Google 的研究总监；而瑞利直接成为 Google 的研究员。有一段时间，AT&T 实验室的新东家不再免费提供有限状态机 C 语言工具库。虽然此前莫瑞等人公布了他们的详细算法[2]，但是省略了实现的细节。因此，在学术界，不少科学家能够重写同样功能的工具库，但是很难达到 AT&T 工具库的效率（即运算速度），这一度是一件令人遗憾的事。但是近年来，随着开源软件在世界上的影响力越来越大，AT&T 又重新开放了这个工具的源代码。有限状态机的程序不是很好写，它要求编程者既懂得里面的原理和技术细节，又要有很强的编程能力，因此建议大家直接采用开源的代码就好。

2 http://www.cs.nyu.edu/~mohri/pub/csl01.pdf

值得一提的是，有限状态机的用途远不止于对地址这样的状态序列进行分析，而是非常广泛的。在 Google 新一代的产品中，有限状态机的一个典型的应用是 Google Now —— 一个在智能手机上的基于个人信息的服务软件。Google Now 背后的核心是一个有限状态机，它会根据个人的地理位置信息、日历和一些其他信息（对应于有限状态机里面的状态），以及用户当前语音或者文字输入，回答个人的问题，提供用户所查找的信息，或者提供相应的服务（比如打开地图进行导航，拨打电话等）。Google Now 的引擎和 AT&T 的有限状态机工具库从功能上讲完全等价。

2　全球导航和动态规划

全球导航的关键算法是计算机科学图论中的动态规划（Dynamic Programming）的算法。

在图论中，一个抽象的图包括一些节点和连接它们的弧。如果再考虑每条弧的长度，或者说权重，那么这个图就是加权图（Weighted Graph）。比如说中国公路网就是一个很好的“加权图”例子（见图 12.2）：每个城市是一个节点，每一条公路是一条弧。图中弧的权重对应于地图上的距离，或者是行车时间、过路费金额，等等。图论中很常见的一个问题是要找一个图中给定两个点之间的最短路径（Shortest Path）。比如，想找到从北京到广州的最短行车路线或者最快行车路线。当然，最直接的笨办法是把所有可能的路线看一遍，然后找到最优的。这种办法在节点数是个位数的图中还行得通，当图的节点数（城市数目）达到几十个时，计算的复杂度就已经让人甚至计算机难以接受了，因为所有可能路径的数量随着节点数的增长而呈指数（或者说几何级数）增长，即每增加一个城市，复杂度要大一倍。显然导航系统不会用这种笨办法——任何导航仪或者导航软件都能在几秒钟内就找到最佳行车路线。

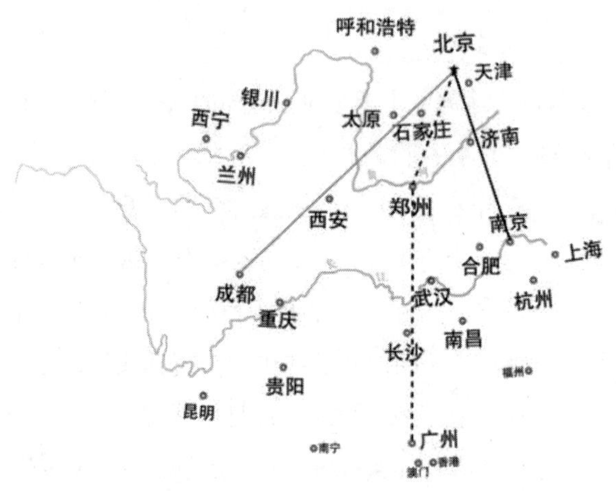

图 12.2 中国公路图是一个特殊的加权图

所有的导航系统都采用了动态规划（Dynamic Programming，DP）的办法，这里面的 Programming 一词在数学上的含义是“规划”，不是计算机里的“编程”。动态规划的原理其实很简单。以上面的问题为例，当我们要找从北京到广州的最短路线时，先不妨倒过来想这个问题：假如已经找到了所要的最短路线（称为路线一），如果它经过郑州，那么从北京到郑州的这条子路线（比如是北京→保定→石家庄→郑州，暂定为子路线一），必然也是所有从北京到郑州的路线中最短的。否则，可以假定还存在从北京到郑州更短的路线（比如北京→济南→徐州→郑州，暂定为子路线二），那么只要用这第二条子路线代替第一条，就可以找到一条从北京到广州全程更短的路线（称为路线二），这就和我们讲的路线一是北京到广州最短的路线相矛盾。其矛盾的根源在于，假设的子路线二或者不存在，或者比子路线一还来得长。

在具体实现这个算法时，我们又正过来解决这个问题，也就是说，要想找到从北京到广州的最短路线，先要找到从北京到郑州的最短路线。当然，聪明的读者可能已经发现其中的一个“漏洞”，就是在还没有找到全程最短路线前，不能肯定它一定经过郑州。不过没有关系，只要在图上横切一刀，这一刀要保证将任何从北京到广州的路线一分为二，如图 12.3 所示。

图 12.3 从北京到广州的路线必须经过图中粗线上的某个城市

那么从广州到北京的最短路径必须经过这一条线上的某个城市（乌鲁木齐、西宁、兰州、西安、郑州、济南）。我们可以先找到从北京出发到这条线上所有城市的最短路径，最后得到的全程最短路线一定包括这些局部最短路线中的一条，这样，就可以将一个“寻找全程最短路线”的问题，分解成一个个寻找局部最短路线的小问题。只要将这条横切线从北京向广州推移，直到广州为止，我们的全程最短路线就找到了。这便是动态规划的原理。采用动态规划可以大大降低最短路径的计算复杂度。在上面的例子中，每加入一条横切线，线上平均有 10 个城市，从广州到北京最多经过 15 个城市，那么采用动态规划的计算量是 $10\times10\times15$，而采用穷举路径的笨办法是 10^{15}，前后差了万亿倍。

正确的数学模型可以将一个计算量看似很大的问题的计算复杂度大大降低。这便是数学的妙用。

3 延伸阅读：有限状态传感器

读者背景知识：图论。

有限状态机的应用远不止地址的识别，今天的语音识别解码器基本上是基于有限状态机的原理。另外，它在编译原理、数字电路设计上有着非常重要的应用，因此在这里给出有限状态机严格的数学模型。

定义（有限状态机）：有限状态机是一个五元组$(\Sigma, S, s_0, \delta, f)$，其中：

Σ是输入符号的集合，

S是一个非空的有限状态集合，

s_0是S中的一个特殊状态，起始状态，

δ是一个从空间$S\times\Sigma$到S的映射函数，即$\delta: S\times\Sigma\rightarrow S$。

f是S中另外一个特殊状态，终止状态。

这里面映射函数δ对于一些变量，即状态和输入符号的组合可能没有合适的对应状态（函数值），也就是说，在一些状态下，有的符号不能被接受。比如在图 12.1 的例子中，进入到城市这个状态后，对于“省份”这样的输入就进入不了新的状态了。这时，有限状态机就会发出出错信号。如果一个状态序列在有限状态机中能够从s_0开始经过一些状态进入终止状态f，那么它就是可以由这个有限状态机生成的合法序列，反之则不是

（见图 12.4）。

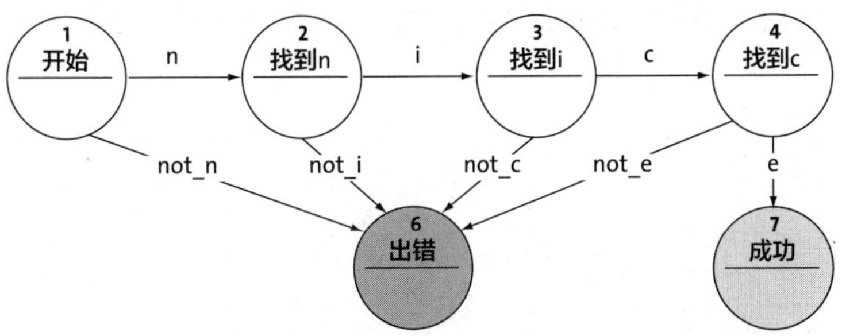

图 12.4　有限状态机中一些状态和输入符号的组合没有合适的对应状态，这时可以把它们对应到出错状态

有限状态机在语音识别和自然语言理解中起着非常重要的作用，不过这些领域使用的是一种特殊的有限状态机 —— 加权的有限状态传感器（Weighted Finite State Transducer，简称 WFST）。下面介绍 WFST 及其构造和用法。

有限状态传感器（Finite State Transducer）的特殊性在于，有限状态机中的每个状态由输入和输出符号定义，如图 12.5 所示。

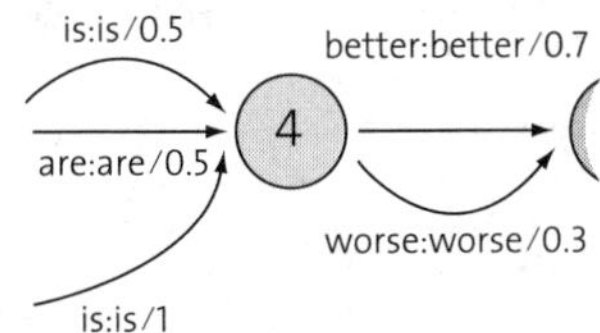

图 12.5　有限状态传感器

状态 4 的定义是“输入为 is 或者 are，输出为 better 或者 worse”的状态。不管整个符号序列前后如何，只要在某一时刻前后的符号为 is / are 和 better / worse 的组合，就能进入此状态。状态可以有不同输入和输出，如果这些输入和输出的可能性不同，即赋予了不同的权重，那么相应的有限状态传感器就是加权的。对比第 2 章中提到的二元模型，读者可能会发现任何一个词的前后二元组，都可以对应到 WFST 的一个状态。因此，

WFST 是天然的自然语言处理的分析工具和解码工具。

在语音识别中，每个被识别的句子都可以用一个 WFST 来表示（见图 12.6）。

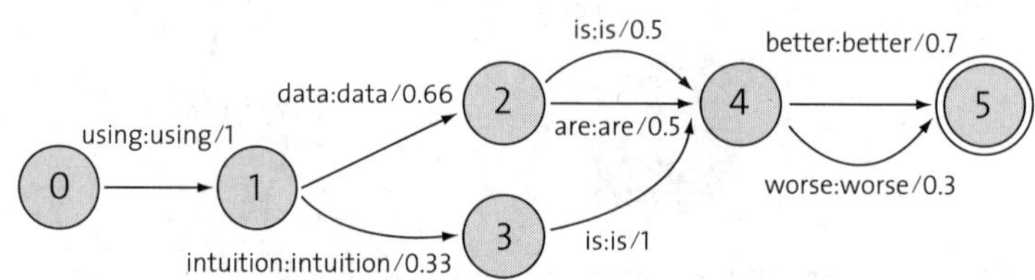

图 12.6 描述的一句话的语音的识别结果，句子的意思是“使用数据好，使用直觉不好”

WFST 中的每一条路径就是一个候选的句子，其中概率最大的那条路径就是这个句子的识别结果。而这个算法的原理是上节介绍的动态规划。

小结

有限状态机和动态规划的应用非常广泛，远远不止识别地址、导航等地图服务相关领域。它们在语音识别、拼写和语法纠错、拼音输入法、工业控制和生物的序列分析等领域都有着极其重要的应用。其中在拼音输入法中的应用后面还要再介绍。

参考文献

1. Mehryar Mohri, Fernando Pereira, Michael Riley. Weighted finite-state transducers in speech recognition, Computer Speech and Language, V16-1, pp69-88,2002.

第 13 章　Google AK-47 的设计者

阿米特·辛格博士

枪支爱好者或看过尼古拉斯·凯奇（Nicolas Cage）主演的电影《战争之王》（*Lord of War*）的读者也许还记得影片开头的一段话:（在所有轻武器中）最有名的是 AK-47 冲锋枪（也就是中国五六式冲锋枪的原型，全世界共制造了 7 500 万支，另外制造了一亿支“兼容”的），因为它从不卡壳，不易损坏，可在任何环境下使用，可靠性好，杀伤力大并且操作简单（见图 13.1）。

图 13.1　AK-47 冲锋枪

我认为，在计算机科学领域，一个好的算法应该像 AK-47 冲锋枪那样：简单、有效、可靠性好而且容易读懂（或者说易操作），而不应该是故弄玄虚。Google Fellow、美国工程院院士阿米特 · 辛格博士（Amit Singhal）就是 Google AK-47 的设计者，Goolge 内部的排序算法 Ascorer 里面的 A 便是他的名字首字母。

从加入 Google 的第一天，我就开始了和辛格四年愉快的合作，而他一直是我的良师益友。辛格、马特·柯茨（Matt Cutts，有人误认为他是联邦调查局特工，当然他不是）、马丁·柯斯基尔（Martin Kaszkiel）和我四个人一同研究、解决网络搜索中的作弊问题（Spam）[1]。我们发现绝大多数作弊的搜索都多少有些商业意图。这也合情合理，因为利益使然。因此，我们需要建一个分类器，准确区分一个搜索是否有商业意图。我以前一直在学术界学习和工作，凡事力求完美的解决方案。设计一个可用的、漂亮的分类器对我来讲不是难事，但是实现和训练却要花上三四个月，当时 Google 还没有 MapReduce 这种并行计算工具，复杂的机器学习非常耗时。而辛格认为找个简单有效的办法就行了，他问我实现一个最简单可用的分类器大约需要多少时间，我说一个周末[2]可能就够了。周一我把分类器完成了，问他是否还需要花时间去实现一个完美的方案。辛格看了看结果说，“够好了，够好了，在工程上简单实用的方法最好。”我们就依照这个原则，对其他问题也是找简单实用的方案，结果一两个月就把作弊的数量减少了一半。当时我们和公司工程副总裁韦恩·罗森（Wayne Rosing）打了个赌，如果我们能减少 40% 的作弊，他就给我们发工程奖，送我们四个家庭（不止是四个员工）去夏威夷度假五天。这个反作弊的算法上线后，罗森真的履约了。谢尔盖·布林问我是怎么在这么短的时间里实现这么些功能的。我告诉他其实方法很简单。布林讲，“哦，那就像 AK-47 自动步枪。”这个分类器设计得非常小巧（占用内存很小），而且运行速度非常快（几台服务器就能处理全球搜索的分类），至今运行得很好，即使在我离开 Google 后，依然在使用。这项技术，也是 Google 在反作弊方面取得的第一个美国专利。

1 对于搜索反作弊，以后还要专门讲述。

2 在 Google 创业时期，我们周末一般是不休息的。

后来我和辛格一起又完成了许多项目，包括对中、日、韩文排名新算法的设计和实现。在 2002 年，Google 虽然支持对 70 种语言的检索，但是所有的语言只有一个排名算法。当时的国际化工作仅仅局限于翻译界面和字符编码的适应。辛格找我来一起做一个全新的中、日、韩文搜索算法。说实话，我当时对特定语言的搜索不感兴趣，但是公司只有我一个学自然语言处理的中国人，而当时的中日韩搜索结果相比英文又很“烂”，这件事便落到了我的头上。有了上次的经验，我这次也干脆直接用了一个“简单”的方案。这个方法效果虽然很好，但是占用内存较多，当然Google 的服务器数量还没有现在这么多，不可能为了中日韩这三个占总流量不到 10% 的语言额外增加一批服务器。辛格提出用一个拟合函数替代很耗内存的语言模型，这样不需要增加任何服务器。但是，这样一来搜索质量的提高幅度只有原来采用大模型时的 80%。我对此多少有点不甘心。辛格解释说，这样我们至少可以提早两个月将这个新算法提供给中国的用户，而且用户体验也会有质的提高，这是雪中送炭。我们暂时放弃掉的 20% 收益，对用户而言不过是锦上添花。我接受了他的建议，在 2003 年初我发布了第一个专门为中日韩语言设计的搜索算法。一年后，Google 的服务器数量也有所增加，我在模型压缩上也有了进步，这时便发布了完整的中日韩语言搜索算法。辛格这种做事情的哲学，即先帮助用户解决 80% 的问题，再慢慢解决剩下的 20% 问题，是在工业界成功的秘诀之一。许多失败并不是因为人不优秀，而是做事情的方法不对，一开始追求大而全的解决方案，之后长时间不能完成，最后不了了之。

在 Google，辛格一直坚持寻找简单有效的解决方案，因为他奉行简单的哲学。但是这种做法在 Google 这个人才济济的公司里常常招人反对，因为很多资深的工程师倾向于低估简单方法的有效性。2003—2004 年，Google 从世界上很多知名实验室和大学，比如 MITRE[3]、AT&T 实验室和 IBM 实验室，招揽了不少自然语言处理的科学家。不少人试图用精确而复杂的办法对辛格设计的各种“AK-47”加以改进，后来发现几乎任何时候，辛格的简单方法都接近最优解决方案，而且还快得多。这些“徒劳者”中包括一些世界级的人物，比如乌迪 · 曼波（Udi Manber）等人。

3 世界著名的情报处理实验室，主要为美国国防部、国家安全局（NSA）等机构进行情报处理的研究以及保密情报（Classified）的处理。

2006 年夏天，乌迪 · 曼波加盟 Google。曼波是世界上最早研究搜索的学者之一，之前是大学教授、雅虎的首席科学家和首席算法官（Chief Algorithm Officer，这个职务有点无聊）和亚马逊搜索引擎 A9 的 CEO。曼波一来就召集了十几名科学家和工程师，利用机器学习的方法来改进辛格的那些简单模型。经过半年的努力，曼波发现他似乎是在做无用功，一年后彻底放弃了这方面的努力，从此转向人事管理工作。2008 年，Google 花了很大代价动员了世界著名的语音识别和自然语言处理专家、宾夕法尼亚大学计算机系主任费尔南多·皮耶尔加盟。皮耶尔是辛格在 AT&T 时的直接上司，著名的有限状态机 AT&T FST 工具的作者之一。皮耶尔和辛格对做好计算机搜索的认识完全不同。皮耶尔认为最好的计算机搜索算法一定要先理解文本的意思，然后才能准确检索。因此，提高搜索质量的关键是文本的句法分析。辛格认为，计算机不必学习人的做法，就如同飞机不必像鸟一样飞行。在 Google，两人的关系已经反了个个儿，辛格成了唱主角的。辛格原本希望皮耶尔能在公司的基础上帮助搜索质量更上一层楼，但是皮耶尔的技术路线和辛格明显不同。两种技术如何结合成为一个伤脑筋的事情，最后两个人取得妥协，皮耶尔负责对 Google 下载并索引的全部文本进行句法分析，作为一种资源放到 Google 的索引中（工作量巨大），然后由每个项目的工程师决定是否采用句法分析提供的信息。后来一些搜索以外的项目，包括我本人负责的自动问答项目，还是用到了皮耶尔的句法分析信息的。但是，对于网页搜索，它的帮助依然不大。

辛格坚持选择简单方案的另一个原因是容易解释每一个步骤和方法背后的道理，这样不仅便于出了问题时查错（Debug），而且容易找到今后改进的目标。今天，整个业界的搜索质量与十多年前佩奇和布林开始研究搜索时相比，已经有了很大的提高，大的改进之处已经不存在了。现在几乎所有的改进都非常细微：通常对一类搜索有改进的方法，会对另外某一类搜索产生稍稍负面的影响。这时候，必须很清楚“所以然”，才能找出这个方法产生负面影响的原因和场景，并且避免它的发生。对于非常复杂的方法，尤其是像黑盒子似的基于机器学习的方法，这一点是做不到的。而如果每一项改进都是有得有失，甚至得失相差无几，那么长期下来搜索的质量不会有什么明显提升。辛格要求对于搜索质量的改进方法都要能说清楚理由，说不清楚理由的改进，即使看上去有效也不会采用，因为这样将来可能是个隐患。这一点和微软、雅虎把搜索质量的提升当作一个黑盒子完全不同。辛格的做法基本上能保证 Google 搜索的质量长期来讲是稳步提高的。当然，随着 Google 积累的有关搜索的各种数据量越来越多，采用机器学习的办法调整搜索引擎的各种参数显然要比手工调试更有效。在 2011 年之后，辛格也越来越提倡靠机器学习和大数据改进搜索质量，不过他一直要求工程师必须能对机器学习出来的参数和公式给予合理的物理解释，否则新的模型和参数不能上线。

当然，辛格之所以总是能找到那些简单有效的方法，不是靠直觉，更不是撞大运，这首先是靠他丰富的研究经验。辛格早年师从于搜索大师萨尔顿（Salton）教授，毕业后就职于 AT&T 实验室。在那里，他和两个同事半年就搭建了一个中等规模的搜索引擎，这个引擎索引的网页数量虽然无法和商用引擎相比，但是准确性却非常好。早在 AT&T，辛格就对搜索问题的各个细节进行了仔细的研究，他的那些简单而有效的解决方案，常常是深思熟虑去伪存真的结果。其次，辛格坚持每天要分析一些搜索结果不好的例子，以掌握第一手的资料，即使在他成为 Google Fellow 以后，依旧如此。这一点，非常值得从事搜索研究的年轻工程师学习。事实上，我发现中国大部分做搜索的工程师在分析不好的结果上花的时间远比功成名就的辛格要少。

辛格非常鼓励年轻人要不怕失败，大胆尝试。有一次，一位刚毕业不久的工程师因为把带有错误的程序推出到 Google 的服务器上而惶惶不可终日。辛格安慰她说，你知道，我在 Google 犯的最大一次错误是曾经将所有网页的相关性得分全部变成了零，于是所有搜索的结果全部都是随机的了。后来，这位出过错的工程师为 Google 开发出了很多好产品。

在 AT&T 实验室期间，辛格确立了自己在学术界的地位，但是，他不满足于只是做实验写论文，于是他离开实验室，来到当时只有百十号人的 Google。在这里，他得以施展才智，重写了 Google 的排名算法，并且一直不断地加以改进。辛格因为舍不得放下两个孩子，很少参加各种会议，但是他仍然被学术界公认为是当今最权威的网络搜索专家。2005 年，辛格作为杰出校友被请回母校康奈尔大学计算机系，在 40 周年系庆上作报告。获得这一殊荣的还有大名鼎鼎的美国工程院院士、计算机磁盘阵列（RAID）的发明人凯茨（Randy Katz）教授。

辛格和我在性格和生活习惯上有很大的不同，他基本上是个素食者，至少过去我不是很喜欢他家的饭菜。但是我们有一点非常相似，就是遵循简单的哲学。

2012 年，辛格当选美国工程院院士，并出任主管 Google 搜索的高级副总裁。同年他又把我召回到了 Google，他当时对我只有一个要求 —— 启动一个能领先微软五年的项目。

第 14 章　余弦定理和新闻的分类

世界上有些事情常常超乎人们的想象。余弦定理和新闻的分类看似八竿子打不着，却有着紧密的联系。具体来说，新闻的分类很大程度上依靠的是余弦定理。

2002 年夏天，Google 推出了自己的“新闻”服务。和传统媒体的做法不同，这些新闻不是记者写的，也不是人工编辑的，而是由计算机整理、分类和聚合各个新闻网站的内容，一切都是自动生成的。这里面的关键技术就是新闻的自动分类。

1　新闻的特征向量

所谓新闻的分类，或者更广义地讲任何文本的分类，无非是要把相似的新闻归入同一类中。如果让编辑来对新闻分类，他一定会先读懂新闻，然后找出其主题，最后根据主题的不同对新闻进行分类。但是计算机根本读不懂新闻，虽然一些商业人士和爱炫耀才学的计算机专家宣称计算机能读懂新闻。计算机本质上只能做快速计算。为了让计算机能够“算”新闻（而不是读新闻），就要求我们先把文字的新闻变成一组可计算的数字，然后再设计一个算法来算出任意两篇新闻的相似性。

首先让我们来看看怎样找一组数字（或者说一个向量）来描述一篇新闻。新闻是传递信息的，而词是信息的载体，新闻的信息和词的语义是联系在一起的。套用俄罗斯文豪托尔斯泰在《安娜·卡列尼娜》开篇的那句话[1]来讲，“同一类新闻用词都是相似的，不同类的新闻用词各不相同”。当然，一篇新闻有很多词，有些词表达的语义重要，有些词相对次要。那么如何确定哪些重要，哪些次要呢？首先，直觉告诉我们含义丰富的实词一定比“的、地、得”这些助词，或者“之乎者也”这样的虚词重要，这点是肯定的。接下来，需要进一步对每个实词的重要性进行度量。回忆一下我们在“如何确定网页和查询的相关性”一章中介绍的单文本词汇频率/逆文本频率值 TF-IDF 的概念，在一篇文章中，重要的词 TF-IDF 值就高。不难想象，和新闻主题有关的那些实词频率高，TF-IDF 值很大。

1
“幸福的家庭都是相似的，不幸的家庭各有各的不幸”。

现在我们找到了一组来描述新闻主题的数字：对于一篇新闻中的所有实词，计算出它们的 TF-IDF 值。把这些值按照对应的实词在词汇表的位置依次排列，就得到一个向量。比如，词汇表中有 64000 个词[2]，其编号和词如表 14.1 所示。

2
如果把词典的大小限制在 65535 词以内，在计算机中只要用两个字节就能表示一个词。

表 14.1 统计词汇表

单词编号	汉字词
1	阿
2	啊
3	阿斗
4	阿姨
…	…
789	服装
…	…
64000	做作

在某一篇特定的新闻中，这 64 000 个词的 TF-IDF 值分别如表 14.2 所示：

表 14.2 某篇新闻对应的 TF-IDF 值

单词编号	TF-IDF 值
1	0
2	0.0034
3	0
4	0.00052
…	…
789	0.034
…	…
64 000	0.075

如果单词表中的某个词在新闻中没有出现，对应的值为零，那么这 64 000 个数，组成一个 64 000 维的向量。我们就用这个向量来代表这篇新闻，并称为新闻的特征向量（Feature Vector）。每一篇新闻都可以对应这样一个特征向量，向量中每一个维度的大小代表每个词对这篇新闻主题的贡献。当新闻从文字变成了数字后，计算机就有可能“算一算”新闻之间是否相似了（见图 14.1）。

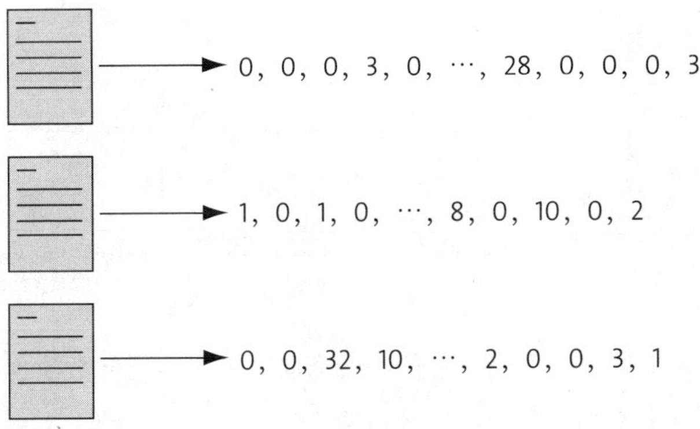

图 14.1 一篇篇文章变成了一串串数字

2 向量距离的度量

世界各国无论是哪门语言的“语文课”（Language Art），老师教授写作时都会强调特定的主题要用特定的描述词。几千年来，人类已经形成了这样的写作习惯。因此，同一类新闻一定是某些主题词用得较多，另外一些词则用得较少。比如金融类的新闻，这些词出现的频率就很高：股票，利息，债券，基金，银行，物价，上涨。而这些词出现的就较少：二氧化碳，宇宙，诗歌，木匠，诺贝尔，包子。反映在每一篇新闻的特征上，如果两篇新闻属于同一类，它们的特征向量在某几个维度的值都比较大，而在其他维度的值都比较小。反过来看，如果两篇新闻不属于同一类，由于用词的不同，在它们的特征向量中，值较大的维度应该没有什么交集。这样我们就定性地认识到，两篇新闻的主题是否接近，取决于它们的特征向量“长得像不像”。当然，我们还需要定量地衡量两个特征向量之间的相似性。

学过向量代数的人都知道，向量实际上是多维空间中从原点出发的有向线段（见图 14.2）。

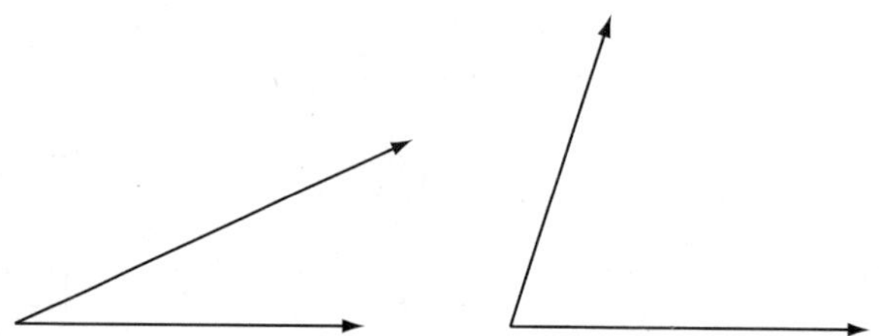

图 14.2 向量的夹角是衡量两个向量相近程度的度量。图中左边的两个向量距离较近，右边两个距离较远

不同的新闻，因为文本长度的不同，它们的特征向量各个维度的数值也不同。一篇 10 000 字的文本，各个维度的数值都比一篇 500 字的文本来得大，因此单纯比较各个维度的大小并没有太大意义。但是，向量的方向却有很大的意义。如果两个向量的方向一致，说明相应的新闻用词的比例基本一致。因此，可以通过计算两个向量的夹角来判断对应的新闻

主题的接近程度。而要计算两个向量的夹角，就要用到余弦定理了。比如图 14.2 中，左边两个向量的夹角小，距离就较“近”，相反，右边两个向量的夹角大，距离就“远”。

我们对余弦定理都不陌生，它描述了三角形中任何一个夹角和三个边的关系，换句话说，给定三角形的三条边，可以用余弦定理求出三角形各个角的角度（见图 14.3）。假定三角形的三条边为a，b和c，对应的三个角为A，B和C。

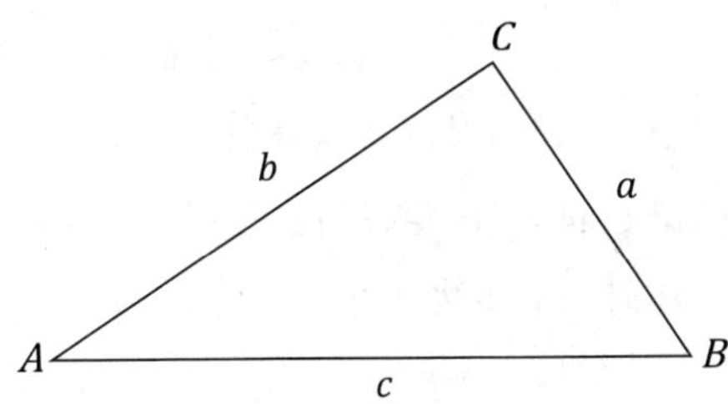

图 14.3　余弦的计算

那么$\angle A$的余弦

$$\cos A = \frac{b^2 + c^2 - a^2}{2bc} \tag{14.1}$$

如果将三角形的两边b和c看成是两个以A为起点的向量，那么上述公式等价于

$$\cos A = \frac{< b, c >}{|b| \cdot |c|} \tag{14.2}$$

其中，分母表示两个向量b和c的长度，分子表示两个向量的内积。举一个具体的例子，假如新闻X和新闻Y对应的向量分别是

$x_1, x_2, \cdots, x_{64000}$和 $y_1, y_2, \cdots, y_{64000}$，

那么它们夹角的余弦等于

$$\cos\theta = \frac{x_1y_1 + x_2y_2 + \cdots + x_{64000}y_{64000}}{\sqrt{x_1^2 + x_2^2 + \cdots + x_{64000}^2} \cdot \sqrt{y_1^2 + y_2^2 + \cdots + y_{64000}^2}} \tag{14.3}$$

由于向量中的每一个变量都是正数，因此余弦的取值在 0 和 1 之间，也就是说夹角在 0 度到 90 度之间。当两条新闻向量夹角的余弦等于 1 时，这两个向量的夹角为零，两条新闻完全相同；当夹角的余弦接近于 1 时，两条新闻相似，从而可以归成一类；夹角的余弦越小，夹角越大，两条新闻越不相关。当两个向量正交时（90 度），夹角的余弦为零，说明两篇新闻根本没有相同的主题词，它们毫不相关。

现在把一篇篇文字的新闻变成了按词典顺序组织起来的数字(特征向量)，又有了计算相似性的公式，就可以在此基础上讨论新闻分类的算法了。具体的算法分为两种情形。第一种比较简单，假定我们已知一些新闻类别的特征向量$x_1, x_2, \cdots, x_k$，那么对于任何一个要被分类的新闻 Y，很容易计算出它和各类新闻特征向量的余弦相似性（距离），并将其归入它该去的那一类中。至于这些新闻类别的特征向量，既可以手工建立（工作量非常大而且不准确），也可以自动建立（以后会介绍）。第二种情形就比较麻烦了，即如果事先没有这些新闻类别的特征向量怎么办。我在约翰·霍普金斯大学的同学弗洛里安（Radu Florian）[3] 和教授雅让斯基给出了一个自底向上不断合并的办法[4]，大致思想如下。

1. 计算所有新闻之间两两的余弦相似性，把相似性大于一个阈值的新闻合并成一个小类（Subclass）。这样 N 篇新闻就被合并成N_1个小类，当然 $N_1 < N$。

2. 把每个小类中所有的新闻作为一个整体，计算小类的特征向量，再计算小类之间两两的余弦相似性，然后合并成大一点的小类，假如有N_2个，当然 $N_2 < N_1$。

这样不断做下去，类别越来越少，而每个类越来越大。当某一类太大时，这一类里一些新闻之间的相似性就很小了，这时就要停止上述迭代的过程了。至此，自动分类完成。图 14.4 是弗洛里安给出的一个真实的文本分类迭代和聚合的过程，图中左边的每一个点都代表一篇文章，因为

3 目前是 IBM 华生实验室的科学家。

4 Radu Florian and David Yarowsky, Dynamic nonlocal language modeling via hierarchical topic-based adaptation, ACL 1999

数量太多，密密麻麻地连成了一片。每一次迭代，子类数量就不断减少，当子类的数量比较少时，就会看清楚这些子类了。

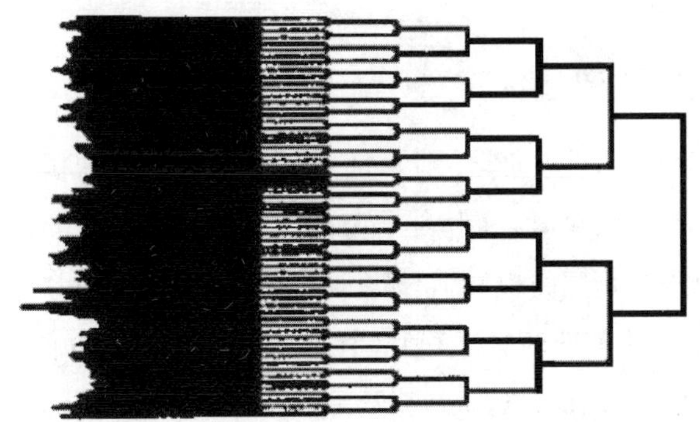

图 14.4　真实的文本分类聚合过程

当然，这里面有很多的技术细节，有兴趣和基础的读者可以读他们的论文。

弗洛里安和雅让斯基 1998 年做这项工作的动机很有意思。当时雅让斯基是某个国际会议的程序委员会主席，需要把提交上来的几百篇论文发给各个专家评审以决定是否录用。为了保证评审的权威性，需要把每个研究方向的论文交给这个方向最有权威的专家。虽然论文的作者自己给论文定了方向，但是范围太广，没有什么指导意义。雅让斯基当然没有时间浏览这近千篇论文，然后再去分发，于是就想了这个将论文自动分类的方法，由他的学生弗洛里安很快实现了。接下来几年的会议都是这么选择评审专家的。从这件事我们可以看出美国人做事的一个习惯：美国人总是倾向于用机器（计算机）代替人工来完成任务。虽然在短期内需要做一些额外的工作，但是从长远看可以节省很多时间和成本。

余弦定理就这样通过新闻的特征向量和新闻分类联系在一起了。我们在中学学习余弦定理时，恐怕很难想象它可以用来对新闻进行分类。在这里，我们再一次看到数学工具的用途。

3 延伸阅读：计算向量余弦的技巧

读者背景知识：数值分析。

3.1 大数据量时的余弦计算

利用公式（14.2）计算两个向量夹角时，计算量为$O(|a|+|b|)$，如果假定其中一个向量更长，不失一般性$|a|>|b|$，这样复杂度为$O(|a|)$。如果要比较一篇新闻和所有其他N篇新闻的相关性，那么计算复杂度为$O(N\cdot|a|)$。如果要比较所有N篇新闻之间两两的相关性，计算复杂度为$O(N^2\cdot|a|)$。注意，这还只是一次迭代。因此，这个计算量是很大的。我们假定词汇表的大小为10万，那么向量的长度也是这么大，假定需要分类的新闻为10万篇，总的计算量在10^{15}这个数量级。如果用100台服务器，每台服务器的计算能力是每秒1亿次，那么每次迭代的计算时间在10万秒，即大约1天。几十次迭代就需要两三个月，这个速度显然很慢。

这里面可简化的地方非常多。首先，分母部分（向量的长度）不需要重复计算，计算向量a和向量b的余弦时，可以将它们的长度存起来，等计算向量a和向量c的余弦时，直接取用a的长度即可。这样，上面的计算量可以节省2/3，也就是只有公式（14.2）中分子的部分需要两两计算。当然这还没有从根本上降低算法的复杂度。

其次，在计算公式（14.2）中的分子即两个向量内积时，只需考虑向量中的非零元素。计算的复杂度取决于两个向量中非零元素个数的最小值。如果一篇新闻的一般长度不超过2 000词，那么非零元素的个数一般也就是1 000词左右，这样计算的复杂度大约可以下降99%，计算时间从“天”这个量级降至十几分钟这个量级。

第三，可以删除虚词，这里的虚词包括搜索中的非必留词，诸如“的”“是”“和”，以及一些连词、副词和介词，比如“因为”“所以”“非常”，等等。我们在上一节中分析过，只有同一类新闻，用词才有很大的重复性，不同类的新闻用词不大相同。因此，去掉这些虚词后，不同类的新闻，即使它们的向量中还有不少非零元素，但是共同的非零元素并不多，要做的乘法并不多。大多数情况下，都可以跳过去（因为非零元素乘零，结果还是零）。这样，计算时间还可以缩短百分之几十。因此，10 万篇新闻两两比较一下，计算时间也就是几分钟而已。如果做几十次迭代，可以在一天内计算完。

需要特别指出的是，删除虚词，不仅可以提高计算速度，对新闻分类的准确性也大有好处，因为虚词的权重其实是一种噪声，干扰分类的正常进行。这一点与通信中过滤掉低频噪声是同样的原理。通过这件事，我们也可以看出自然语言处理和通信的很多道理是相通的。

3.2　位置的加权

和计算搜索相关性一样，出现在文本不同位置的词在分类时的重要性也不相同。显然，出现在标题中的词对主题的贡献远比出现在新闻正文中的重要。而即使在正文中，出现在文章开头和结尾的词也比出现在中间的词重要。在中学学习语文和大学学习英语文学时，老师都会强调这一点——阅读时要特别关注第一段和最后一段，以及每个段落的第一个句子。在自然语言处理中这个规律依然有用。因此，要对标题和重要位置的词进行额外的加权，以提高文本分类的准确性。

小结

本章介绍的这种新闻归类的方法，准确性很好，适用于被分类的文本集合在百万数量级。如果大到亿这个数量级，那么计算时间还是比较长的。对于更大规模的文本处理，我们将在下一章中介绍一种更快速但相对粗糙的方法。

第 15 章　矩阵运算和文本处理中的两个分类问题

我在大学学习线性代数时，实在想不出这门课除了告诉我们如何解线性方程外，还能有什么别的用途。关于矩阵的许多概念，比如特征值等，更是脱离日常生活。后来在数值分析中又学了很多矩阵的近似算法，还是看不到可以应用的地方。当时选这些课，完全是为了挣学分得学位，今天大部分大学生恐怕也是如此。我想，很多同学都多多少少有过类似的经历。直到后来长期做自然语言处理的研究，我才发现数学家们提出的那些矩阵的概念和算法，是很有实际应用意义的。

1　文本和词汇的矩阵

在自然语言处理中，最常见的两个分类问题分别是，将文本按主题归类（比如将所有介绍奥运会的新闻归到体育类）和将词汇表中的字词按意思归类（比如将各种运动的项目名称都归成体育一类）。这两个分类问题都可以通过矩阵运算来圆满地、一次性地解决。为了说明如何用矩阵这个工具来解决这两个问题，让我们来看一看前一章中介绍的余弦定理和新闻分类的本质。

新闻分类乃至各种分类其实是一个聚类问题，关键是计算两篇新闻的相似程度。为了完成这个过程，我们要将新闻变成代表它们内容的实词，然后再变成一组数，具体说是向量，最后求这两个向量的夹角。当这两个向量的夹角很小时，新闻就相关；当两者垂直或者说正交时，新闻则无关。从理论上讲，这种算法非常漂亮。但是因为要对所有新闻做两两计算，而且要进行很多次迭代，耗时会特别长，尤其是当新闻的数量很大且词表也很大的时候。我们希望有一个办法，一次就能把所有新闻相关性计算出来。这个一步到位的办法利用的是矩阵运算中的奇异值分解（Singular Value Decomposition，简称 SVD）。

现在让我们来看看奇异值分解是怎么回事。首先，需要用一个大矩阵来描述成千上万篇文章和几十上百万个词的关联性。在这个矩阵中，每一行对应一篇文章，每一列对应一个词，如果有N个词，M篇文章，则得到一个$M \times N$的矩阵，如下所示。

$$\boldsymbol{A}=\begin{bmatrix} a_{11} & \cdots & a_{1j} & \cdots & a_{1N} \\ \cdots & & & & \cdots \\ a_{i1} & \cdots & a_{ij} & \cdots & a_{iN} \\ \cdots & & & & \cdots \\ a_{M1} & \cdots & a_{Mj} & \cdots & a_{MN} \end{bmatrix} \tag{15.1}$$

其中，第 i 行、第 j 列的元素a_{ij}，是字典中第 j 个词在第 i 篇文章中出现的加权词频（比如用词的 TF-IDF 值）。读者也许能猜到，这个矩阵会非常非常大，比如$M = 1\,000\,000$，$N = 500\,000$，100 万乘 50 万，即 5000 亿个元素，如果以 5 号字体打印出来，有两个西湖那么大！

奇异值分解，就是把上面这样一个大矩阵，分解成三个小矩阵相乘，如图 15.1 所示。比如把上面例子的矩阵分解成一个 100 万乘 100 的矩阵 $\boldsymbol{X}$，一个 100 乘 100 的矩阵 $\boldsymbol{B}$，和一个 100 乘 50 万的矩阵 $\boldsymbol{Y}$。这三个矩阵的元素总数加起来也不过 1.5 亿，不到原来的三千分之一。相应的存储量和计算量都会小三个数量级以上。

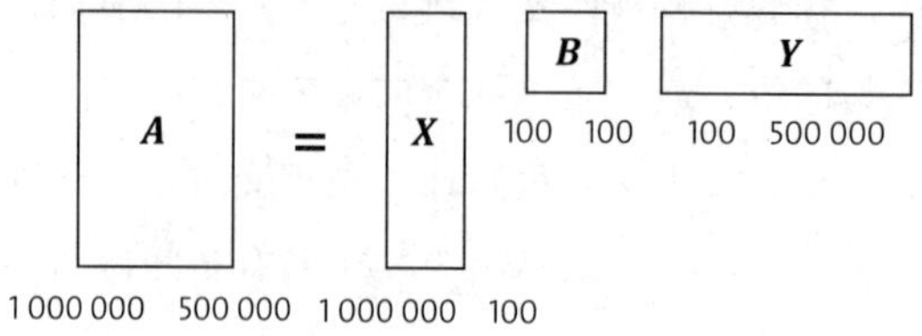

B Y
A = X
100 100 100 500 000
1 000 000 500 000 1 000 000 100

图 15.1 大矩阵分解成三个小矩阵

三个矩阵有非常清晰的物理含义。第一个矩阵 $\boldsymbol{X}$ 是对词进行分类的一个结果。它的每一行表示一个词，每一列表示一个语义相近的词类，或者简称为语义类。这一行的每个非零元素表示这个词在每个语义类中的重要性（或者说相关性），数值越大越相关。举一个 4×2 的小矩阵的例子来说明。

$$\boldsymbol{X}=\begin{bmatrix}0.7 & 0.15\\ 0.22 & 0.49\\ 0 & 0.92\\ 0.3 & 0.03\end{bmatrix} \tag{15.2}$$

这里面有四个词，两个语义类，第一个词和第一个语义类比较相关（相关性为 0.7），和第二个语义类不太相关（相关性为 0.15）。第二个词正好相反。第三个词只和第二个语义类相关，和第一个完全无关。第四个词和每一类都不太相关，因为它对应的两个元素 0.3 和 0.03 都不大，但是相比较而言，和第一类相对相关，而和第二类基本无关。

最后一个矩阵 $\boldsymbol{Y}$ 是对文本的分类结果。它的每一列对应一篇文本，每一行对应一个主题。这一列中的每个元素表示这篇文本在不同主题中的相关性。我们同样用一个 2×4 的小矩阵来说明。

$$\boldsymbol{Y}=\begin{bmatrix}0.7 & 0.15 & 0.22 & 0.39\\ 0 & 0.92 & 0.08 & 0.53\end{bmatrix} \tag{15.3}$$

这里面有四篇文本，两个主题。第一篇文本很明显，属于第一个主题。第二篇文本和第二个主题非常相关（相似性为 0.92），而和第一个主题有一点点关系（0.15）。第三篇文本和两个主题都不很相关，相比较而言，和第一个主题的关系稍微近一点。第四篇文本，和两个主题都有一定的相关性，不过和第二个主题更接近一些。如果每一列只保留最大值，其余均改为零，那么每一篇文本都只归入一类主题中，即第一、三篇文本属于第一个主题，第二、四篇属于第二个主题。这个结果和我们在上一章利用余弦定理做分类得到的情况类似——每篇文本都被分到了一个主题。

中间的矩阵则表示词的类和文章的类之间的相关性。我们用下面 2×2 的矩阵来说明。

$$\boldsymbol{B}=\begin{bmatrix} 0.7 & 0.21 \\ 0.18 & 0.63 \end{bmatrix} \tag{15.4}$$

在这个矩阵 $\boldsymbol{B}$ 中，第一个词的语义类和第一个主题相关，和第二个主题没有太多关系。而第二个词的语义类则相反。

因此，只要对关联矩阵 $\boldsymbol{A}$ 进行一次奇异值分解，就可以同时完成近义词分类和文章的分类。另外，还能得到每个主题和每个词的语义类之间的相关性。这个结果非常漂亮！

现在剩下的唯一问题，就是如何用计算机进行奇异值分解。这时，线性代数中的许多概念，比如矩阵的特征值，以及数值分析的各种算法等就统统派上用场了。对于不大的矩阵，比如几万乘几万的矩阵，用计算机上的数学工具 MATLAB 就可以计算。但是更大的矩阵，比如上百万乘上百万，奇异值分解的计算量非常大，就需要很多台计算机并行处理了。虽然 Google 早就有了 MapReduce 等并行计算的工具，但是由于奇异值分解很难拆成不相关子运算，即使在 Google 内部以前也无法利用并行计算的优势来分解矩阵。直到 2007 年，Google 中国（谷歌）的张智威博士带领几个中国的工程师及实习生实现了奇异值分解的并行算法，这是 Google 中国对世界的一个贡献。

2 延伸阅读：奇异值分解的方法和应用场景

读者背景知识：线性代数。

在这一节里，我们大致介绍一下奇异值分解的算法。在严格数学意义上的奇异值分解是这样定义的，矩阵 $\boldsymbol{A}$ 可以如下分解成三个矩阵的乘积。

$$\boldsymbol{A}_{MN} = \boldsymbol{X}_{MM} \times \boldsymbol{B}_{MN} \times \boldsymbol{Y}_{NN} \tag{15.5}$$

其中 $\boldsymbol{X}$ 是一个酉矩阵（Unitary Matrix），$\boldsymbol{Y}$ 则是一个酉矩阵的共轭矩阵。与其共轭矩阵转置相乘等于单位阵的矩阵为酉矩阵，因此，酉矩阵及其共轭矩阵都是方形的矩阵。而 $\boldsymbol{B}$ 是一个对角阵，即只有对角线上是非零值。维基百科给出了这样一个实例：

$$\boldsymbol{A} = \begin{bmatrix} 1 & 0 & 0 & 0 & 2 \\ 0 & 0 & 3 & 0 & 0 \\ 0 & 0 & 0 & 0 & 0 \\ 0 & 4 & 0 & 0 & 0 \end{bmatrix} \tag{15.6}$$

$$\boldsymbol{X} = \begin{bmatrix} 0 & 0 & 1 & 0 \\ 0 & 1 & 0 & 0 \\ 0 & 0 & 0 & -1 \\ 1 & 0 & 0 & 0 \end{bmatrix}, \quad \boldsymbol{B} = \begin{bmatrix} 4 & 0 & 0 & 0 & 0 \\ 0 & 3 & 0 & 0 & 0 \\ 0 & 0 & \sqrt{5} & 0 & 0 \\ 0 & 0 & 0 & 0 & 0 \end{bmatrix},$$

$$\boldsymbol{Y} = \begin{bmatrix} 0 & 1 & 0 & 0 & 0 \\ 0 & 0 & 1 & 0 & 0 \\ \sqrt{0.2} & 0 & 0 & 0 & \sqrt{0.8} \\ 0 & 0 & 0 & 1 & 0 \\ -\sqrt{0.8} & 0 & 0 & 0 & \sqrt{0.2} \end{bmatrix} \tag{15.7}$$

很容易验证 $\boldsymbol{X}$ 和 $\boldsymbol{Y}$ 都是酉矩阵。

从这个公式来看，未作近似的奇异值分解没有像上一节中展示的那样降低矩阵的维度。但是由于对角矩阵 $\boldsymbol{B}$ 对角线上的元素的很多值相对其他的值非常小，或者干脆为零，故可以省略。因此，奇异值分解后，一个超大矩阵就变成我们上一节中三个小矩阵的乘积。

奇异值分解一般分两步进行。首先，将矩阵 $\boldsymbol{A}$ 变换成一个双对角矩阵[1]，这个过程的计算量是$O(MN^2)$，当然这里假设$M > N$，否则就是$O\ (NM^2)$。当然，我们依然可以利用矩阵 $\boldsymbol{A}$ 的稀疏性大大缩短计算时间。第二步是将双对角矩阵变成奇异值分解的三个矩阵。这一步的计算量只是第一步的零头，可以忽略不计。

1 除了两行对角线元素非零，剩下的都是零。

在文本分类中，M对应文本的数量，N对应词典大小。如果比较奇异值分解的计算复杂度和利用余弦定理计算文本相似度（一次迭代）的时间，它们处于同一个数量级，但是前者不需要多次迭代，因此计算时间短不少。奇异值分解的另一个大问题是存储量较大，因为整个矩阵都需要存在内存里，而利用余弦定理的聚类则不需要。

小结

相比上一章介绍的利用文本特征向量余弦的距离自底向上的分类方法，奇异值分解的优点是能较快地得到结果（在实际应用中），因为它不需要一次次地迭代。但是用这种方法得到的分类结果略显粗糙，因此，它适合处理超大规模文本的粗分类。在实际应用中，可以先进行奇异值分解，得到粗分类结果，再利用计算向量余弦的方法，在粗分类结果的基础上，进行几次迭代，得到比较精确的结果。这样，这两个方法一先一后结合使用，可以充分利用两者的优势，既节省时间，又能获得很好的准确性。

参考文献

1. J. R. Bellegarda. Exploiting latent semantic information in statistical language modeling, Proceedings of the IEEE, Volume:88 Issue:8, 1279-1296, August 2008.

第 16 章　信息指纹及其应用

1　信息指纹

在前面的章节中，我们讲到，一段文字所包含的信息，就是它的信息熵。如果对这段信息进行无损压缩编码，理论上编码后的最短长度就是它的信息熵。当然，实际编码长度总是要略长于它的信息熵的比特数。但是，如果仅仅要区分两段文字或者图片，则远不需要那么长的编码。任何一段信息（包括文字、语音、视频、图片等），都可以对应一个不太长的随机数，作为区别这段信息和其他信息的指纹（Fingerprint）。只要算法设计得好，任意两段信息的指纹都很难重复，就如同人类的指纹一样。信息指纹在加密、信息压缩和处理中有着广泛的应用。

我们在“图论和网络爬虫”一章中提到，为了防止重复下载同一个网页，需要在哈希表中记录访问过的网址（URL）。但是，在哈希表中以字符串的形式直接存储网址，既耗费内存空间，又浪费查找时间。现在的网址一般都比较长，比如，如果在 Google、搜搜或者百度上查找“吴军数学之美”，对应的网址长度均在 100 个字符以上。下面是百度的链接：

http://www.baidu.com/s?ie=gb2312&bs=%CA%FD%D1%A7%D6%AE%C3%C0&sr=&z=&cl=3&f=8&wd=%CE%E2%BE%FC+%CA%FD%D1%A7%D6%AE%C3%C0&ct=0

到了 2010 年，互联网上的网页总数在 5 000 亿这个量级，假定网址的平均长度为 100 个字符，那么存储 5 000 亿个网址本身至少需要 50TB，即 5 000 万兆字节的容量。考虑到哈希表的存储效率一般只有 50% 左右，故实际所需内存在 100TB 以上。如果一台服务器的内存是 50GB（2010 年的水平），也需要 2 000 台服务器来存放这些内容。另外，即使有这么多服务器，将这些网址放到了内存中，由于网址长度不固定，以字符串的形式查找，效率会很低。

因此，若能找到一个函数，将这 5 000 亿个网址随机地映射到 128 位二进制（即 128 比特），也就是 16 个字节的整数空间，比如将上面那个很长的百度链接对应成下面这个随机数：

893249432984398432980545454543

这样，每个网址就只需要占用 16 个字节而不是原来的 100 个。这就能把存储网址的内存需求量降至原来的 1/6 不到。这个 16 字节的随机数，就称作该网址的信息指纹。可以证明，只要产生随机数的算法足够好，就能保证几乎不可能有两个字符串的指纹相同，就如同不可能有两个人的指纹相同一样。由于指纹是固定的 128 位二进制整数，因此，与字符串相比，查找的开销要小得多。网络爬虫在下载网页时，会将访问过的网页地址都变成一个个信息指纹，存到哈希表中，每当遇到一个新网址，计算机就计算其指纹，然后查找该指纹是否已经在哈希表中，来决定是否下载这个网页。这种整数的查找比原来的字符串查找快几十倍。对于要求不是很高的网络爬虫，甚至采用 64 位二进制就足够了，这样可以进一步节省存储空间和运算时间。

上面那个百度网址（字符串）的信息指纹的计算方法一般分为两步。首先，将这个字符串看成是一个特殊的、很长的整数。这一步非常容易，因为所有的字符在计算机里都是按照整数来存储的。接下来就需要用到一个产生信息指纹的关键算法：伪随机数产生器算法（Pseudo-Random Number Generator，简称 PRNG），通过它将任意很长的整数转换成特定长度的伪随机数。最早的 PRNG 算法是由计算机之父冯·诺依曼提出来的。他的办法非常简单，就是将一个数的平方掐头去尾，取中间的几位数。比如一个四位的二进制数 1001（相当于十进制的 9），其平方为 01010001（十进制的 81），掐头去尾，剩下中间的 4 位 0100。当然这种方法产生的数字并不很随机，也就是说，两个不同的信息很可能有同一指纹，比如 0100（十进制的 4），它按照这个方法产生的指纹也是 0100。现在常用的梅森旋转算法（Mersenne Twister）则要好得多。

信息指纹的用途远不止网址的消重，它的孪生兄弟是密码。信息指纹的一个特征是其不可逆性，也就是说，无法根据信息指纹推出原有信息。这种性质，正是网络加密传输所需要的。比如说，一个网站可以根据用户本地客户端的 cookie 识别不同用户，这个 cookie 就是一种信息指纹。但是网站无法根据信息指纹了解用户的身份，这样就可以保护用户的隐私。但是 cookie 本身并没有加密，因此通过分析 cookie 还是能知道某台计算机访问了哪些网站。为了保障信息安全，一些网站（比如银行的）采用加密的 HTTPS，用户访问这些网站留下的 cookie 本身也需要加密。加密的可靠性，取决于是否很难人为地找到具有同一指纹的信息，比如一个黑客能否产生出某位用户的 cookie。从加密的角度来讲，梅森旋转算法还不够好，因为它产生的随机数还有一定的相关性，破解一个就等于破解了一大批。

在互联网上加密要使用基于加密的伪随机数产生器（Cryptographically Secure Pseudo-Random Number Generator，CSPRNG）。常用的算法有 MD5 或者 SHA-1 等标准，它们可以将不定长的信息变成定长的 128 位或者 160 位二进制随机数。值得一提的是，SHA-1 以前被认为是没有漏洞的，现在已经被中国的王小云教授证明存在漏洞。但是大家不必恐慌，因为这和黑客能真正攻破你的注册信息还是两回事。

2 信息指纹的用途

信息指纹的历史虽然很悠久，但其真正的广泛应用是在有了互联网以后，近十年才渐渐热门起来。

上面一节讲述了在网络爬虫中利用信息指纹可以快速而经济（节省服务器）地判断一个网页是否已下载过。信息指纹在互联网和自然语言处理中还有非常多的应用，这里不可能（也不必要）一一列举，只是找几个有代表性的例子。

2.1　集合相同的判定

在网页搜索中，有时需要判断两个查询用词是否完全相同（但是次序可能不同），比如"北京　中关村　星巴克"和"星巴克　北京　中关村"用词完全相同。更普遍的讲法是判断两个集合是否相同（比如一个人是否用两个不同的 E-mail 账号对同一组人群发垃圾邮件）。解决这个问题有各种各样的方法，没有绝对正确的和错误的，但是有好的方法和笨的方法。

最直接的笨办法是对这个集合中的元素一一做比较，这个方法计算的时间复杂度是$O(N^2)$，其中N是集合的大小。如果谁面试时这么回答我，我肯定不会让他通过。

稍微好一点的办法是将两个集合的元素分别排序，然后顺序比较，这样计算时间的复杂度是$O(N\log N)$，比前面那种方法好了不少，但还是不够好。与这个方法相当的是将第一个集合放在一张哈希表中，然后把第二个集合的元素一一和哈希表中的元素作对比。这个方法的时间复杂度为$O(N)$，达到了最佳[1]。但是额外使用了$O(N)$的空间，而且代码很复杂，不完美。

1
$O(N)$的时间复杂度是不可能突破的，因为毕竟要扫描一遍所有N个元素。

完美的方法是计算这两个集合的指纹，然后直接进行比较。我们定义一个集合 $S=\{e_1,e_2,\cdots,e_n\}$ 的指纹$FP(S)=FP(e_1)+FP(e_2)+\cdots+FP(e_n)$，其中$FP(e_1)$，$FP(e_2)$，$\cdots$，$FP(e_n)$分别为$S$中这些元素对应的指纹。加法的交换率，保证了集合的指纹不因元素出现的次序而改变，如果两个集合元素相同，那么它们的指纹一定相同。当然，不同元素的指纹也相同的概率非常非常小，在工程上完全可以忽略。在延伸阅读中，我们会说明这个概率有多小。

利用信息指纹的方法计算的复杂度不需要额外的空间，因此是最佳方法。

类似的应用还有很多，如检测网络上的某首歌曲是否盗版别人的，只要算一算这两个音频文件的信息指纹即可。

2.2 判定集合基本相同

爱思考的读者可能会挑战我：发垃圾邮件的人哪有这么傻，从两个账号发出的垃圾邮件收信人都相同？如果稍微变上一两个，上面的方法不就不起作用了吗？解决这个问题需要我们能够快速判断两个集合是否基本相同，其实只要将上面的方法稍作改动即可。

可以分别从两个账号群发的接收电子邮件地址清单（E-mail Address List）中按照同样的规则随机挑选几个电子邮件的地址，比如尾数为 24 的。如果它们的指纹相同，那么很有可能接收这两个账号群发邮件的电子邮件地址清单基本相同。由于挑选的数量有限，通常是个位数，因此也很容易判断是否是 80%，或者 90% 重复。

上述判断集合基本相同的算法有很多实际的应用，比如在网页搜索中，判断两个网页是否是重复的。如果把两个网页（的正文）从头比到尾，计算时间太长，也没有必要。我们只需对每个网页挑出几个词，这些词构成网页的特征词集合，然后计算和比较这些特征集合的信息指纹即可。在两个被比较的网页中，常见的词一般都会出现，不能作为这两篇文章的特征。只出现一次的词，很可能是噪声，也不能考虑。在剩下的词中，我们知道 IDF 大的词鉴别能力强，因此只需找出每个网页中 IDF 最大的几个词，并且算出它们的信息指纹即可。如果两个网页这么计算出来的信息指纹相同，则它们基本上是相同的网页。为了允许有一定的容错能力，

Google 采用了一种特定的信息指纹 —— 相似哈希（Simhash）。相似哈希的原理会在延伸阅读中介绍。

上面的算法稍作改进后还可以判断一篇文章是否抄袭了另一篇文章。具体的做法是，将每一篇文章切成小的片段，然后用上述方法挑选这些片段的特征词集合，并计算它们的指纹。只要比较这些指纹，就能找出大段相同的文字，最后根据时间先后，找到原创的和抄袭的。Google 实验室利用这个原理做了一个名为 CopyCat 的项目，可以准确找出原文和转载（拷贝）的文章。

2.3 YouTube 的反盗版

Google 旗下的 YouTube 是全球最大的视频网站，和国内的视频网站不同，YouTube 自身不提供和上传任何内容，而完全由用户自己提供。这里的用户既包括专业的媒体公司，比如 NBC 和迪士尼，也包括个人用户。由于对后者没有太多上传视频的限制，一些人会上传专业媒体公司的内容。这件事若不解决就会动摇 YouTube 的生存基础。

从上百万视频中找出一个视频是否为另一个视频的盗版，并非易事。一段几分钟的视频，文件大小从几兆到几十兆，而且还是压缩的，如果恢复到每秒 30 帧的图像，数据量就会大得不得了。因此，没有人会直接比较两段视频来确定它们是否相似。

视频的匹配有两个核心技术，关键帧的提取和特征的提取。MPEG 视频（在 NTSC 制的显示器上播放）虽然每秒有 30 帧图像，但是每一帧之间的差异不大。（否则我们看起来就不连贯了。）一般来说，每一秒或若干秒才有一帧是完整的图像，这些帧称为关键帧。其余帧存储的只是和关键帧相比的差异值。关键帧对于视频的重要性，就如同主题词对于新闻的重要性一样。因此，处理视频图像首先是找到关键帧，接下来就是要用一组信息指纹来表示这些关键帧了。

有了这些信息指纹后，检测是否盗版就类似于比较两个集合元素是否相同了。Google 收购 YouTube 后，由 Google 研究院研究图像处理的科学家们开发出的反盗版系统，效果非常好。由于可以找出相同的视频的原创和拷贝，Google 制定了一个很有意思的广告分成策略：虽然所有的视频都可以插入广告，但是广告的收益全部提供给原创的视频，即使广告是插入在拷贝的视频中。这样一来，所有拷贝和上传别人的视频的网站就不可能获得收入。没有了经济利益，也就少了很多盗版和拷贝。

3 延伸阅读：信息指纹的重复性和相似哈希

读者背景知识：概率论、组合数学。

3.1 信息指纹重复的可能性

信息指纹是通过伪随机数产生的。既然是伪随机数，两个不同的信息就有可能产生同样的指纹。这种可能性从理论上讲确实存在，但是非常小。至于有多小，我们就在这一节中分析。

假定一个伪随机数产生的范围是 $0 \sim N-1$，共 N 个。如果是 128 位的二进制，$N = 2^{128}$，这是一个非常巨大的数字。如果随意挑选两个指纹，那么它们重复的可能性就是$1/N$，不重复的可能性是 $\frac{N-1}{N}$，因为第一个可以是任一个，第二个只有$N-1$的可选余地。如果随意挑选三个指纹，要保证不重复，第三个只有$N-2$的可选余地，因此，三个不重复的概率为 $\frac{(N-1)(N-2)}{N^2}$。以此类推，k 个指纹不重复的概率

$$P_k = \frac{(N-1)(N-2)\cdots(N-k+1)}{N^{k-1}}$$

P_k 随着 k 增加而减小，即产生的指纹多到一定程度，就可能有重复的了。如果$P_k < 0.5$，那么，k 个指纹重复一次的数学期望超过 1。现在来估计一下这时候的最大值。

上述不等式等价于

$$P_{k+1}=\frac{(N-1)(N-2)\cdots(N-k)}{N^k}<0.5 \qquad (16.1)$$

当$N\to\infty$，

$$P_{k+1}\approx \mathrm{e}^{-\frac{1}{N}}\mathrm{e}^{-\frac{2}{N}}\cdots\mathrm{e}^{-\frac{k}{N}}=\exp\left(-\frac{k(k+1)}{2N}\right) \qquad (16.2)$$

这个概率需要小于 0.5，因此

$$P_{k+1}\approx \exp\left(-\frac{k(k+1)}{2N}\right)<0.5 \qquad (16.3)$$

这等效于

$$k^2+k+2N\ln 0.5>0.5 \qquad (16.4)$$

由于$k>0$，上述不等式有唯一解

$$k>\frac{-1+\sqrt{1+8N\ln 2}}{2} \qquad (16.5)$$

也就是说，对于一个很大的N，k是一个很大的数字。如果用 MD5 指纹（虽然它有缺陷），它有 128 位二进制，$k>2^{64}\approx 1.8\times 10^{19}$。也就是说，每一千八百亿亿次才能重复一次，因此，不同信息产生相同指纹的可能性几乎为零。即使采用 64 位的指纹，重复的可能性依然很低。

3.2 相似哈希（Simhash）

相似哈希是一种特殊的信息指纹，是 Moses Charikar 在 2002 年提出的[2]，但真正得到重视是当 Google 在网页爬虫中使用它，并且把结果发表在 WWW 会议上以后[3]。Charikar 的论文写得比较晦涩，但相似哈希的原理其实并不复杂。下面用一个 Google 在下载网页时排查重复网页的例子来说明。

2 详见参考文献 1。

3 详见参考文献 2。

假定一个网页中有若干的词$t_1,t_2,\cdots,t_k$，它们的权重（比如 TF-IDF 值）分布为$w_1,w_2,\cdots,w_k$。先计算出这些词的信息指纹，为便于说明，假定只用 8 位二进制的信息指纹。当然在实际工作中不能用这么短的，因为重复度太高。计算相似哈希分为两步。

第一步我称之为扩展，就是将 8 位二进制的指纹扩展成 8 个实数，用$r_1,r_2,\cdots,r_8$表示，这些实数的值做如下确定。

首先，将它们的初值设置为 0，然后，看t_1的指纹（8 位），如果t_1的第 i 位为 1，在r_i上加上w_1；如果为 0，在r_i上减去w_1。例如，t_1的指纹为 10100110（随便给的），这样处理完t_1后，r_1到r_8的值如下：

表 16.1 处理了第一个词后，r_1 到 r_8 的值

信息指纹	数值
$r_1 = 1$	w_1
$r_2 = 0$	$-w_1$
$r_3 = 1$	w_1
$r_4 = 0$	$-w_1$
$r_5 = 0$	$-w_1$
$r_6 = 1$	w_1
$r_7 = 1$	w_1
$r_8 = 0$	$-w_1$

接下来处理第二个词t_2，假如它的指纹是 00011001，那么根据上面逢 1 相加、逢 0 相减的原则，因为第 1 位是 0，因此r_1上应该减去t_2的权重w_2，这样$r_1 = w_1 - w_2$，如此$r_2,\cdots,r_8$做同样处理，结果如表 16.2 所示。

表 16.2 处理了第一、二个词后，r_1 到 r_8 的值

信息指纹	数值
r_1	$w_1 - w_2$
r_2	$-w_1 - w_2$
r_3	$w_1 - w_2$

续表

信息指纹	数值
r_4	$-w_1+w_2$
r_5	$-w_1+w_2$
r_6	w_1-w_2
r_7	w_1-w_2
r_8	$-w_1+w_2$

当扫描完全部词时，就得到了最后的 8 个数$r_1,\cdots,r_8$，第一步扩展过程到此结束。假定$r_1,r_2,\cdots,r_8$的值在扩展后变为如表 16.3 所示的那样：

表 16.3　处理完所有的词后，r_1 到 r_8 的值，然后把正数变成 1，负数变成 0

信息指纹	数值	二进制数
r_1	- 0.052	0
r_2	-1.2	0
r_3	0.33	1
r_4	0.21	1
r_5	-0.91	0
r_6	-1.1	0
r_7	-0.85	0
r_8	0.52	1

第二步我称之为收缩，就是把 8 个实数变回成一个 8 位的二进制数。这个过程非常简单，如果$r_i>0$，就把相应的二进制数的第i位设置成 1，否则设置成 0。这样就得到了这篇文章的 8 位相似哈希指纹。对于上面的例子，这篇文章的 Simhash＝00110001。

相似哈希的特点是，如果两个网页的相似哈希相差越小，这两个网页的相似性就越高。如果两个网页相同，它们的相似哈希必定相同。如果它们只有少数权重小的词不相同，其余的都相同，几乎可以肯定它们的相似哈希也会相同。值得一提的是，如果两个网页的相似哈希不同，但是相差很小，则对应的网页也非常相似。用 64 位的相似哈希做对比时，如果只相差一两位，那么对应网页内容重复的可能性大于80%。这样，通过记录每个网页的相似哈希，然后判断一个新网页的相似哈希是否已经出现过，可以找到内容重复的网页，就不必重复建索引浪费计算机资源了。

信息指纹的原理简单，使用方便，因此用途非常广泛，是当今处理海量数据必不可少的工具。

小结

所谓信息指纹，可以简单理解为将一段信息（文字、图片、音频、视频等）随机地映射到一个多维二进制空间中的一个点（一个二进制数字）。只要这个随机函数做得好，那么不同信息对应的这些点就不会重合，因此，这些二进制的数字就成了原来的信息所具有的独一无二的指纹。

参考文献

1. Moses Charikar. Similarity Estimation Techniques from Rounding Algorithms, Proceedings of the 34th Annual ACM Symposium on Theory of Computing, 2002.
2. Gurmeet Singh Manku, Arvind Jain and Anish Das Sarma. Detecting Near-Duplicates for Web Crawling, WWW2007, 2007.

第 17 章　由电视剧《暗算》所想到的

谈谈密码学的数学原理

2007 年，我看了电视剧《暗算》，很喜欢这部剧的构思和演员的表演。其中有一个故事提到了密码学，故事本身不错，但是未免有点故弄玄虚。不过有一点是对的，就是当今的密码学是以数学为基础的。（没有看过《暗算》的读者可以看一下网上的介绍，因为后面会多次提到这部电视剧。）

1　密码学的自发时代

密码学的历史大致可以追溯到两千多年前，相传古罗马名将恺撒（Julius Caesar）为了防止敌方截获情报，用密码传送情报。恺撒的做法很简单，就是给二十几个罗马字母建立一张对应表，如表 17.1 所示。

表 17.1　恺撒大帝的明码密码对应表

明码	密码
A	B
B	E
C	A
D	F
E	K
…	…
R	P
S	T
…	…

这样，如果不知道密码本，即使截获一段信息也看不懂，比如收到一个消息是 ABKTBP，在敌人看来是毫无意义的字，通过密码本破解出来就是 CAESAR 一词，即恺撒的名字。这种编码方法史称恺撒大帝，现在市场上还有这一类的玩具卖，如图 17.1 所示。

图 17.1 市场上卖的名为“恺撒大帝”的玩具

当然，学过信息论的人都知道，只要多截获一些情报（即使是加密的），统计一下字母的频率，就可以破解出这种密码。柯南·道尔（Sir Arthur Ignatius Conan Doyle）在他的《福尔摩斯探案集》中“跳舞的小人”一案中介绍过这种小技巧（见图 17.2）。近年来在一些谍报题材的电视剧中，编剧还在经常使用这种蹩脚的密码，比如用菜价（一组数字）传递信息，这些数字对应康熙字典的页码和字的次序。对于学过信息论的人来说，破译这种密码根本不需要密码本，只要多收集几次情报就可以破译出来。

图 17.2 跳舞的小人：看上去很神秘，但是很容易被破解

从恺撒大帝时代到 20 世纪初这段很长的时间里，密码的设计者们在非常缓慢地改进技术，因为他们的工作基本上靠经验，没有自觉地应用数学原理（当然当时还没有信息论）。人们渐渐意识到，对于一种好的编码

方法，破译者应该无法从密码中统计出明码的规律。有经验的编码者会把常用的词对应成多个密码，使得破译者很难统计出任何规律。比如，如果将汉语中的“是”一词对应于唯一一个编码 0543，那么破译者就会发现 0543 出现得特别多。但如果将它对应成 0543、0373、2947 等 10 个密码，每次随机选用一个，每个密码出现的次数就不会太多，而且破译者也无从知道这些密码其实对应一个字。这里面已经包含着朴素的概率论的原理。

好的密码必须做到根据已知的明文和密文的对应推断不出新的密文内容。从数学的角度上讲，加密的过程可以看作是一个函数的运算 F，解密的过程是反函数的运算（见图 17.3）。明码是自变量，密码是函数值。好的（加密）函数不应该通过几个自变量和函数值就能推出函数。这一点在第二次世界大战前做得很不好。历史上有很多在这方面设计得不周到的密码的例子。比如在第二次世界大战中，日本军方的密码设计就很成问题，美军破获了日本很多密码。在中途岛海战前，美军截获的日军密电经常出现 AF 这样一个地名，应该是太平洋的某个岛屿，但是美军无从知道是哪个。于是，美军就逐个发布与自己控制的岛屿有关的假新闻。当发出“中途岛供水系统坏了”这条假新闻后，美军从截获的日军情报中又看到含有 AF 的电文（日军情报内容是 AF 供水出了问题），于是断定中途岛就是 AF。事实证明，美军判断正确，并在那里成功地伏击了日本联合舰队。

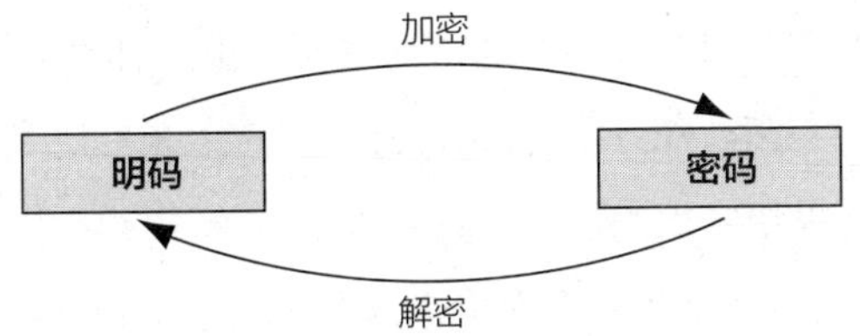

图 17.3　加密和解密是一对函数和反函数

已故的美国情报专家雅德利（Herbert Osborne Yardley，1889—1958）二战时曾经在重庆帮助中国政府破解日本的密码。他在重庆的两年里做得最成功的一件事，就是破解了日军和重庆间谍的通信密码，由此破译了几千份日军和间谍之间通信的电文，从而破获了国民党内奸“独臂海盗”为日军提供重庆气象信息的间谍案。雅德利（及一位中国女子徐贞）的工作，大大减轻了日军对重庆轰炸造成的伤害。回到美国后，雅德利写了一本书《中国黑室》[1]（*The Chinese Black Chamber*）介绍这段经历，但是该书直到 1983 年才被获准解密并出版。从书中的内容可以了解到，当时日本在密码设计上存在严重的缺陷。日军和重庆间谍约定的密码本就是美国著名作家赛珍珠（Pearl S. Buck）获得 1938 年诺贝尔文学奖的《大地》（*The Good Earth*）一书。这本书很容易找到，接到密码电报的人只要拿着这本书就能解开密码。密码所在的页数就是一个非常简单的公式：发报日期的月数加上天数，再加上 10。比如 3 月 11 日发报，密码就在第 24（3 + 11 + 10）页。这样的密码设计违背了我们前面介绍的“加密函数不应该通过几个自变量和函数值就能推出函数本身”这个原则，对于这样的密码，破译一篇密文就可能破译以后全部的密文。

1
《中国黑室——鲜为人知的中日谍报战》. 赫伯特·雅德利著. 严冬冬译. 吉林文史出版社，2011.

《中国黑室》一书还提到日军对保密的技术原理所知甚少。有一次日本在菲律宾马尼拉的使馆向外发报时，发到一半机器卡死，然后居然就照单重发一遍了事，这种同文密电在密码学上是大忌（和我们现在 VPN 登录用的安全密钥一样，密码机加密时，每次应该自动转一轮，以防同一密钥重复使用，因此即使是同一电文，两次发送的密文也应该是不一样的）。另外，日本外交部在更换新一代密码机时，有些距离本土较远的日本使馆因为新机器到位较晚，居然还使用老机器发送。这样就出现新老机器混用的情况，同样的内容美国会收到新老两套密文，由于日本旧的密码很多已被破解，结果新的密码一出台就毫无机密可言。总的来讲，在第二次世界大战中日本的情报经常被美国人破译，他们的海军名将山本五十六（出生时他父亲 56 岁，故取名五十六）也因此丧命[2]。我们常讲落后是要挨打的，其实不会使用数学也是要挨打的。

2
美国破译了日本的密码，掌握了山本五十六飞机的行踪，然后派战斗机击落了他的座机。

2　信息论时代的密码学

在第二次世界大战中，很多顶尖的科学家都开始为军方和情报部门工作。

比如维纳和爱因斯坦为美军改进火炮，香农和图灵都在研究加密和解密。香农被分配到的工作是，研究如何为英国首相丘吉尔和美国的通话加密，即便通话遭德国人窃听，对方也无法得知具体内容。而图灵的任务则相反，他在研究如何解密德国人的密码机。那时，香农和图灵经常在贝尔实验室一起喝咖啡，但是出于保密需要，他们从来不谈工作，否则这两个当时最聪明的头脑一定能产生更伟大的思想。在研究加密和解密的过程中，香农提出了信息论，因此信息论可以说是情报学的直接产物。

信息论的提出为密码学的发展带来了新气象。根据信息论，密码的最高境界是敌方在截获密码后，对我方的所知没有任何增加，用信息论的专业术语讲，就是信息量没有增加。一般来讲，当密码之间分布均匀并且统计独立时，提供的信息最少。均匀分布使得敌方无从统计，而统计独立可保证敌人即使知道了加密算法，并且看到一段密码和明码后，也无法破译另一段密码。按照我的理解，这也是《暗算》里传统的破译员老陈破译了一份密报但无法推广的原因，而数学家黄依依预见到了这个结果，因为她知道敌人新的密码系统编出的密文是统计独立的。

有了信息论，密码的设计就有了理论基础，现在通用的公开密钥（即非对称加密）的方法，《暗算》里的“光复一号”密码，应该就是基于这个理论 。

Diffie 和 Hellman 在 1976 年的开创性论文“密码学的新方向”（*New Directions in Cryptography*），介绍了公钥和电子签名的方法，这是今天大多数互联网安全协议的基础。

虽然公开密钥下面有许多不同的具体加密方法，比如早期的 RSA 算法[3]、Rabin 算法[4]和后来的 ElGamal 算法[5]、椭圆曲线算法（Elliptic curve）[6]，它们的基本原理非常一致，且并不复杂。这些算法都有如下共同点。

1. 它们都有两个完全不同的密钥，一个用于加密，一个用于解密。
2. 这两个看上去无关的密钥，在数学上是关联的。

3 1977 年，由三个发明者李维斯特（Rivest）、沙米尔（Shamir）和阿德尔曼（Adleman）名字的首字母命名。

4 1979 年，以发明者迈克尔·拉宾（Michael O. Rabin）的名字命名。

5 1985 年，以发明者塔希尔·盖莫尔（Taher ElGamal）的名字命名。

6 1985 年由尼尔·库伯利兹（Neal Koblitz）和维克托·米勒（Victor Miller）分别独立提出。

我们不妨用相对简单的 RSA 算法来说明公开密钥的原理，并以给单词 Caesar 加密和解密为例。

首先，把单词 Caesar 变成一组数，比如它的 ASCII 代码$X = 067097101115097114$（每三位代表一个字母）做明码。现在来设计一个密码系统，对这个明码加密。

1. 找两个很大的素数（质数）P 和 Q，越大越好，比如 100 位长的，然后计算它们的乘积。

$$N = P \times Q \tag{17.1}$$

$$M = (P-1) \times (Q-1) \tag{17.2}$$

2. 找一个和 M 互素的整数 E，也就是说 M 和 E 除了 1 以外没有公约数。
3. 找一个整数 D，使得 $E \times D$ 除以 M 余 1，即 $E \times D \ mod\ M = 1$。

现在，一个先进的且最常用的密码系统就设计好了，其中 E 是公钥，谁都可以用来加密，公开密钥一词就来源于此，D 是私钥用于解密，一定要自己保存好。联系公钥和私钥的乘积 N 是公开的，即使敌人知道了也没关系。

现在，用下面的公式对 X 加密，得到密码 Y。

$$X^E \ mod\ N = Y \tag{17.3}$$

好了，现在没有密钥 D，神仙也无法从 Y 中恢复 X。如果知道 D，根据费尔马小定理[7]，则只要按下面的公式就可以轻而易举地从 Y 中得到 X。

$$Y^D \ mod\ N = X \tag{17.4}$$

这个过程大致可以概括如图 17.4 所示。

7 费尔马小定理有两种等价的描述。描述一：P 是一个质数，对于任何整数 N，如果 N、P 互素，那么 $N^{P-1} \equiv 1(mod\ P)$。描述二：P 是一个质数，对于任何整数 $N^P \equiv N(mod\ P)$。

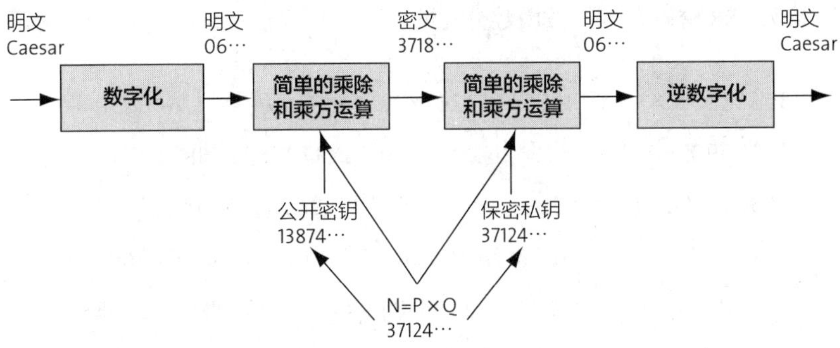

图 17.4　公开密钥示意图

公开密钥的好处有：

1. 简单，就是一些乘除而已。

2. 可靠。公开密钥方法保证产生的密文是统计独立而分布均匀的。也就是说，不论给出多少份明文和对应的密文，也无法破译下一份密文。更重要的是 N、E 可以公开给任何人加密用，但是只有掌握私钥 D 的人才可以解密，即使加密者自己也是无法解密的。这样，即使加密者被抓住叛变了，整套密码系统仍然是安全的。（而恺撒大帝的加密方法，只要有一个知道密码本的人泄密，整个密码系统就公开了。）

3. 灵活，可以产生很多的公开密钥E和私钥D的组合给不同的加密者。

最后让我们看看破解这种密码的难度。首先要声明，世界上没有永远破不了的密码，关键是它能有多长时间的有效期。要破解公开密钥的加密方式，至今的研究结果表明最彻底的办法还是对大数N进行因数分解，即通过N反过来找到P和Q，这样密码就被破解了。而找P和Q目前只有一个笨办法，就是用计算机把所有可能的数字试一遍。（注意，即使是“试”，也有聪明和愚笨之分。即便是聪明的试法，也要试大量的数字。）这实际上是在拼计算机的速度，这也就是为什么P和Q都需要非常大。一种加密方法只要保证 50 年内计算机破解不了，也就算是满意了。前几年破解的 RSA-158 密码是这样被因数分解的：

$$
\begin{aligned}
&395058745832651445264197678006144819960207764603049364541393760515793556265294506836097278424682195350935443058704902519956553357102097992264849779494429556033 \\
&= 33884958374667213943683932046721815228158303686049930480849258405552811 77 \times 116588234066712599031483765583832708181310122581463926004395209941313443341629 24536139
\end{aligned}
$$

公开密钥的其他算法，尤其是 Rabin 算法，原理上和 RSA 算法有很多的相似性。但是因为它们毕竟不同，破解的方法也不同。公开密钥的任何一个具体算法，彻底破解是非常难的。遗憾的是，虽然公开密钥在原理上非常可靠，但是很多加密系统在工程实现上却留下了不少漏洞。因此，很多攻击者从攻击算法转而攻击实现方法。“20 年对 RSA 的攻击”一文分析了这种情况[8]。

8 Dan Boneh, Twenty Years of Attacks on the RSA Cryptosysytem http://www.ams.org/notices/199902/boneh.pdf

现在，让我们回到《暗算》中，黄依依第一次找的结果经过一系列计算发现无法归零，也就是说除不尽。虽然在 20 世纪 60 年代还没有公开密钥加密计算，但是编导应该是借鉴了后来密码破译的通用方法，她可能试图对一个大数N做分解，没成功。第二次计算的结果是归零了，说明她找到了$N = P \times Q$的分解方法。当然，这件事恐怕是不能用算盘完成的，所以我觉得编导在这一点上有些夸张。另外，该电视剧还有一个讲得不清不楚的地方，就是里面提到的“光复一号”密码的误差问题。一个密码是不能有误差的，否则就是有了密钥也无法解码了。我想编导可能是指在构造密码时有些实现的漏洞，这时密码的保密性就差了很多。在前面引用的“20 年对 RSA 的攻击”一文中作者给出了一些在密码系统中原理严密、实现却有漏洞的例子。再有，该电视剧提到冯・诺依曼，说他是现代密码学的祖宗，这是完全弄错了，应该是香农。冯・诺依曼的贡献在于发明现代电子计算机和提出博弈论（Game Theory），和密码无关。

不管怎么样，我们今天用的所谓最可靠的加密方法，背后的数学原理其实就这么简单，一点也不神秘。无论是 RSA 算法、Rabin 算法还是后来的 ElGamal 算法，无非是找几个大素数做一些乘除和乘方运算。至于今天比较热门的椭圆曲线加密，其数学原理也并不复杂，我们在后面第 31 章介绍比特币和区块链协议时会专门予以介绍。总之，就是靠着这么简单的数学原理，保证了二战后的密码几乎无法被破解。冷战时期美苏双方都投入了前所未有的精力去获得对方的情报，但是没有发生过因密码被破解而泄密的重大事件。

小结

我们在介绍信息论中谈到，利用信息可以消除一个系统的不确定性。而利用已经获得的信息情报来消除一个情报系统的不确定性就是解密。密码系统具体的设计方法属于术的范畴，可以有很多，今后还会不断发展。但是，密码学的最高境界依然是无论敌方获取多少密文，也无法消除己方情报系统的不确定性。为了达到这个目的，就不仅要做到密文之间相互无关，同时密文还是看似完全随机的序列。这个思想，则是学术研究的道。在信息论诞生后，科学家们沿着这个思路设计出很好的密码系统，而公开密钥是目前最常用的加密办法。

第 18 章　闪光的不一定是金子

谈谈搜索引擎反作弊问题和搜索结果的权威性问题

使用搜索引擎时，大家都希望得到有用而具有权威性的信息，而不是那些仅从字面上看相关的网页。遗憾的是，任何搜索引擎给出的结果都不完美，多少都会有点噪声。有些噪声是人为造成的，其中最主要的噪声是针对搜索引擎网页排名的作弊（SPAM）；另一些噪声则是用户在互联网上的活动产生的，比如用户和不严肃的编辑创作的大量不准确的信息。虽然这些噪声无法百分百地避免，但是任何好的搜索引擎都应该尽可能地清除这些噪声，给用户提供相关而准确的搜索结果。

在这一章，我们分两个小节来讨论搜索引擎反作弊和搜索结果权威性的问题。

1　搜索引擎的反作弊

自从有了搜索引擎，就有了针对搜索引擎的作弊。结果用户发现在搜索引擎中排名靠前的网页不一定就是高质量的、相关的网页，而是商业味儿非常浓的作弊网页。用句俗话说：闪光的不一定是金子。

针对搜索引擎的作弊，虽然方法很多，目的只有一个，就是采用不正当手段提高自己网页的排名。早期最常见的作弊方法是重复关键词。比如一个卖数码相机的网站，重复罗列各种数码相机的品牌，如尼康、佳能和柯达，等等。为了不让读者看到众多讨厌的关键词，聪明一点的作弊者常用很小的字体和与背景相同的颜色来掩盖这些关键词（见图 18.1）。其实，这种做法很容易被搜索引擎发现并纠正。

图 18.1　给我 1 万元钱，我保证你的网站在 Google 排在第一页

有了网页排名（PageRank）以后，作弊者发现一个网页被引用的链接越多，排名就可能越靠前，于是就有了专门买卖链接的生意。比如，有人自己创建成百上千个网站，这些网站上没有实质的内容，只有链到其客户网站的链接。这种做法比重复关键词要高明得多，因为他们自己隐藏在背后，而他们那些客户的网页本身内容上没有什么问题，因此不容易被发现。但是，这些伎俩还是能够被识破的。因为那些所谓帮别人提高排名的网站，为了维持生意需要大量地卖链接，所以很容易露马脚。（这就如同制作假钞，当某一种假钞的流通量相当大以后，就容易找到源头。）再以后，又有了形形色色的作弊方式，这里就不一一赘述了。

2002 年，我加入 Google 做的第一件事就是消除网络作弊，因为那时针对搜索引擎的作弊实在太严重。当时全世界没有人做过反作弊的工作，作弊者也不会知道我们要清除他们。经过我们几个人几个月的努力，一举清除了一半的作弊者，并且接下来陆陆续续把绝大多数都清除了。（当然，以后抓作弊的效率就不会有这么高了。）作弊者没有想到我们会清除他们。其中一部分网站从此"痛改前非"，但还是有很多网站换一种作弊方法继续作弊。这些是在我们预料之中的，我们也准备了后招等着他们。因此，抓作弊成了一种长期的“猫捉老鼠”的游戏。虽然至今还没有一个一劳永逸解决作弊问题的方法，但是，Google 基本做到了对于任何已知的作弊方法，能在一定时间内发现并清除，从而将作弊网站的数量控制在一个很小的比例范围内。

做事情的方法有道和术两种境界，搜索反作弊也是如此。在“术”这个层面的方法大多是看到作弊的例子，分析并清除之，这种方法能解决问题，而且不需要太动脑筋，但是工作量较大，难以从个别现象上升到普遍规律。很多崇尚“人工”的搜索引擎公司喜欢这样的方法。而在“道”这个层面解决反作弊问题，就要透过具体的作弊例子，找到作弊的动机和本质。进而从本质上解决问题。

我们发现，通信模型对于搜索反作弊依然适用。在通信中解决噪声干扰问题的基本思路有两条。

1. 从信息源出发，加强通信（编码）自身的抗干扰能力。
2. 从传输来看，过滤掉噪声，还原信息。

搜索引擎作弊从本质上看就如同对（搜索）排序的信息加入噪声，因此反作弊的第一条是要增强排序算法的抗噪声能力。其次是像在信号处理中去噪声那样，还原原来真实的排名。学过信息论和有信号处理经验的读者可能知道这么一个事实：如果在发动机很吵的汽车里用手机打电话，对方可能听不清；但是如果知道了汽车发动机的频率，可以加上一个与发动机噪声频率相同、振幅相反的信号，便很容易地消除发动机的噪声，这样，接听人可以完全听不到汽车的噪声。事实上，现在一些高端手机已经有了这种检测和消除噪声的功能。消除噪声的流程可以概括如下。

在图 18.2 中，原始的信号混入了噪声，在数学上相当于给两个信号做卷积。噪声消除的过程是一个解卷积的过程。这在信号处理中并不是什么难题。首先，汽车发动机的频率是固定的；其次，这个频率的噪声重复出现，只要采集几秒的信号进行处理就能做到。从广义上讲，只要噪声不是完全随机并且前后有相关性，就可以检测到并且消除。（事实上，完全随机不相关的高斯白噪声是很难消除的。）

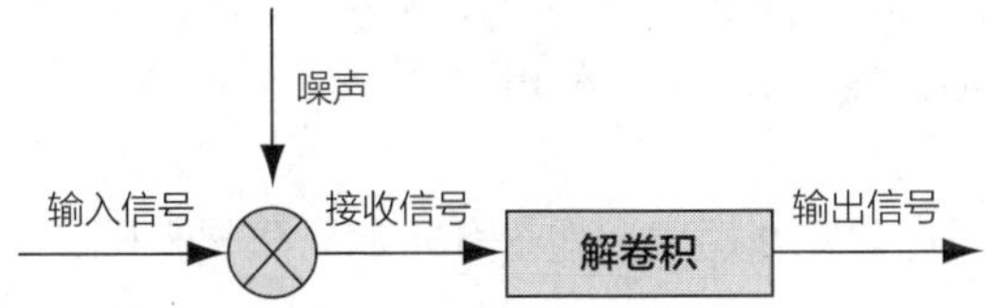

图 18.2　通信中消除噪声的过程

搜索引擎的作弊者所做的事，就如同在手机信号中加入了噪声，使得搜索结果的排名完全乱了。但是，这种人为加入的噪声并不难消除，因为作弊者的方法不可能是随机的（否则就无法提高排名了）。而且，作弊者也不可能是一天换一种方法，即作弊方法是时间相关的。因此，搞搜索引擎排名算法的人，可以在搜集一段时间的作弊信息后，将作弊者抓出来，还原原有的排名。当然这个过程需要时间，就如同采集汽车发动机的噪声需要时间一样，在这段时间内，作弊者可能会尝到些甜头。因此，有些人看到自己的网站经过所谓的优化（其实是作弊），排名在短期内靠前了，以为这种所谓的优化是有效的。但是，不久就会发现排名下降了很多。这倒不是搜索引擎以前宽容，现在严厉了，而是说明抓作弊需要一定的时间，以前只是还没有检测到这些作弊的网站而已。

从动机上讲，作弊者无非是想让自己的网站排名靠前，进而获得商业利益。而帮助别人作弊的人（他们自称是搜索引擎优化者，Search Engine Optimizer，SEO）也是要从中牟利的。掌握了动机就可以针对他们的动机进行防范。具体做法是，针对和商业相关的搜索，采用一套“抗干扰”强的搜索算法，这就如同在高噪声环境下采用抗干扰的拾音器一样。而对信息类的搜索，采用“敏感”的算法，就如同在安静环境下采用敏感的拾音器，对轻微的声音也能有很好的效果。那些卖链接的网站，都有大量的出链（Out Links），而这些出链的特点与不作弊的网站的出链相比，特点大不相同（可能他们自己不觉得）。每一个网站到其他网站的出链数目可以作为一个向量，它是这个网站固有的特征。既然是向量，我们就可以计算余弦距离。（余弦定理又派上了用场！）我们发现，有些网站的出链向量之间的余弦距离几乎为 1，一般来讲，这些网站通常是一个人建的，目的只有一个：卖链接。发现这个规律后，我们改进了 PageRank 算法，使得购买的链接基本上不起作用。

反作弊用到的另一个工具是图论。在图中，如果有几个节点两两互相都连接在一起，它们被称为一个 Clique。作弊的网站一般需要互相链接，以提高自己的排名。这样，在互联网这张大图中就形成了一些 Clique。图论中有专门的发现 Clique 的方法，可以直接应用到反作弊中。这里我们再次看到数学的作用。至于术的层面，方法则很多，比如针对作弊的 JavaScript 跳转页面[1]，通过解析相应的 JavaScript 内容即可。

最后还要强调几点，第一，Google 反作弊和恢复网站原有排名的过程完全是自动的（并没有个人的好恶），就如同手机消除噪声是自动的一样。一个网站要想长期排名靠前，就需要把内容做好，同时要跟那些作弊网站划清界限。第二，大部分搜索引擎优化器和帮助别人作弊的人，只针对占市场份额最大的搜索引擎算法来作弊，因为作弊也是有成本的，针对只有市场份额不到 5% 的引擎作弊，在经济上实在不划算。因此，一个小的搜索引擎作弊少，未必是反作弊技术好，而是到它那里作弊的人太少。

近年来，随着主流搜索引擎对反作弊持续不断的投入，在世界上大多数国家，作弊的成本越来越高了，逐渐赶上甚至超过了用在搜索引擎上做广告的费用。现在，希望提高网站排名的商家越来越多地选择通过购买搜索广告的方式来获取流量，而不是作弊。一些体面的网站也和作弊者划清界限。但是目前仍然有一些国内网站为了蝇头小利，出卖链接。这样就诞生了一个灰色收入行当：收购和贩卖链接的中间商。当然，狐狸穿过草丛，还是会留下痕迹和气味的，这就给了猎人追捕它们的线索。

网页搜索反作弊对搜索引擎公司来讲是一项长期的任务。作弊的本质是在网页排名信号中加入了噪声，因此反作弊的关键是去噪声。沿着这个思路可以从根本上提高搜索算法抗作弊的能力，事半功倍。而如果只是

1 很多作弊的网站的落地页（Landin Page）内容质量非常高，但是里面暗藏一个 JavaScript 用以跳转到另外一个商业网站。因此，用户进入这个网站后，落地页只是一闪而过，就进入到作弊的网页。搜索引擎爬虫下载这个网站后，会按照它高质量的内容建索引。用户查找信息时，这些落地页因为内容较好，就被排在前面，但是用户看到的是和搜索无关的内容。

根据作弊的具体特征头痛医头，脚痛医脚，则很容易被作弊者牵着鼻子走。

2 搜索结果的权威性

用户使用搜索引擎一般有两个目的，其一是导航，即通过搜索引擎找到想要访问的网站，这个问题今天已经解决得很好了；其二是查找信息。今天的搜索引擎对几乎所有的查询都能给出非常多的信息，但问题是这些信息是否完全可信，尤其是当用户问的是一些需要专业人士认真作答的问题，比如医疗方面的问题。随着互联网的规模越来越大，各种不准确的信息也在不断增加，那么如何才能从众多信息源中找到最权威的信息，就成了近年来搜索引擎公司面对的难题。这也是我在 2012 年第二次加入 Google 后尝试解决的一个问题。

有读者可能会问，Google 不是有 PageRank 等衡量网页内容质量的手段么？难道这些手段解决不了搜索结果权威性的问题？首先需要指出的是，PageRank 和其他关于网页质量的度量方式都很难衡量搜索结果的权威性。比如有很多媒体，它们的主要目的是娱乐大众，而不是提供准确的信息，这些媒体虽然文章常常写得好看，名气也大，PageRank 也很高，但由于它们的目的是为了八卦娱乐（比如美国著名的《人物》周刊所属的 people.com 网站，或者中国的天涯论坛），因此它们的内容未必权威。

其次，互联网上对同一个问题给出的答案常常互相矛盾。比如关于奥巴马的出生地，居然有近百个答案，他的一些政敌说他生于肯尼亚，当然官方给出的是夏威夷，那么到底哪个才是权威的呢？虽然有一定知识背景的人都知道，政敌的指责未必可信，但是计算机又怎么知道谁是奥巴马的政敌呢？对于一些专业性很强的问题，人们经常会看到互相矛盾或模棱两可的答案。而对于这些问题，即使是著名的新闻网站，也未必能给出权威的答案。比如对于“手机辐射是否会致癌”这个大家颇为关心的问题，美国有线新闻网（CNN）指出“手机的使用增加了得癌症的危险性”[2]，而且这篇文章使用的是国际卫生组织（WHO）的研究结果，这看似非

2 Cell phone use can increase possible cancer risk, http://www.cnn.com/2011/HEALTH/05/31/who.cell.phones/

常可靠了。但是，如果找到国际卫生组织的那篇研究报告，你会发现里面的内容大致是这样的："手机的辐射被归类到 Group B，而 Group B 的辐射可能致癌……但是到目前为止，还没有任何证据表明手机的使用会致癌。"国际卫生组织的研究报告只是说明手机的使用有可能致癌，至于是否确定或者说可能性有多大，它并没有给出结论，因此那篇研究报告基本上是持中性立场。而 CNN 的那篇文章虽然也没有说得板上钉钉，但是口气上却让人感觉使用手机就很有可能得癌症。因此对"手机辐射是否会致癌"这个问题进行搜索，CNN 或许不能算是权威性的网站。事实上，真正权威性的医学网站，比如美国癌症协会（cancer.org）和梅奥诊所（Moya Clinic）[3] 对这个问题给出的回答都是非常谨慎的，他们没有给出明确的结论，但却提供了非常多的信息，供读者自己判断。从上面的两个例子我们可以看出，虽然无论是从相关性还是从搜索质量来考量，给出"奥巴马出生在肯尼亚"或者"手机可能致癌"的信息都不能算错，但是这种说法缺乏权威性。

3 虽然它的名字叫诊所，但它实际上是美国最大、最好的医院之一。

那么权威性是如何度量的呢？为了说明这一点，我们先要引入一个概念——"提及"（Mention）。比如某一篇新闻有这样的描述：

> 国际卫生组织经研究发现，吸烟对人体有害。

或者

> 约翰·霍普金斯大学的教授指出，二手烟对人同样有危害。

那么我们就说在谈论"吸烟危害"这个主题时，"提及"了"世界卫生组织"和"约翰·霍普金斯大学"。如果在各种新闻、学术论文或者其他网络信息页中，讨论到"吸烟危害"的主题时，这两个组织作为信息源多次被"提及"，那么我们就有理由相信这两个组织是谈论"吸烟危害"这个主题的权威机构。

需要指出的是，"提及"这种信息不像网页之间的超链接那样一目了然，可以直接得到，它隐含在文章的自然语句中，需要通过自然语言处理方式分析出来，即使有了好的算法，计算量也是非常大的。

计算网站或者网页权威性的另一个难点在于，权威度与一般的网页质量（比如 PageRank）不同，它和要搜索的主题是相关的。比如上面提到的世界卫生组织、梅奥诊所、美国癌症协会对于医学方面的论述具有相当的权威性，但是在金融领域，这些网站则未必如此。相反，CNN 在医学方面未必有权威性，但是在民意看法、政治观点和新闻综述等方面则可能比较权威。权威性的这个特点，即与搜索关键词的相关性，使得它的存储量非常大，比如我们有 M 个网页，N 个搜索关键词，那么我们要计算和存储 $O(M \cdot N)$ 个结果。而计算一般的网页质量则容易得多，只要计算和存储 M 个结果即可。因此，只有在今天有了云计算和大数据技术的情况下，计算权威性才成为可能。

计算权威度的步骤可以概括如下。

1. 对每一个网页正文（包括标题）中的每一句话进行句法分析（关于句法分析的方法我们后面会有详细介绍），然后找出涉及到主题的短语（Phrases，比如“吸烟的危害”），以及对信息源的描述（比如国际卫生组织、梅奥诊所等）。这样我们就获得了所谓的“提及”信息。需要指出的是，对几十亿个网页中的每一句话进行分析的计算量是极大的，好在现在皮耶尔领导开发的 Google 句法分析器足够快，而且有大量的服务器可供使用，这件事才成为可能。

2. 利用互信息，找到主题短语和信息源的相关性，这个方法我们在前面已经提到。

3. 需要对主题短语进行聚合，虽然很多短语从字面上看不同，但是意思是相同的，比如“吸烟的危害”“吸烟是否致癌”“香烟的危害”“煤焦油的危害”，等等，因此需要将这些短语聚类到一起。对这些短语进行聚类之后，我们就得到了一些搜索的主题。至于聚类的方法，可以采用我们前面提到的矩阵运算的方法。

4. 最后，我们需要对一个网站中的网页进行聚合，比如把一个网站下面的网页按照子域（Subdomain）或者子目录（Subdirectory）进行聚类。为什么要做这一步呢？因为即使是一个权威的网站，它下面的一些子域却未必具有权威性。比如约翰·霍普金斯大学的网站，它下面可能有很多子域的内容与医学无关，诸如涉及到医学院学生课外活动的子域就属于这种情况。因此，权威性的度量只能建立在子域或者子目录这一级。

完成了上述四步工作后，我们就可以得到一个针对不同主题，哪些信息源（网站）具有权威性的关联矩阵。当然，在计算这个关联矩阵时，也可以像计算 PageRank 那样，对权威度高的网站给出“提及”关系更高的权重，并且通过迭代算法，得到收敛后的权威度关联矩阵。有了权威度的关联矩阵，便可在搜索结果中提升那些来自于权威信息源的结果，使得用户对搜索结果更加放心。

在计算权威度时，我们采用了本书中另外三章的方法，包括句法分析、互信息和短语（词组）的聚类，而它们的背后都是数学。因此可以说，对搜索结果权威性的度量，完全是建立在各种数学模型基础之上的。

小结

噪声存在于任何通信系统，而好的通信系统需要能过滤掉噪声，还原真实的信号。搜索引擎是一个特殊的通信系统，免不了会有噪声，反作弊和确定权威性就是去噪声的过程。而这一系列过程的背后，依靠的是数学的方法。

第 19 章　谈谈数学模型的重要性

一直关注“数学之美”系列文章的读者可能已经发现，对于任何问题，我们总是在找相应的准确的数学模型。为了说明模型的重要性，2006 年 7 月我在 Google 中国内部讲授搜索基本原理，一共只有 30 学时的课程，却用了整整两个学时来讲数学模型。2010 年我到腾讯就职后，第一次内部技术讲座也是讲述同样的内容。

在包括哥白尼、伽利略和牛顿在内的所有天文学家中，我最佩服的是完善了地心说模型的托勒密（Claude Ptolemy，90—168）。

图 19.1　伟大的天文学家托勒密

天文学起源于古埃及。由于尼罗河洪水每年泛滥一次，尼罗河下游有着十分肥沃而且灌溉方便的土地，由此孕育出人类最早的农业文明。每当洪水过后，埃及人就在退洪的土地上耕作，然后便可获得很好的收成。这种生产方式一直延续到 20 世纪 60 年代，直到尼罗河上的阿斯旺大坝修成，尼罗河下游再也没有洪水可以灌溉土地为止。（埃及延续了几千年的农业也因此被破坏殆尽。）为了准确预测洪水到来和退去的时间，6000 年前的埃及人发明了天文学（见图 19.2）。和我们想象的不同，古埃及人是根据天狼星和太阳在一起的位置来判断一年中的时间和节气。在古埃及的历法中没有闰年，它的一个“季度”也非常长：长达 $365 \times 4 + 1 = 1461$ 天，因为每隔这么多天，太阳和天狼星一起升起。（因此，古埃及的日历周期很长。）事实证明，以天狼星和太阳同时出现做参照系比仅以太阳做参照系更准确些。古埃及人可以准确地判断洪水能到达的边界和时间。

图 19.2 古埃及的农业文明受益于尼罗河的洪水，它直接促进了天文学的诞生

到了人类文明的第二个中心美索不达米亚兴起的时候，那里的古巴比伦人对天文学有了进一步的发展，他们的历法中有了月和四季的概念。同时他们观测到了五大行星（金、木、水、火、土，肉眼看不到天王星和海王星）不是简单地围绕地球转，而是波浪形的运动。西方语言中行星（Planet）一词的意思就是漂移的星球。他们还观测到行星在近日点比远日点运行得快。（图 19.3 所示的是在地球上看到的金星的运动轨迹，读过《达芬奇密码》一书的读者知道，金星大约每四年在天上画一个五角星。）

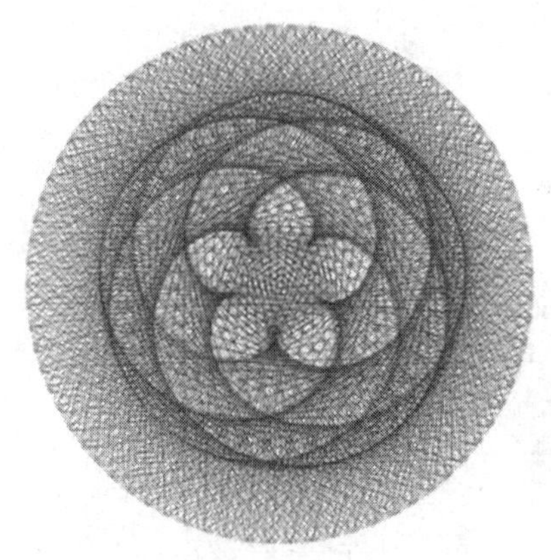

图 19.3　在地球上看到的金星的运动轨迹

但是真正创立了我们今天意义上的天文学，并且计算出诸多天体运行轨迹的是近两千年前古希腊时代的克劳第斯·托勒密。虽然今天我们可能会嘲笑托勒密犯的简单错误，比如太阳是围绕地球旋转的，但是真正了解托勒密贡献的人都会对他肃然起敬。在过去的几十年里，托勒密在中国总是被作为错误理论的代表受到批判，以至于中国人基本上不知道他在人类天文学上无以伦比的贡献。我本人也是在美国读了些科学史的书籍才了解到他的伟大之处。作为数学家和天文学家的托勒密，他有很多发明和贡献，其中任何一项都足以让他在科学史上占有重要的一席之地。托勒密发明了球坐标（我们今天还在用），定义了包括赤道和零度经线在内的经纬线（今天的地图就是这么画的），他提出了黄道，还发明了弧度制（中学生学习的时候可能还会感觉有点抽象）。

当然，他最大最有争议的贡献是对地心说模型的完善。虽然我们知道地球是围绕太阳运动的，但是在当时，从人们的观测出发，很容易得到地球是宇宙中心的结论。中国古代著名天文学家张衡提出的浑天说，其实就是地心说，但是张衡并未进行定量的描述。从图 19.4、图 19.5 中可以看出两者非常相似。只不过因为张衡是中国人的骄傲，在历史书中从来是正面宣传，而托勒密在中国却成了唯心主义的代表。其实，托勒密在天文学上的地位堪比欧几里得之于几何学，牛顿之于物理学。

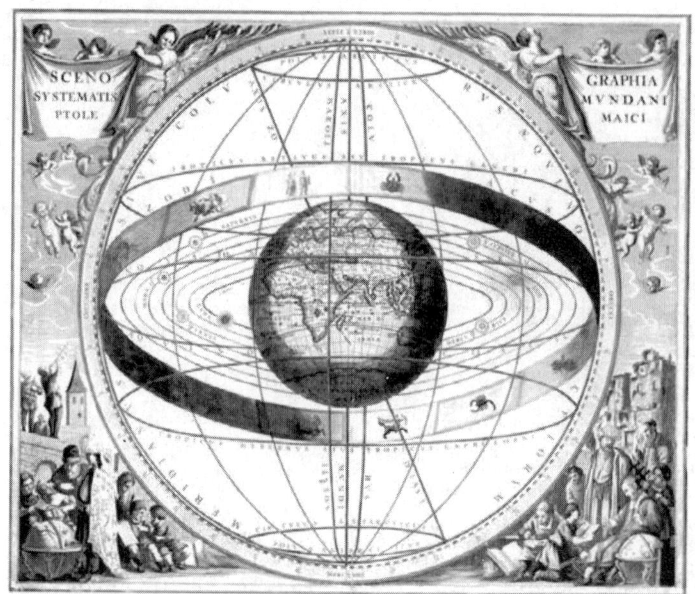

图 19.4 托勒密的地心说模型

图 19.5 张衡的浑天仪（很像地心说的模型）

当然从地球上看，行星的运动轨迹是不规则的，托勒密的伟大之处是用 40～60 个在大圆上面套小圆的方法，精确地计算出了所有行星运动的轨迹，如图 19.6 所示。托勒密继承了毕达格拉斯的一些思想，他也认为圆是最完美的几何图形，因此用圆来描述行星运行的规律。

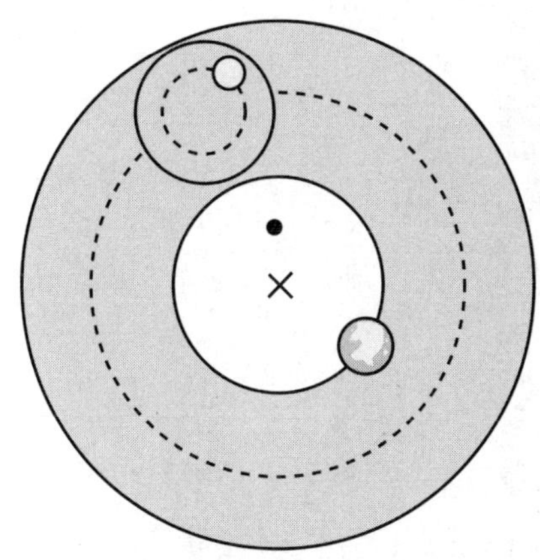

图 19.6　托勒密的小圆套大圆的地心说模型

托勒密模型的精度之高，让后来所有的科学家都惊叹不已。即使今天在计算机的帮助下，我们也很难解出 40 个套在一起的圆的方程。每每想到这里，我都由衷地佩服托勒密。根据天文学家索西琴尼的计算，凯撒制定了儒略历，即每年 365 天，每 4 年增加一个闰年，多一天。1 500 年来，人们根据他的计算决定农时。但是，经过了 1 500 年，托勒密对太阳运动的累积误差，还是多出了 10 天。由于这十天的差别，欧洲的农民从事农业生产差出几乎一个节气，很影响农业。1582 年，教皇格里高利十三世在儒略历的基础上删除了 10 天，然后将每一个世纪最后一年的闰年改成平年，然后每 400 年再插回一个闰年，这就是我们今天用的日历，这个日历几乎没有误差。为了纪念格里高利十三世，现在的日历也叫做格里高利日历（见图 19.7）。

图 19.7 梵蒂冈圣彼得教堂里的格里高利墓，上面的雕像中，教皇格里高利手持新的历法

虽然格里高利十三世“凑出了”准确的历法，即每 400 年比儒略历减去三个闰年，但是教皇并没有从理论上找出原因，因此这种“凑”的做法很难举一反三。格里高利的历法准确地反映了地球的运动周期，但是对其他行星的运动规律起不到任何帮助。而纠正地心说错误不能是靠在托勒密 40 个圆的模型上再多套上几个圆，而是要进一步探索真理。波兰天文学家哥白尼发现，如果以太阳为中心来描述星体的运行，只需要 8～10 个圆，就能计算出一个行星的运动轨迹，他因此提出了日心说。很遗憾的是，哥白尼正确的假设并没有得到比托勒密更好的结果，相比托勒密的模型，他的模型误差要大不少。哥白尼生前怕日心说惹怒教会，迟迟不敢发表自己的学说，直到临终前才发表。而教会初期对这个新学说的革命性也认识不足，并没有禁止。但是后来当教会发现这个学说有可能挑战上帝创世记的说法时，便开始禁止它了。而哥白尼日心说的不准确性，也是教会和当时的人们认为哥白尼的学说是邪说的另一个重要原因。所以日心说要想让人心服口服地接受，就得更准确地描述行星运动。

完成这一使命的是约翰内斯・开普勒。在所有一流的天文学家中，开普勒资质较差，一生中犯了无数低级的错误。但是他有两样别人没有的东西，首先是从他的老师第谷手中继承的大量的、在当时最精确的观测数据。其次是运气，开普勒很幸运地发现了行星围绕太阳运转的轨道实际上是椭圆形的，这样不需要用多个小圆套大圆，而只要用一个椭圆就能将星体运动规律描述清楚了（见图 19.8）。由此开普勒提出了三个定律[1]，形式都非常简单，就是三句话。只是开普勒的知识和水平不足以解释为什么行星的轨迹是椭圆形的。

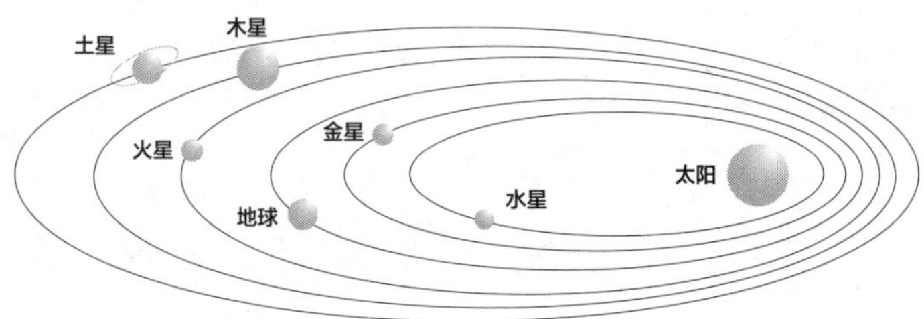

图 19.8　开普勒的行星模型

解释行星运动的轨道为什么是椭圆形这个光荣而艰巨的任务，最后由伟大的科学家牛顿用万有引力定律解释得清清楚楚。

故事到这里似乎可以结束了。但是，许多年后，又起了小的波澜。1821 年法国天文学家布瓦尔（Alexis Bouvard）发现，天王星的实际轨迹与借助椭圆模型算出来的不太符合。当然，偷懒的办法是接着用小圆套大圆的方法修正，不少严肃的科学家却努力寻找真正的原因。英国的亚当斯（John Couch Adams）和法国的维内尔（Urbain Le Verrier）在 1861—1862 年间各自独立地发现了吸引天王星偏离轨道的海王星[2]。

讲座结束时，我给 Google 中国和腾讯的工程师们总结过以下几点结论。

1. 一个正确的数学模型应当在形式上是简单的。（托勒密的模型显然太复杂。）

2. 一个正确的模型一开始可能还不如一个精雕细琢过的错误模型

1 开普勒第一定律：行星围绕恒星运动的轨道是一个椭圆，而恒星是这个椭圆的一个焦点。

开普勒第二定律：行星和恒星连线在单位时间扫过的面积相等。

开普勒第三定律：行星绕太阳公转周期的平方和它们的椭圆轨道的半长轴的立方成正比。

2 天文学家伽利略其实早在 1612 年和 1613 年两次观察到海王星，但是他将它误认为是一颗恒星，因此错过了发现海王星的机会。

来的准确，但是，如果我们认定大方向是对的，就应该坚持下去。（日心说一开始并没有地心说准确。）

3. 大量准确的数据对研发很重要。（参见本书第 32 章“大数据的威力”。）

4. 正确的模型也可能受噪声干扰，而显得不准确；这时不应该用一种凑合的修正方法加以弥补，而是要找到噪声的根源，这也许能通往重大的发现。

在网络搜索的研发中，我们在前面提到的单文本词频 / 逆文本频率指数（TF-IDF）和网页排名（PageRank）可以看作是网络搜索中的“椭圆模型”，它们都很简单易懂。

第 20 章　不要把鸡蛋放到一个篮子里

谈谈最大熵模型

论及投资，人们常说不要把所有的鸡蛋放在一个篮子里，这样可以降低风险。在信息处理中，这个原理同样适用。在数学上，这个原理称为最大熵原理（The Maximum Entropy Principle）。这个题目很有意思，但也比较深奥，因此只能大致介绍它的原理。

在网络搜索排名中用到的信息有上百种，在腾讯时，工程师经常问我如何能把它们结合在一起用好。更普遍地讲，在信息处理中，我们常常知道各种各样但又不完全确定的信息，我们需要用一个统一的模型将这些信息综合起来。如何综合得好，是一门很大的学问。

让我们看一个拼音转汉字的简单例子。假如输入的拼音是“Wang-Xiao-Bo”，利用语言模型，根据有限的上下文（比如前两个词），可以给出两个最常见的名字“王小波”和“王晓波”。但要唯一确定是哪个名字就难了，即使利用较长的上下文也做不到。当然，我们知道，如果通篇文章是介绍文学的，作家王小波的可能性就较大；而在讨论两岸关系时，台湾学者王晓波的可能性会较大。在上面的例子中，只需要综合两类不同的信息，即主题信息和上下文信息。虽然有不少凑合的办法，比如分为成千上万种不同的主题单独处理，或者对每种信息的作用加权平均，等等，但这些办法都不能准确而圆满地解决问题，这就好比以前谈到的行星运动模型中小圆套大圆打补丁的方法。在很多应用中，需要综合几十甚至上百种不同的信息，这种小圆套大圆的方法显然行不通。

1　最大熵原理和最大熵模型

数学上解决上述问题最漂亮的方法是最大熵（Maximum Entropy）模型，它相当于行星运动的椭圆模型。“最大熵”这个名词听起来很深奥，但它的原理很简单，我们每天都在用。说白了，就是要保留全部的不确定性，将风险降到最小。下面来看一个实际的例子。

有一次，我去AT&T实验室作关于最大熵模型的报告，随身带了一个骰子。我问听众“每个面朝上的概率分别是多少”，所有人都说是等概率，即各种点数的概率均为1/6。这种猜测当然是对的。我问听众们为什么，得到的回答是一致的：对这个“一无所知”的骰子，假定它每一个朝上的概率均等是最安全的做法。（你不应该主观假设它像韦小宝的骰子一样灌了铅。）从投资的角度看，这就是风险最小的做法。从信息论的角度来讲，就是保留了最大的不确定性，也就是说让熵达到最大。接着，我又告诉听众，我对这个骰子做过特殊处理，已知四点朝上的概率是1/3，在这种情况下，每个面朝上的概率是多少？这次，大部分人认为除去四点的概率是1/3，其余的均是2/15，也就是说已知的条件（四点概率为1/3）必须满足，而对其余各点的概率因为仍然无从知道，因此只好认为它们均等。注意，在猜测这两种不同情况下的概率分布时，大家都没有添加任何主观的假设，诸如四点的反面一定是三点，等等。（事实上，有的骰子四点的反面不是三点而是一点。）这种基于直觉的猜测之所以准确，是因为它恰好符合了最大熵原理。

最大熵原理指出，对一个随机事件的概率分布进行预测时，我们的预测应当满足全部已知的条件，而对未知的情况不要做任何主观假设。（不做主观假设这点很重要。）在这种情况下，概率分布最均匀，预测的风险最小。因为这时概率分布的信息熵最大，所以人们把这种模型叫作“最大熵模型”。我们常说，不要把所有的鸡蛋放在一个篮子里，其实就是最大熵原理的一个朴素的说法，因为当我们遇到不确定性时，就要保留各种可能性。

回到刚才拼音转汉字的例子，我们已知两种信息，第一，根据语言模型，Wang-Xiao-Bo 可以被转换成王晓波和王小波；第二，根据主题，我们知道王小波是作家（《黄金时代》的作者），而王晓波是研究两岸关系的台湾学者。因此，就可以建立一个最大熵模型，同时满足这两种信息的特征。现在的问题是，这样一个模型是否存在。匈牙利著名数学家、信息论最高奖香农奖得主希萨（I. Csiszar）证明，对任何一组不自相矛盾的信息，这个最大熵模型不仅存在，而且是唯一的。此外，它们都有同一个非常简单的形式 —— 指数函数。下面的公式是根据上下文（前两个词）和主题预测下一个词的最大熵模型，其中w_3是要预测的词（王晓波或者王小波），w_1 和 w_2 是它的前两个字（比如说它们分别是“出版”和“小说家”），也就是其上下文的一个大致估计，s 表示主题。

$$P(w_3|w_1,w_2,s)=\frac{1}{Z(w_1,w_2,s)}\mathrm{e}^{\lambda_1(w_1,w_2,w_3)+\lambda_2(s,w_3)} \quad (20.1)$$

其中Z是归一化因子，保证概率加起来等于 1。

在上面的公式中，有几个参数 λ 和Z，它们需要通过观测数据训练出来。我们将在延伸阅读中介绍如何训练最大熵模型的诸多参数。

最大熵模型在形式上是最漂亮、最完美的统计模型，在自然语言处理和金融方面有很多有趣的应用。早期，由于最大熵模型计算量大，科学家们一般采用一些类似最大熵模型的近似模型。谁知这一近似，最大熵模型就从完美变得不完美了。结果可想而知，比打补丁的凑合的方法也好不了多少。于是，不少原来热衷于此的学者又放弃了这种方法。第一个在实际信息处理应用中验证了最大熵模型的优势的是宾夕法尼亚大学马库斯教授的高徒拉纳帕提（Adwait Ratnaparkhi），原 IBM 和微软的研究员、现任 Naunce 的科学家。拉纳帕提的聪明之处在于他没有对最大熵模型进行近似处理，而是找到了几个最适合用最大熵模型而计算量相对不太大的自然语言处理问题，比如词性标注和句法分析。拉纳帕提成功地将上下文信息、词性（名词、动词和形容词）以及主谓宾等句子成分，通过最大熵模型结合起来，做出了当时世界上最好的词性标识系统和句法分析器。拉纳帕提的论文让人们耳目一新。拉纳帕提的词性标注系统，至今仍然是使用单一方法的系统中效果最好的。从拉纳帕提的成果中，科学家们又看到了用最大熵模型解决复杂的文字信息处理问题的希望。

在 2000 年前后，由于计算机速度的提升以及训练算法的改进，很多复杂的问题，包括句法分析、语言模型和机器翻译都可以采用最大熵模型了。最大熵模型和一些简单组合了特征的模型相比，效果可以提升几个百分点。对于那些不是很看重产品质量的人和公司来讲，这几个百分点或许不足以给使用者带来明显的感受，但是如果投资的收益能增长哪怕百分之一，获得的利润也是数以亿计的。因此，华尔街向来最喜欢使用新技术来提高他们交易的收益。而证券（股票、债券等）的交易需要考虑非常多的复杂因素，因此，很多对冲基金开始使用最大熵模型，并且取得了很好的效果。

2 延伸阅读：最大熵模型的训练

最大熵模型在形式上非常简单，但是在实现上却异常复杂，计算量非常大。假定我们搜索的排序需要考虑 20 种特征，$\{x_1, x_2, \cdots, x_{20}\}$，待排序的网页是$d$，那么即使这些特征互相独立，对应的最大熵模型也是“很长”的：

$$P(d|x_1, x_2, \cdots, x_{20}) = \frac{1}{Z(x_1, x_2, \cdots, x_{20})} e^{\lambda_1(x_1,d)+\lambda_2(x_2,d)+\cdots+\lambda_{20}(x_{20},d)} \quad (20.2)$$

其中归一化因子为：

$$Z(x_1, x_2, \cdots, x_{20}) = \sum_d e^{\lambda_1(x_1,d)+\lambda_2(x_2,d)+\cdots+\lambda_{20}(x_{20},d)} \quad (20.3)$$

这个模型里有很多参数λ需要通过模型的训练来获得。

最原始的最大熵模型的训练方法是一种称为通用迭代算法 GIS（Generalized Iterative Scaling）的迭代算法。GIS 的原理并不复杂，大致可以概括为以下几个步骤。

1. 假定第零次迭代的初始模型为等概率的均匀分布。
2. 用第N次迭代的模型来估算每种信息特征在训练数据中的分布。如果超过了实际的，就把相应的模型参数变小。否则，将它们变大。
3. 重复步骤 2，直到收敛。

GIS 最早是由达诺奇（J. N. Darroch）和拉特克利夫（D. Ratcliff）在上个世纪 70 年代提出的，它是一个典型的期望值最大化算法（Expectation Maximization，简称 EM）。但是，这两人没能对这种算法的物理含义做出很好的解释。后来是由数学家希萨解释清楚的。因此，人们在谈到这个算法时，总是同时引用达诺奇和拉特克利夫以及希萨的两篇论文。GIS 算法每次迭代的时间都很长，需要迭代很多次才能收敛，而且不太稳定，即使在 64 位计算机上都会出现溢出。在实际应用中很少有人真正使用 GIS，大家只是通过它来了解最大熵模型的算法。

上个世纪 80 年代，天赋异禀的达拉·皮垂孪生兄弟（Della Pietra）在 IBM 对 GIS 算法做了两方面改进，提出了改进迭代算法 IIS（Improved Iterative Scaling）。这使得最大熵模型的训练时间缩短了一到两个数量级。这样，最大熵模型才有可能变得实用。即使如此，在当时也只有 IBM 有条件使用最大熵模型。

因此，最大熵模型的计算量仍然是个拦路虎。我在约翰·霍普金斯大学读博士时花了很长时间考虑如何简化最大熵模型的计算量。在很长一段时间里，我的研究方式就和“书呆子”陈景润一样，每天一支笔，一沓纸，不停地推导。终于有一天，我对导师说：我发现有一种数学变换，可以将大部分最大熵模型的训练时间在 IIS 的基础上减少两个数量级。我在黑板上推导了一个多小时，他没从我的推导中找出任何破绽。接着他又回去想了两天，然后确认我的算法是对的。从此，我们就构造了一些很大的最大熵模型。这些模型比修修补补凑合的方法好不少。即使在我找到了快速训练算法以后，为了训练一个包含上下文信息、主题信息和语法信息的文法模型（Language Model），我并行使用了 20 台当时最快的 SUN 工作站，仍然计算了三个月[1]，最大熵模型的复杂可见一斑。最大熵模型快速算法的实现很复杂。到今天为止，世界上能有效实现这些算法的也不到一百人。有兴趣实现一个最大熵模型的读者可以参考我的论文[2]。

1 现在用 MapReduce 的工具，在1 000 台计算机上并行计算，一天就可以完成了。

2 www.cs.jhu.edu/ ~ junwu/publications.html

最大熵模型，可以说是集简繁于一体 —— 形式简单，实现复杂。值得一提的是，在 Google 的很多产品如机器翻译中，都直接或间接地用到了最大熵模型。

讲到这里，读者也许会问，当年最早改进最大熵模型算法的达拉・皮垂兄弟这些年难道没有做任何事吗？在上个世纪 90 年代初贾里尼克离开 IBM 后，他们也退出了学术界，到金融界大显身手。他们两个人和很多 IBM 做语音识别的同事一同到了一家当时还不大，但现在是世界上最成功的对冲基金（Hedge Fund）公司 —— 文艺复兴技术公司（Renaissance Technologies）。我们知道，决定股票涨跌的因素可能有几十甚至上百种，而最大熵方法恰恰能找到一个同时满足成千上万种不同条件的模型。在那里，达拉・皮垂兄弟等科学家用最大熵模型和其他一些先进的数学工具对股票进行预测，获得了巨大的成功。从 1988 年创立至今，该基金的净回报率高达平均每年 34%。也就是说，如果 1988 年你在该基金投入一块钱，20 年后的 2008 年你能得到 200 多元钱。这个业绩，远远超过股神巴菲特的旗舰公司伯克希尔・哈撒韦（Berkshire Hathaway）。同期，伯克希尔・哈撒韦的总回报是 16 倍。而在出现金融危机的 2008 年，全球股市暴跌，文艺复兴技术公司的回报率却高达 80%，可见数学模型的厉害。

小结

最大熵模型可以将各种信息整合到一个统一的模型中。它有很多良好的特性：从形式上看，它非常简单，非常优美；从效果上看，它是唯一一种既能满足各个信息源的限制条件，又能保证平滑性（Smooth）的模型。由于最大熵模型具有这些良好的特性，因此应用范围十分广泛。但是，最大熵模型计算量巨大，在工程上实现方法的好坏决定了模型的实用与否。

参考文献

1. Csiszar, I. I-Divergene Geometry of Probability Distributionsand Minimization Problems. The Annals of Statistics. Vol. 3, No 1, pp.146-158, 1975.

2. Csiszar, I. A Geometric Interpretation of Darroch and Ratcliff's Generalized Iterative Scaling. The Annals of Statistics. Vol. 17, No.3, pp.1409-1413. 1989.

3. Della Pietra, S., Della Pietra, V. &Lafferty, J. Inducing Features of Random Fields, IEEE Trans. on Pattern Analysis and Machine Intelligence. vol.19, No.4, pp280-393, 1997.

4. Khudanpur, S. & Wu, J. Maximum Entropy Techniques for Exploiting Syntactic, Semantic and Collocational Dependencies in Language Modeling. Computer Speech and Language Vol.14, No.5, pp.355-372, 2000.

5. Wu, J. Maximum entropy language modeling with non-local dependencies, Ph.Ddissertation. www.cs.jhu.edu/~junwu/publications/dissertation.pdf, 2002.

第 21 章　拼音输入法的数学原理

亚洲语言及所有非罗马拼音式的语言（Non-Roman Language）的输入原本是个问题，但是近 20 年来，以中国为代表的亚洲国家在输入法方面有了长足的进步，现在这已经不是人们使用计算机的障碍了。以中文输入为例，过去的 25 年里，输入法基本上经历了以自然音节编码输入，到偏旁笔画拆字输入，再回归自然音节输入的过程。和任何事物的发展一样，这个螺旋式的回归不是简单的重复，而是一种升华。

输入法输入汉字的快慢取决于汉字编码的平均长度，通俗点儿讲，就是用击键次数乘以寻找这个键所需时间。单纯地缩短编码长度未必能提高输入速度，因为寻找一个键的时间可能变得较长。提高输入法的效率在于同时优化这两点，而这其中有着坚实的数学基础。我们可以通过数学的方法说明平均输入一个汉字需要多少次击键，如何设计输入法的编码才能使输入汉字的平均击键次数接近理论上的最小值，同时寻找一个键的时间又不至于过长。

1　输入法与编码

将一个方块形状的汉字输入到计算机中，本质上是一个将人为约定的信息记录编码——汉字，转换成计算机约定的编码（国标码或者 UTF-8 码）

的信息转换过程。键盘是一种主要的输入工具，当然还可以有其他输入工具，比如手写板和麦克风。一般来讲，键盘上可用来对汉字编码的基本键只有 26 个字母加上 10 个数字键，外加一些控制键。因此，最直接的编码方式就是让这 26 个字母对应拼音，当然，为了解决汉字的一音多字问题，还得用 10 个数字键来消除歧义。

这里面，对汉字的编码分为两部分：对拼音的编码（参照汉语拼音标准即可）和消除歧义性的编码。对一个汉字编码的长度取决于这两方面，只有当这两个编码都缩短时，汉字的输入才能够变快。早期的输入法常常只注重第一部分而忽视第二部分。

虽然全拼输入法和汉语拼音标准一致，容易学习，但是，拼音输入法早期甚至是双拼早于全拼，原因是为了缩短对拼音的编码。在双拼输入法中，每个声母和韵母只用一个键即可表示。中国最早可以输入汉字的微机中华学习机和长城 0520，分别对应苹果系列和 IBM 系列，采用的都是双拼的输入方案。台湾地区用的注音字母也等效于双拼。各家的双拼对应键盘字母的方式还略有不同，以微软早期的双拼输入法为例，如表 21.1 所示。

表 21.1　韵母和键盘字母对应表

韵母	iu	ua	er, uan, üan	ue	uai	uo	un,ün	ong, iong
键盘字母	q	w	r	t	y	o	p	s
韵母	uang, iang	en	eng	ang	an	ao	ai	ing
键盘字母	d	f	g	h	j	k	l	;
韵母	ei	ie	iao	ui, ue	ou	in	iam	
键盘字母	z	x	c	ü	b	n	m	

这些输入方法看似节省了一点编码长度，但是输入一点也不快，因为它们只优化了局部，而伤害了整体。首先，双拼输入法增加了编码上的歧义性：键盘上只有 26 个字母键，可是汉语的声母和韵母总和却有 50 多个。从表 21.1 中可以看到，很多韵母不得不共享一个字母键。增加歧义性的结果就是得从更多候选汉字中找到自己想输入的字，也就是增加了消除

歧义性编码的长度：不断地重复着“翻页，扫描后续字”的过程。第二，它增加了每一次击键的时间。因为双拼的方法不自然，比全拼的方法多出来一道将读音拆成声母和韵母编码的过程。认知科学的研究表明，在脱稿输入时，拆字的过程会使思维变慢。第三，双拼对读音的容错性不好，因为前鼻音 an、en、in 和对应的后鼻音 ang、eng、ing，卷舌音 ch、sh、zh 和相应的平舌音（非卷舌音），编码完全没有相似性。全中国除了北京周围的人，大部分人对前鼻音和后鼻音、卷舌音和非卷舌音多少有点分不清，经常出现这种情况：输入韵母和声母后，翻了好几页，也找不到自己想要的字。原因是一开始就选错了韵母或声母。一个好的输入法不能要求用户读准每个字的发音，就如同一架普通相机不应该要求使用者精通光圈和快门速度的设置。

由于种种原因，早期的拼音输入法不是很成功，这就给其他输入法的迅速崛起创造了条件。很快，各种中文输入法如雨后春笋般地冒了出来，总数上，有的报道说有上千种，有的报道说有 3000 多种。到 20 世纪 90 年初，各种输入法的专利已经有上千件，以至于一些专家认为中国软件行业之所以上不去，是因为大家都去做输入法了。所有这些输入法，除了少数对拼音输入法的改进，大多是利用 26 个字母和 10 个数字对汉字库（当时一般只考虑二级国标汉字）中 6300 个左右的常见字直接编码。大家知道，即使只用 26 个字母编码，三个键的组合也可以表示 $26^3 \approx 17000$ 个汉字，因此，所有这些编码方法都宣称自己能两三个键就输入一个汉字，常见字两个键，非常见字三个键也足够了。其实这里面没有什么学问，很容易做到。但是，这些复杂的编码要让人记住几乎是不可能的，因此这里面的艺术就是如何将编码和汉字的偏旁、笔画或者读音结合，让人记住。当然，每一种编码方法都自称比其他方法更合理，输入更快。因为这些输入法的编码方法从信息论的角度来看都在同一个水平，互相也比不出什么优劣。但是为了证明自己的方法比别人的快，大家继续走偏，单纯追求击键次数少，最直接的方法就是对词组进行编码，但这样一来，使用者就更无法记住了，只有这些输入法的表演者能记住。

这已经不是技术的比赛，而是市场的竞争。最后，王永民的五笔输入法暂时胜出，但并不是他的编码方法更合理，而是他比其他发明者（大多数是书呆子）更会做市场而已。现在，即使五笔输入法也已经没有多少市场了，这一批发明人可以说是全军覆没。

这一代输入法的问题在于减少了每个汉字击键的次数，而忽视了找到每个键的时间。要求普通用户背下这些输入方法里所有汉字的编码是不现实的，这比背 6 000 个 GRE 单词还难。因此，他们在使用这些输入方法时都要按照规则即时“拆字”，即找到一个字的编码组合，这个时间不仅长，而且在脱稿打字时会严重中断思维。本书一开头就强调把语言和文字作为通信的编码手段，一个重要目的是帮助思维和记忆。如果一个输入法中断了人们的思维过程，就和人的自然行为不相符合。认知科学已经证明，人一心无二用。过去我们在研究语音识别时做过很多用户测试，发现使用各种复杂编码输入法的人在脱稿打字时，速度只有他在看稿打字时的一半到四分之一。因此，虽然每个字的平均击键次数少，但是敲键盘的速度也慢了很多，总的来看并不快。所以，广大中国计算机用户对这一类输入法的认可度极低，这是自然选择的结果。

最终，用户还是选择了拼音输入法，而且是每个汉字编码较长的全拼输入法。虽然看上去这种方法输入每个汉字需要多敲几个字，但是有三个优点让它的输入速度并不慢。第一，它不需要专门学习。第二，输入自然，不会中断思维，也就是说找每个键的时间非常短。第三，因为编码长，有信息冗余量，容错性好。比如对分不清非前鼻音 an、en、in 和后鼻音 ang、eng、ing 的人来讲，输入 zhan（占）这个字，即使他以为拼音是后鼻音 zhang，当输入一半的时候，已经看到自己要找的字了，就会停下来，避免了双拼的那种不容错的问题。于是，拼音输入法要解决的问题只剩下排除一音多字的歧义性了，只要这个问题解决了，拼音输入法照样能做到击键次数和那些拆字的方法差不多，这也是目前各种拼音输入法做的主要工作。接下来我们就分析平均输入一个汉字可以做到最少几次击键。

2 输入一个汉字需要敲多少个键 — 谈谈香农第一定理

从理论上分析，输入汉字到底能有多快？这里需要用到信息论中的香农第一定理。

GB2312 简体中文字符集一共有 6 700 多个常用的汉字。如果不考虑汉字频率的分布，用键盘上的 26 个字母对汉字进行编码，两个字母的组合只能对 676 个汉字编码，对 6 700 多个汉字进行编码需要用三个字母的组合，即编码长度为三。当然，聪明的读者马上会发现对更常见的字用较短的编码，对不太常见的字用较长的编码，这样平均下来，可以缩短每个汉字的编码长度。假定每一个汉字出现的相对频率是

$$p_1, p_2, p_3, \cdots, p_{6700} \tag{21.1}$$

它们编码的长度是

$$L_1, L_2, L_3, \cdots, L_{6700} \tag{21.2}$$

那么，平均编码长度是

$$p_1 \cdot L_1 + p_2 \cdot L_2 + p_3 \cdot L_3 + \cdots + p_{6700} \cdot L_{6700} \tag{21.3}$$

香农第一定理指出：对于一个信息，任何编码的长度都不小于它的信息熵。因此，上面平均编码长度的最小值就是汉字的信息熵，任何输入法都不可能突破信息熵给定的极限。这里需要指出的是，如果将输入法的字库从国标 GB2312 扩展到更大的字库 GBK，由于后者非常见字的频率非常低，平均编码长度相比 GB2312 的大不了多少，因此本书中就以 GB2312 字符集为准。

现在让我们来回忆一下汉字的信息熵（见第 6 章）

$$H = -p_1 \cdot \log p_1 - p_2 \cdot \log p_2 - \cdots - p_{6700} \cdot \log p_{6700} \tag{21.4}$$

如果对每一个字进行统计，而且不考虑上下文相关性，大致可以估算出它的值在 10 比特以内，当然这取决于用什么语料库来做估计。如果假定输入法只能用 26 个字母输入，那么每个字母可以代表 log26 ≈ 4.7 比特的信息，也就是说，输入一个汉字平均需要敲 10/4.7 ≈ 2.1 次键。

聪明的读者也许已经发现，如果把汉字组成词，再以词为单位统计信息熵，那么，每个汉字的平均信息熵将会减少。这样，平均输入一个字可以少敲零点几次键盘。不考虑词的上下文相关性，以词为单位统计，汉字的信息熵大约是 8 比特，也就是说，以词为单位输入一个汉字平均只需要敲 8/4.7 ≈ 1.7 次键。这就是现在所有输入法都是基于词输入的根本原因。当然，如果再考虑上下文的相关性，对汉语建立一个基于词的统计语言模型（见第 3 章“统计语言模型”），就可以将每个汉字的信息熵降到 6 比特左右，这时，输入一个汉字只要敲 6/4.7 ≈ 1.3 次键。如果一种输入方法能做到这一点，那么汉字的输入已经比英文快得多了。

但是，事实上没有一种输入方法能接近这个效率。这里面有两个主要原因。首先，要接近信息论给的这个极限，就要对汉字的词组根据其词频进行特殊编码。我们在上一节中讲到，过于特殊的编码其实欲速不达。其次，在个人电脑上，很难安装非常大的语言模型。因此，这种编码方法理论上讲有效，但不实用。

现在看看全拼的拼音输入法输入一个汉字平均击键多少次。汉语全拼的平均长度为 2.98，只要基于拼音的输入法能利用上下文彻底解决一音多字的问题，平均每个汉字输入的敲键次数应该在三次以内，每分钟输入 100 个字完全有可能达到。如果能够更多地利用上下文相关性，可以做到当句子中一个汉字的拼音敲完一部分的时候，这个汉字就被提示出来，因此，全拼输入法的平均击键次数应该小于 3。

接下来的任务就是如何利用上下文了。10 年前的拼音输入法（以紫光为代表）解决这个问题的办法是建立大词库，词也越来越多，越来越长，最后把整句唐诗都作为一个词。这个办法多少能解决一些问题，但是统计一下就会发现帮助并不大。在汉语中，虽然长词的数量非常多，多到几十万，但是一字词和二字词占文本的大多数。而一字词和二字词恰恰是一音多字情况最严重的，比如“zhi”有 275 个（以 Google 拼音输入法统计），二字词“shi-yan”有 14 个。这些不是简单增加词典大小能解决的。增大词典，多少是根据经验和直觉自发的行为，这就和地心说在无法解释行星不规律运动轨迹时，用大圆套了几个小圆的方法凑出了结果一样。为了解决这些问题，接下来很多输入法，包括目前一些很流行的输入法，把常见的词组和词的组合（比如“我是”）放到词典中去。但是汉语有四五万常用的一字词和二字词，这些词的合理组合是上千万乃至上亿，总不能都放到词典中吧。因此枚举词的组合的做法，如同在小圆上再套一些更小的圆，其结果可能距离真理更近，但依然不是真理。

而利用上下文最好的办法是借助语言模型。只要承认概率论，就无法否认语言模型可以保证拼音转汉字（解决一音多字问题）的效果最好。假定有大小不受限制的语言模型，是可以达到信息论给出的极限输入速度的。但是在产品中，不可能占用用户太多的内存空间，因此各种输入法只能提供给用户一个压缩得很厉害的语言模型。而有的输入法为了减小内存占用，或者没有完全掌握拼音转汉字的解码技巧，根本就没有语言模型。这样一来，当今的输入法和极限输入速度相比还有不少可提升的空间。目前，各家拼音输入法（Google 的、腾讯的和搜狗的）基本处在同一个量级，将来技术上进一步提升的关键就在于看谁能准确而有效地建立语言模型。当然，利用语言模型将拼音串自动转成汉字，要有合适的算法，这就是下一节要讨论的问题。

3 拼音转汉字的算法

拼音转汉字的算法和在导航中寻找最短路径的算法相同，都是动态规划。这听起来多少有点牵强，拼音输入法和导航又有什么关系呢？

其实可以将汉语输入看成一个通信问题，而输入法则是一个将拼音串变到汉字串的转换器。每一个拼音可以对应多个汉字，把一个拼音串对应的汉字从左到右连起来，就是一张有向图，它被称为网格图或者篱笆图（Lattice），形式如图 21.1 所示。

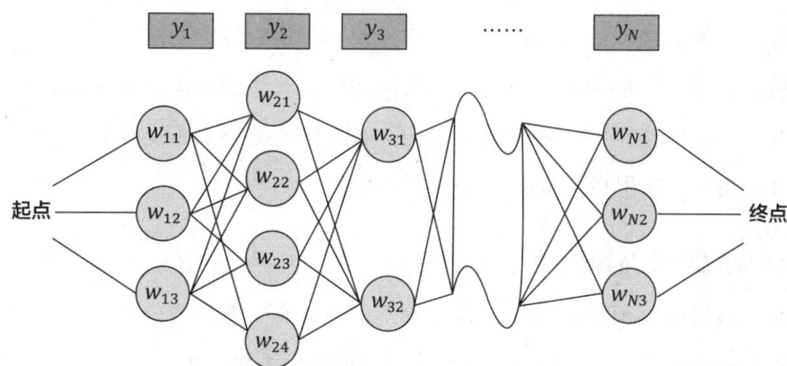

图 21.1　拼音到汉字转换解码的网格图

其中，$y_1, y_2, y_3, \cdots, y_N$ 是使用者输入的拼音串；w_{11}, w_{12}, w_{13} 是第一个音 y_1 的候选汉字（我们在后面的公式中用变量 w_1 代表这三个候选汉字）；$w_{21}, w_{22}, w_{23}, w_{24}$ 是对应于 y_2 的候选汉字，以变量 w_2 统一代表，以此类推。从第一个字到最后一个字可以组成很多很多句子，每一个句子和图中的一条路径一一对应。拼音输入法就是要根据上下文在给定拼音条件下找到一个最优的句子，即

$$w_1, w_2, \cdots, w_N = \underset{w \in W}{\text{ArgMax}}\, P(w_1, w_2, \cdots, w_N | y_1, y_2, \cdots, y_N) \qquad (21.5)$$

对应到图 21.1 中，就是要找从起点到终点的一条最短路径。而要寻找最短路径，首先要定义图中两个节点之间的距离。回顾我们在第 5 章中介绍的上面公式的简化方法：

$$\begin{aligned} & w_1, w_2, \cdots, w_N \\ & \quad = \underset{w \in W}{\text{ArgMax}}\, P(y_1, y_2, \cdots, y_N | w_1, w_2, \cdots, w_N) \cdot P(w_1, w_2, \cdots, w_N) \\ & \quad \approx \underset{w \in W}{\text{ArgMax}} \prod_{i=1}^{N} P(w_i | w_{i-1}) \cdot P(y_i | w_i) \qquad (21.6) \end{aligned}$$

如果对公式（21.6）中的概率取对数同时取反，即定义 $d(w_{i-1}, w_i) = -\log P(w_i|w_{i-1}) \cdot P(y_i|w_i)$，上面的连乘关系变成加法，寻找最大概率的问题就变成了寻找最短路径的问题。这样就可以直接利用动态规划算法实现拼音输入法中最重要的拼音到汉字的转换问题。对比在卫星导航中寻找两个地点之间的最短距离，我们发现它们可以完全对应起来。唯一的差别就是在导航图中，节点（城市）之间是真实的距离，而在拼音串转为汉字的网格图中，两个节点（词）w_{i-1} 和 w_i 之间的距离是转移概率和生成概率的乘积 $\log P(w_i|w_{i-1}) \cdot P(y_i|w_i)$。

这个拼音输入法的例子和前面第 12 章中提到的导航系统看似没什么关系，背后的数学模型却完全一样。数学的妙处在于它的每一个工具都具有相当的普遍性，在不同的应用中都可以发挥很大的作用。

4 延伸阅读：个性化的语言模型

读者知识背景：概率论。

现有的汉字拼音输入法距离信息论给的极限还有很大的差距，可提升的空间很大，会有越来越好用的输入方法不断涌现。当然，速度只是输入法的一个而不是唯一的衡量标准——当输入速度超过一定阈值后，用户的体验可能更重要。

从理论上讲，只要语言模型足够大，拼音输入法的平均击键次数就可以接近信息论给的极限值。如果把输入法放在云计算上，这是完全可以实现的，而在客户端上（比如个人电脑上）这样做不现实。好在客户端有客户端的优势，比如可以建立个性化的语言模型。

个性化的出发点是不同人平时写的东西主题不同，由于文化程度的差异，用词习惯不同，说话和写作的水平也不同，因此，他们各自应该有各自的语言模型。

我们在 Google 统计发现，这个假设是对的，且不说表达主题意义的实词会因人而异，就是不同的地方、不同的文化背景和受教育程度的人使用的虚词都有明显的不同。因此，如果每个人有各自的语言模型，用拼音输入时，候选词次序的排列一定比通用的输入法排得好。

接下来有两个问题需要解决。首先是如何训练一个个性化的语言模型，其次是怎样处理好它和通用语言模型的关系。

为每个人训练一个特定的语言模型，最好是收集足够多这个人自己写的文字，但是一个人一辈子写的东西不足以训练一个语言模型。训练一个词汇量在几万的二元模型，需要几千万词的语料，即使是职业作家或者记者，一辈子都不可能写这么多的文章。没有足够多的训练数据，训练出的（高阶）语言模型基本上没有用。当然训练一个一元模型不需要太多数据，一些输入法（自发地）找到了一种经验做法：用户词典，这实际上是一个小规模的一元模型加上非常小量的元组（比如一个用户定义的词 ABC，实际是一个三元组）。

更好的办法是找到大量符合用户经常输入的内容和用语习惯的语料，训练一个用户特定的语言模型。这里面的关键显然是如何找到这些符合条件的语料。这次又要用到余弦定理和文本分类的技术了。训练用户特定的语言模型的整个步骤如下。

1. 将训练语言模型的文本按照主题分成很多不同的类别，比如 1 000 个，$C_1, C_2, \cdots, C_{1000}$。

2. 对于每个类，找到它们的特征向量（TF-IDF）$X_1, X_2, X_3, \cdots, X_{1000}$。这两条我们在以前都讲过。

3. 统计某个人输入的文本，得到他输入的词的特征向量Y。

4. 计算Y和$X_1, X_2, \cdots, X_{1000}$的余弦（距离）。

5. 选择前K个和Y距离最近的类对应的文本，作为这个特定用户语言模型的训练数据。

6. 训练一个用户特定的语言模型M_1。

在大部分情况下，M_1对这个特定用户的输入比通用模型M_0好。但是对于相对冷僻的内容，M_1的效果就远不如通用的模型M_0了，因为M_1的训练数据比M_0的小一两个数量级，覆盖的语言现象少得多。因此，更好的做法是综合这两个模型。

我们在最大熵模型中介绍过，把各种特征综合在一起最好的方法是采用最大熵模型。当然，这个模型比较复杂，训练时间较长，如果为每一个人都建立这样一个模型，成本较高。因此可以采用一个简化的模型：线性插值的模型。

假定M_0和M_1都是二元模型，它们计算出的(w_{i-1}, w_i)的条件概率分别是$P_0(w_i|w_{i-1})$和$P_1(w_i|w_{i-1})$。新的模型为M'，计算的条件概率应该是

$$P'(w_i|w_{i-1}) = \lambda(w_{i-1}) \cdot P_0(w_i|w_{i-1}) + (1 - \lambda(w_{i-1})) \cdot P_1(w_i|w_{i-1})$$

其中，$0 < \lambda(w_{i-1}) < 1$是一个插值参数。由于信息熵（对应语言模型的复杂度）是一个凸函数[1]，线性组合P'的熵比P_0和P_1熵的线性组合小，因此新的组合模型不确定性少，是更好的模型。也就是说，将个性化模型和原来的通用模型组合，得到的新模型更好。

1 凸函数的定义：如果一个函数f，满足条件$f(tx_1 + (1-t)x_2) < tf(x_1) + (1-t)f(x_2)$，那么这个函数称为凸函数。

这种线性插值的模型比最大熵模型效果略差，但是能得到大约80%的收益。（如果最大熵模型比原来的通用模型的改进收益是100%的话。）顺便说一句，Google拼音输入法的个性化语言模型就是这么实现的。

小结

汉字的输入过程本身就是人和计算机的通信，好的输入法会自觉或者不自觉地遵循通信的数学模型。当然要做出最有效的输入法，应当自觉使用信息论做指导。

第 22 章　自然语言处理的教父马库斯和他的优秀弟子们

1　教父马库斯

图 22.1　马库斯

将自然语言处理从基于规则的研究方法转到基于统计的研究方法上，贡献最大的有两个人，一个是我们前面介绍过的贾里尼克，他是一位开创性人物，另一个是将这个研究方法进一步发扬光大的米奇·马库斯（Mitch Marcus）。和贾里尼克不同，马库斯（见图 22.1）对这个领域的贡献不是直接的发明，而是通过他造福于全世界研究者的宾夕法尼亚大学 LDC 语料库以及他的众多优秀弟子。这些优秀弟子，包括前面章节中介绍的一大批年轻有为的科学家，迈克尔·柯林斯（Michael Collins），艾里克·布莱尔（Eric Brill），大卫·雅让斯基（David Yarowsky），拉纳帕提

（Adwait Ratnaparkhi），以及很多在麻省理工学院和约翰·霍普金斯大学等世界一流大学和 IBM 等公司的研究所担任终身教职和研究员的科学家。就像许多武侠小说中描写的那样，弟子都成了各派的掌门，师傅一定了不得。的确，马库斯虽然作为第一作者发表的论文并不多，但是从很多角度上讲，他可以说是自然语言处理领域的教父。

和贾里尼克一样，马库斯也毕业于麻省理工学院，同样，他也经历了从工业界（AT&T 贝尔实验室）到学术界（宾夕法尼亚大学）的转行。刚到宾夕法尼亚大学时，马库斯在利用统计的方法进行句子分析上做出了不少成绩。而这一方面恰恰是贾里尼克和 IBM 的科学家没有做过的。在马库斯以前，基于统计的自然语言处理为语言学术界所诟病的一个原因是采用统计的方法很难进行“深入的”分析，马库斯的工作证明统计的方法比规则的方法更适合对自然语言做深入的分析。但是，随着工作的深入以及研究的不断推进，马库斯发现存在两大难题：首先，可以用于研究的统计数据明显不够；其次，各国科学家因为使用的数据不同，论文里发表的结果无法互相比较。

马库斯比很多同行更早地发现了建立标准语料库在自然语言处理研究中的重要性。于是，马库斯利用自己的影响力，推动美国自然科学基金会（National Science Foundation，NSF）和 DARPA 出资立项，联络了多所大学和研究机构，建立了数百个标准的语料库组织（Linguistic Data Consortium，LDC）。其中最著名的语料库是 Penn Tree Bank[1]。起初这个语料库收集了一些真实的书面英语（《华尔街日报》）语句，人工进行词性标注和语法树构建等，作为全世界自然语言处理学者研究和实验的统一语料库。后来，由于得到广泛的认可，美国自然科学基金会不断追加投入，建立起了覆盖多种语言（包括中文）的语料库。对每一种语言，它有几十万到几百万字的有代表性的句子，每个句子都有词性标注、语法分析树等。LDC 后来又建立了语音、机器翻译等很多数据库，为全世界自然语言处理科学家共享。如今，在自然语言处理方面发表论文，几乎都要提供基于 LDC 语料库的测试结果。

1 因为宾夕法尼亚大学又简称 UPenn，或者 Penn，这个由该大学领头建立的数据库便被命名为 Penn Tree Bank。Tree Bank 直接的意思是（语法）树的银行，寓意大量的语法树。

过去 20 年里，在机器学习和自然语言处理领域，80% 的成果来自于数据量的增加。马库斯对这些领域数据的贡献可以说是独一无二的。当然，凭借对数据的贡献，还不足以让马库斯获得教父的地位。马库斯有点像日本围棋领域的木谷实[2]，他的影响力很大程度上是靠他的弟子传播出去的。

2 日本著名的围棋教育家，他的弟子石田方夫、加藤正夫、武宫正树、小林光一和赵治勋在 1970—2000 年统治日本棋坛 30 年。

放手让博士生研究自己感兴趣的课题，这是他之所以桃李满天下的原因。马库斯的博士生研究的题目覆盖了自然语言处理的很多领域，而且题目之间几乎没有相关性，因为这些题目大多是博士生自己找的，而不是马库斯指定的。他的做法和中国大部分博士生导师完全不同。马库斯对几乎所有的自然语言处理领域都有独到的见解，他让博士生提出自己感兴趣的课题，或者用现有的经费支持学生，或者去为他们的项目申请经费。马库斯高屋建瓴，能够很快地判断一个研究方向是否正确，省去了博士生很多做无谓尝试（Try-And-Error）的时间。因此他的博士毕业生质量非常高，而且有些很快就拿到了博士学位。

由于马库斯宽松的管理方式，他培养的博士生在研究和生活上都是个性迥异。有些人善于找到间接快速的方法和容易做出成绩的题目，有的人习惯啃硬骨头；有些人三四年就拿到博士去当教授了，而有些人“赖在”学校里七八年不走，最后出一篇高质量的博士论文。这些各有特点的年轻学者，后来分别能适应文化迥异的各个大学和公司。

马库斯教授长期担任宾夕法尼亚大学计算机系主任，直到 2002 年从 AT&T 实验室找到费尔南多 · 皮耶尔替代他为止。作为一个管理者，马库斯在专业设置方面显示出远见卓识，他将宾夕法尼亚大学规模很小的计算机系发展成在学术界具有盛名和影响力的强系。在世界各种大学研究生院的排名中，一般来讲，规模大的院系比规模小的要占不少便宜，因为前者学科齐全。马库斯的做法是把一个系变强而不是变大。马库斯在几年前互联网很热门、很多大学开始进行互联网研究时，看到生物信息学（Bioinformatics）的重要性，在宾夕法尼亚大学设立这个专业，并且在其他大学还没有意识到时，开始招聘这方面的教授。马库斯还建议一些相关领域的教授，包括后来的系主任皮耶尔把一部分精力转到生物信息学方面。等到网络泡沫破裂以后，很多大学的计算机系开始向生物信息学转向，但是发现已经很难找到这个领域的优秀教授了。

我有幸和他同在约翰·霍普金斯大学计算机系的顾问委员会任职多年，每年有两次在一起讨论计算机系的研究方向。和宾夕法尼亚大学类似，约翰·霍普金斯大学的计算机系也很小，发展也面临同样的问题。马库斯的主张一贯是建立几个世界上最好的专业，而不是专业最齐全的系。我觉得，当今中国的大学，最需要的就是马库斯这样卓有远见的管理者。

2 从宾夕法尼亚大学走出的精英们

当今自然语言处理领域年轻一代的世界级专家，相当大一部分来自宾夕法尼亚大学马库斯的实验室。他们为人做事风格迥异，共同的特点是年轻有为。这里介绍其中两人，迈克尔·柯林斯和艾里克·布莱尔，因为他们代表两种截然不同的风格。

2.1 柯林斯：追求完美

我在“数学之美”系列文章中一直强调一个好方法在形式上应该是简单的。但是，事实上，自然语言处理中也有一些特例，比如有些学者将一个问题研究到极致，执著追求完善甚至可以说达到完美的程度。他们的工作对同行有很大的参考价值，因此在科研中同样很需要这样的学者。在自然语言处理方面新一代的顶尖人物迈克尔·柯林斯就是这样的人。

柯林斯 1993 年从剑桥大学硕士毕业后，师从自然语言处理大师马库斯，用五年多时间完成了博士论文，从宾夕法尼亚大学获得博士学位。在他的师兄弟中，他花的时间比用三年拿到博士学位的雅让斯基要长很多，但是比赖在学校不走的恩斯勒（Jason Eisner）要快不少。但无论是比柯林斯花的时间长的，还是短的，论文做得都没有他好。

在做博士期间，柯林斯写了一个后来以他的名字命名的自然语言句法分析器（Sentence Parser），这个分析器可以对每一句书面语进行准确的文法分析。前面提到，文法分析被认为是很多自然语言应用的基础。柯林斯的师兄布莱尔和拉纳帕提以及师弟恩斯勒都完成了相当不错的语言文法分析器，照理讲，柯林斯不应该再选择这个课题了，因为很难出成果。但柯林斯却是一个要把技术潜力挖掘到极致的人，他在这方面的追求很像乔布斯在产品上的追求。他的师兄弟选择这个题目都是为了验证自己的理论：布莱尔是为了证明他的"基于变换"的机器学习方法的有效性，拉纳帕提是为了证明最大熵模型，恩斯勒是为了证明有限状态机。柯林斯和他的师兄弟不同，他做文法分析器的出发点不是为了验证一个理论，而是要做一个世界上最好的分析器。

在这样的思想指导下，柯林斯做出了在相当长一段时间内世界上最好的文法分析器。柯林斯成功的关键在于将文法分析的每一个细节都研究得很仔细。柯林斯用的数学模型也很漂亮，整个工作可以用完美来形容。我曾因为研究的需要，找柯林斯要过他文法分析器的源程序，他很爽快地给了我。我试图将他的程序修改一下来满足特定应用的要求，但后来发现，他的程序细节太多，以至于很难进一步优化。柯林斯不是成功做出文法分析器的第一人，甚至不是第二、第三人。但是从某种程度上讲可能是最后一人，在过去的七八年里，他还在这个领域不断改进，不断突破，大有其他科学家从此不必再做文法分析器的架势！

柯林斯的博士论文堪称自然语言处理领域的范文。它像一本优秀的小说，把所有事情的来龙去脉介绍得清清楚楚，任何有一点计算机和自然语言处理知识的人，都可以轻而易举地读懂他复杂的方法。

柯林斯毕业后，在 AT&T 实验室度过了三年快乐的时光。在那里柯林斯完成了许多世界一流的研究工作，诸如隐马尔可夫模型的区别性训练方法，卷积核在自然语言处理中的应用，等等。三年后，AT&T 停止了自然语言处理方面的研究，柯林斯幸运地在麻省理工学院找到教职。在麻省理工学院的短短七年间，柯林斯三次获得 EMNLP 最佳论文奖，两次获得 UAI 最佳论文奖和一次 CoNLL 最佳论文奖。一般来说，一个一流的科学家，一生也就获得两三次最佳论文奖，而柯林斯把获奖当成了家常便饭！相比其他同行，这种成就是世界上独一无二的。柯林斯的特点就是把事情做到极致。如果说有人喜欢“繁琐哲学”，柯林斯就是一个。

柯林斯在麻省理工学院获得了终身教职后，2011 年被哥伦比亚大学以潘迪特（Vikram Pandit）[3] 教席的教授职位 [4] 挖走。

3 花旗银行的 CEO。

4 欧美一些大学设有以私人或者机构命名的教席，授予著名的教授。比如剑桥大学著名的卢卡斯数学教席（Lucasian Mathematics Professor）曾经授予牛顿、狄拉克等著名科学家，当代著名物理学家霍金也曾担任此教席。

2.2 布莱尔：简单才美

在研究方法上，站在柯林斯对立面的典型是他的师兄艾里克・布莱尔、拉纳帕提和雅让斯基等，后面两人在前面章节中已经介绍过了。与柯林斯从工业界到学术界相反，布莱尔的职业路径是从学术界走到工业界。前者在学术界换了大学，后者到了工业界后也换过公司。与柯林斯的研究方法相反，布莱尔总是试图寻找简单得不能再简单的方法。但相同的是，二人的职位都越做越高。布莱尔的成名作是基于变换规则的机器学习方法（Transformation Rule Based Machine Learning）。这个方法名字看似很复杂，其实非常简单。下面以拼音转汉字为例加以说明。

第一步，把每个拼音对应的汉字中最常见的找出来作为第一遍变换的结果，当然结果有不少错误。比如，“常识”可能被转换成“长识”。

第二步，可以说是“去伪存真”，用计算机根据上下文，列举所有的同音字替换的规则，比如，如果 chang 被标识成“长”，但是后面的汉字是“识”，则将“长”改成“常”。

第三步，应该就是“去粗取精”，将所有的规则应用到事先标识好的语料中，挑出有用的，删掉无用的。然后重复二三步，直到找不出有用的为止。

布莱尔就靠这么简单的方法，在很多自然语言研究领域，取得了几乎最好的结果。由于他的方法再简单不过了，很多人都跟着学。布莱尔可以算是我在美国的第一个业师，我们俩就用这么简单的方法作词性标注（Part of Speech Tagging），也就是把句子中的词标成名词动词，很多年内无人能超越。（最后超越我们的是后来加入 Google 的一名荷兰工程师，用的是同样的方法，但是做得细致很多。）布莱尔离开学术界后去了微软研究院。在那里的第一年，他一人一年完成的工作比组里其他所有人许多年做的工作的总和还多。后来，布莱尔又加入了一个新组，依然是高产科学家。据说，他的工作真正被微软重视要感谢 Google，因为有了 Google，微软才从人力物力上给予他巨大的支持，使得布莱尔成为微软搜索研究的领军人物之一。在研究方面，布莱尔有时不一定能马上知道应该怎么做，但是能马上否定掉一种不可能的方案。这和他追求简单的研究方法有关，他能在短时间内大致摸清每种方法的好坏。

如果说柯林斯是个“务于精纯”的精深专才，布莱尔则更像“观其大略”的通才。在微软研究院，布莱尔创建了数据挖掘和搜索研究领域，并在此基础上将它变为微软互联网研究中心（Internet Service Research Center），后来又作为总经理管理着微软的广告实验室（AdCenter Lab）。2009 年布莱尔离开微软加入 eBay，出任 CTO 兼主管研究的副总裁。

布莱尔善于寻找简单却有效的方法，而又从不隐瞒自己的方法，所以他总是很容易被包括我在内的很多人赶超。好在布莱尔对此毫不介意，而且很喜欢别人追赶他，因为，当人们在一个研究方向上超过他时，说明他开创的领域有意义，同时他已经调转船头驶往其他方向了。2005 年 Google 上市后，微软对搜索的投入加大力度，我和他的位置调换了一下，因为微软成了 Google 的追赶者。当我告诉他我们的位置调了个个儿时，布莱尔对我说，有一件事我永远追不上他，那就是他比我先有了第二个孩子。

第 23 章　布隆过滤器

1　布隆过滤器的原理

在日常生活或工作中，包括开发软件时，经常要判断一个元素是否在一个集合中。比如，在字处理软件中，需要检查一个英语单词是否拼写正确（也就是要判断它是否在已知的字典中）；在 FBI，需要核实一个嫌疑人的名字是否已经在嫌疑名单上；在网络爬虫里，需要确认一个网址是否已访问过；等等。最直接的方法就是将集合中全部的元素存在计算机中，遇到一个新元素时，将它和集合中的元素直接比较即可。一般来讲，计算机中的集合是用哈希表（Hash Table）来存储的，优点是快速准确，缺点是耗费存储空间。当集合比较小时，这个问题不明显，当集合规模巨大时，哈希表存储效率低的问题就显现出来了。比如，像 Yahoo、Hotmail 和 Gmail 那样的公众电子邮件（Email）提供商，必须设法过滤来自发送垃圾邮件的人（Spamer）的垃圾邮件。一种做法就是记录下那些发垃圾邮件的电子邮件地址。由于那些发送者会不断注册新的地址，全世界少说也有几十亿个发垃圾邮件的地址，将这些地址都存起来，需要大量的网络服务器。采用哈希表，每存储一亿个电子邮件地址，就需要 1.6GB 的内存。（用哈希表实现的具体办法是将每一个电子邮件地址对应成一个 8 字节的信息指纹，然后将这些信息指纹存入哈希表，由于哈希表的存储效率一般只有 50%，因此一个电子邮件地址需要占用 16 字节。一亿个地址大约要 1.6GB，即 16 亿字节的内存。）因此，存储几十亿个邮件地址可能需要上百 GB 的内存。除非是超级计算机，一般服务器是存不下的。

今天，我们介绍一种称作布隆过滤器的数学工具，它只需要哈希表 1/8 到 1/4 的大小就能解决同样的问题。

布隆过滤器（Bloom Filter）是由伯顿·布隆（Burton Bloom）于 1970 年提出的。它实际上是一个很长的二进制向量和一系列随机映射函数。接下来用上面的例子来说明其工作原理。

假定存储一亿个电子邮件地址，先建立一个 16 亿个比特位，即两亿字节的向量，然后将这 16 亿个比特位全部清零。对于每一个电子邮件地址X，用 8 个不同的随机数产生器$(F_1,F_2,\cdots,F_8)$产生 8 个信息指纹$(f_1,f_2,\cdots,f_8)$。再用一个随机数产生器 G 把这 8 个信息指纹映射到 1—16 亿中的 8 个自然数$g_1,g_2,\cdots,g_8$。现在把这 8 个位置的比特位全部设置为 1。对这一亿个电子邮件地址都进行这样的处理后，一个针对这些电子邮件地址的布隆过滤器就建成了，见图 23.1。

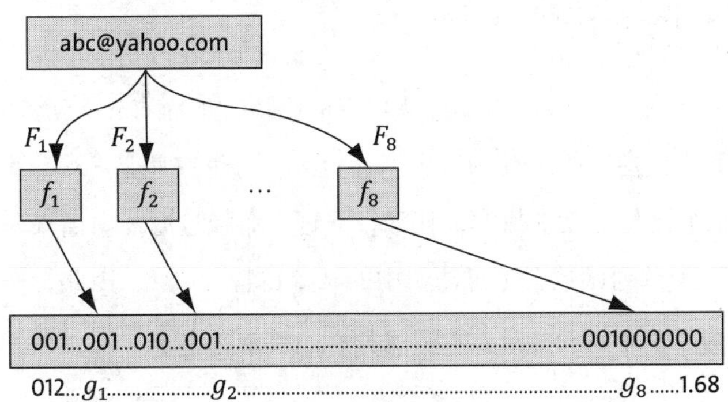

图 23.1　布隆过滤器的映射方法

现在，让我们看看如何用布隆过滤器来检测一个可疑的电子邮件地址Y是否在黑名单中。用相同的 8 个随机数产生器$(F_1,F_2,\cdots,F_8)$对这个地址产生 8 个信息指纹$s_1,s_2,\cdots,s_8$，然后将这 8 个指纹对应到布隆过滤器的 8 比特，分别是$t_1, t_2, \cdots, t_8$。如果Y在黑名单中，显然，$t_1, t_2, \cdots, t_8$对应的 8 比特值一定是 1。这样，再遇到任何在黑名单中的电子邮件地址，都能准确地发现。

布隆过滤器决不会漏掉黑名单中的任何一个可疑地址。但是，它也有一个不足之处。也就是它有极小的可能将一个不在黑名单中的电子邮件地址也判定为在黑名单中，因为有可能某个好的邮件地址在布隆过滤器中对应的 8 个位置“恰巧”被（其他地址）设置成 1。好在这种可能性很小。我们把它称为误识别率。在上面的例子中，误识别率在万分之一以下。误识别的理论分析会在延伸阅读中介绍。

布隆过滤器的好处在于快速、省空间，但是有一定的误识别率。常见的补救办法是再建立一个小的白名单，存储那些可能被误判的邮件地址。

2 延伸阅读：布隆过滤器的误识别问题

读者背景知识：概率论。

上一节中提到，布隆过滤器的一个不足之处就是它可能把不在集合中的元素错判成集合中的元素，这在检验上被称为“假阳性”。这个概率很小，但是究竟有多小，是否可以忽略？

估算假阳性的概率并不难。假定布隆过滤器有m比特，里面有n个元素，每个元素对应k个信息指纹的散列函数，当然这m比特里有些是 1，有些是 0。先来看看某个比特为零的概率。比如，在这个布隆过滤器中插入一个元素，它的第一个散列函数会把过滤器中的某个比特置成 1，因此，任何一个比特被置成 1 的概率是$1/m$，它依然是 0 的概率则是$1-\frac{1}{m}$。

对于过滤器中一个特定的位置，如果这个元素的 k个散列函数都没有把它设置成 1，其概率是$\left(1-\frac{1}{m}\right)^k$。如果过滤器中插入的第二个元素，某个特定的位置依然没有被设置成 1，其概率为$\left(1-\frac{1}{m}\right)^{2k}$。如果插入了$n$个元素还没有把某个位置设置成 1，其概率是$\left(1-\frac{1}{m}\right)^{kn}$。反过来，一个比特在插入了$n$个元素后，被置成 1 的概率则是$1-\left(1-\frac{1}{m}\right)^{kn}$。

现在假定这n个元素都放到布隆过滤器中了，新来一个不在集合中的元素，由于它的信息指纹的散列函数都是随机的，因此，它的第一个散列函数正好命中某个值为 1 的比特的概率就是上述概率。一个不在集合中的元素被误识别为在集合中，需要所有的散列函数对应的比特值均为 1，其概率为

$$\left(1-\left[1-\frac{1}{m}\right]^{kn}\right)^{k} \approx \left(1-\mathrm{e}^{-\frac{kn}{m}}\right)^{k} \tag{23.1}$$

化简后为

$$\mathrm{p}=\left(1-\mathrm{e}^{-\frac{\ln\left(\frac{m}{n}\ln 2\right)n}{m}}\right)^{\ln\left(\frac{m}{n}\ln 2\right)} \tag{23.2}$$

如果n比较大，可以近似为

$$(1-\mathrm{e}^{-k(n+0.5)/(m-1)})^{k} \approx \ (1-\mathrm{e}^{-\frac{kn}{m}})^{k} \tag{23.3}$$

假定一个元素用 16 比特，$k=8$，那么假阳性的概率是万分之五。在大部分应用中是可以忍受的。表 23.1 是m/n比值不同，以及k分别为不同的值的情况下的假阳性概率（表 23.1 由原麦迪逊威斯康星大学曹培（Pei Cao）教授提供，她目前在 Google 任职）。

表 23.1　m/n 比值不同，以及 k 分别为不同的值时，布隆过滤器的误识别概率（数据来源：http://pages.cs.wisc.edu/~cao/papers/summary-cache/node8.html）

m/n	k	$k=1$	$k=2$	$k=3$	$k=4$	$k=5$	$k=6$	$k=7$	$k=8$
2	1.39	0.393	0.400						
3	2.08	0.283	0.237	0.253					
4	2.77	0.221	0.155	0.147	0.160				
5	3.46	0.181	0.109	0.092	0.092	0.101			
6	4.16	0.154	0.0804	0.0609	0.0561	0.0578	0.0638		
7	4.85	0.133	0.0618	0.0423	0.0359	0.0347	0.0364		

续表

m/n	k	$k=1$	$k=2$	$k=3$	$k=4$	$k=5$	$k=6$	$k=7$	$k=8$
8	5.55	0.118	0.0489	0.0306	0.024	0.0217	0.0216	0.0229	
9	6.24	0.105	0.0397	0.0228	0.0166	0.0141	0.0133	0.0135	0.0145
10	6.93	0.0952	0.0329	0.0174	0.0118	0.00943	0.00844	0.00819	0.00846
11	7.62	0.0869	0.0276	0.0136	0.00864	0.0065	0.00552	0.00513	0.00509
12	8.32	0.08	0.0236	0.0108	0.00646	0.00459	0.00371	0.00329	0.00314
13	9.01	0.074	0.0203	0.00875	0.00492	0.00332	0.00255	0.00217	0.00199
14	9.7	0.0689	0.0177	0.00718	0.00381	0.00244	0.00179	0.00146	0.00129
15	10.4	0.0645	0.0156	0.00596	0.003	0.00183	0.00128	0.001	0.000852
16	11.1	0.0606	0.0138	0.005	0.00239	0.00139	0.000935	0.000702	0.000574
17	11.8	0.0571	0.0123	0.00423	0.00193	0.00107	0.000692	0.000499	0.000394
18	12.5	0.054	0.0111	0.00362	0.00158	0.000839	0.000519	0.00036	0.000275
19	13.2	0.0513	0.00998	0.00312	0.0013	0.000663	0.000394	0.000264	0.000194
20	13.9	0.0488	0.00906	0.0027	0.00108	0.00053	0.000303	0.000196	0.00014
21	14.6	0.0465	0.00825	0.00236	0.000905	0.000427	0.000236	0.000147	0.000101
22	15.2	0.0444	0.00755	0.00207	0.000764	0.000347	0.000185	0.000112	7.46e−05
23	15.9	0.0425	0.00694	0.00183	0.000649	0.000285	0.000147	8.56e−05	5.55e−05
24	16.6	0.0408	0.00639	0.00162	0.000555	0.000235	0.000117	6.63e−05	4.17e−05
25	17.3	0.0392	0.00591	0.00145	0.000478	0.000196	9.44e−05	5.18e−05	3.16e−05
26	18	0.0377	0.00548	0.00129	0.000413	0.000164	7.66e−05	4.08e−05	2.42e−05
27	18.7	0.0364	0.0051	0.00116	0.000359	0.000138	6.26e−05	3.24e−05	1.87e−05
28	19.4	0.0351	0.00475	0.00105	0.000314	0.000117	5.15e−05	2.59e−05	1.46e−05
29	20.1	0.0339	0.00444	0.000949	0.000276	9.96e−05	4.26e−05	2.09e−05	1.14e−05
30	20.8	0.0328	0.00416	0.000862	0.000243	8.53e−05	3.55e−05	1.69e−05	9.01e−06
31	21.5	0.0317	0.0039	0.000785	0.000215	7.33e−05	2.97e−05	1.38e−05	7.16e−06
32	22.2	0.0308	0.00367	0.000717	0.000191	6.33e−05	2.5e−05	1.13e−05	5.73e−06

小结

布隆过滤器背后的数学原理在于两个完全随机的数字相冲突的概率很小，因此，可以在很小的误识别率条件下，用很少的空间存储大量信息。补救误识别的常见办法是再建立一个小的白名单，存储那些可能被别误判的信息。布隆过滤器中只有简单的算术运算，因此速度很快，使用方便。

第 24 章　马尔可夫链的扩展

贝叶斯网络

1　贝叶斯网络

前面的章节中多次提到马尔可夫链（Markov Chain），它描述了一种状态序列，其每个状态值取决于前面有限个状态。对很多实际问题而言，这种模型是一种很粗略的简化。在现实生活中，很多事物相互的关系并不能用一条链来串起来，很可能是交叉的、错综复杂的。比如在图 24.1 中可以看到，心血管疾病和成因之间的关系错综复杂，显然无法用一个链来表示。

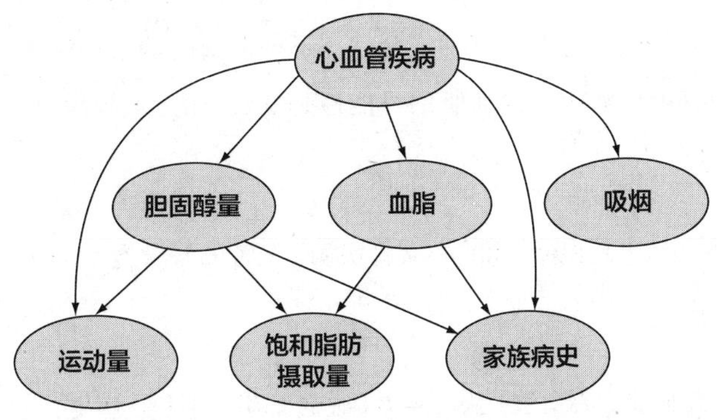

图 24.1　描述心血管疾病和成因的一个简单的贝叶斯网络

上述有向图可以看作是一个网络，其中每个圆圈表示一个状态。状态之间的连线表示它们的因果关系。比如从心血管疾病出发到吸烟的弧线表示心血管疾病可能与吸烟有关。假定在这个图中马尔可夫假设成立，即每一个状态只跟与其直接相连的状态有关，而跟与它间接相连的状态没有直接关系，那么它就是贝叶斯网络。不过要注意，两个状态A和B之间没有直接的有向弧链接，只说明它们之间没有直接的因果关系，但这并不表明状态A不会通过其他状态间接地影响状态B，只要在图中有一条从A到B的路径，这两个状态就还是有间接的相关性的。所有这些（因果）关系，都可以有一个量化的可信度（belief），即用一个概率描述。也就是说，贝叶斯网络的弧上可以有附加的权重。马尔可夫假设保证了贝叶斯网络便于计算。我们可以通过这样一张网络估算出一个人患心血管疾病的可能性。

在网络中，每个节点的概率，都可以用贝叶斯公式来计算，贝叶斯网络因此而得名。由于网络的每个弧都有一个可信度，贝叶斯网络也被称作信念网络（Belief Networks）。在上面的例子中，我们做一个简化，假定只有三个状态"心血管疾病""高血脂"和"家族病史"。用这个简化的例子来说明这个网络中的一些概率是如何通过贝叶斯公式计算出来的。为了简单起见，假定每个状态只有"有""无"两种取值，如图 24.2 所示。图中的三个部分各自代表了每个状态和组合状态不同取值时的条件概率，表中数字说明，如有家族病史，高血脂的可能性是 0.4；如无家族病史，这个可能性只有 0.1。

如果要计算"家族病史""高血脂"和"心血管疾病"三者的联合概率分布，可以利用贝叶斯公式：

$$P(\text{家族病史}, \text{高血脂}, \text{心血管疾病}) = P(\text{心血管疾病} \mid \text{家族病史}, \text{高血脂}) \times P(\text{高血脂} \mid \text{家族病史}) \times P(\text{家族病史}) \tag{24.1}$$

只要代入表中的数值就能计算出概率。

心血管疾病 \ 家族病史，高血脂	有	无
有，有	0.9	0.1
有，无	0.4	0.6
有，有	0.4	0.6
有，无	0.1	0.9

高血脂 \ 家族病史	有	无
有	0.4	0.6
无	0.1	0.9

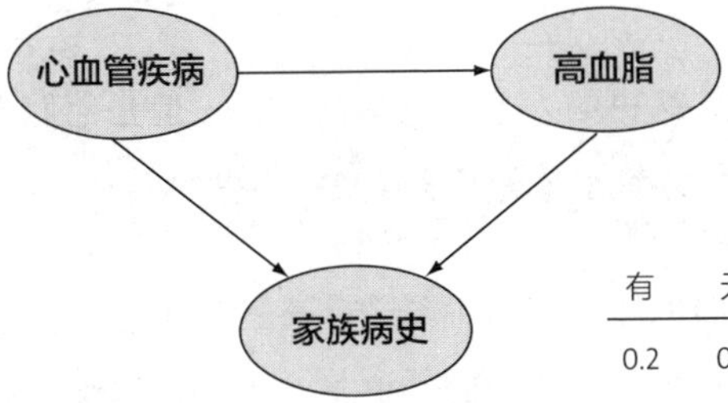

有	无
0.2	0.8

图 24.2　一个简化的贝叶斯网络

再比如，如果问心血管疾病有多大的可能是由家族病史引起的，也可以通过这个贝叶斯网络计算出来。

$$P(\text{有家族病史} \mid \text{有心脏病}) = P(\text{有家族病史，有心脏病}) / P(\text{有心脏病}) \quad (24.2)$$

其中：

$$P(\text{有家族病史，有心脏病}) = P(\text{有家族病史，有心脏病，无高血脂}) + P(\text{有家族病史，有心脏病，有高血脂}) \quad (24.3)$$

$$P(\text{有心脏病}) = P(\text{有家族病史，有心脏病，无高血脂}) + P(\text{有家族病史，有心脏病，有高血脂}) + P(\text{无家族病史，有心脏病，无高血脂}) + P(\text{无家族病史，有心脏病，有高血脂}) \quad (24.4)$$

上面两个式子中的每一项都可以通过公式（24.1）计算出来，代入图 24.2 中的值，这个概率为：

$$\begin{aligned} P(\text{有家族病史，有心脏病}) &= 0.18\times0.4 + 0.12\times0.4 \\ &= 0.12 \end{aligned}$$

$$
\begin{aligned}
P(\text{有心脏病}) &= 0.12 + 0.18\times0.4 + 0.72\times0.1 \\
&= 0.12 + 0.144 \\
&= 0.264
\end{aligned}
$$

将结果代入公式（24.2），得到：P（有家族病史 | 有心脏病）= 45%。

因此，虽然有家族病史的人只占人口的 20%，但是他们占了有心血管疾病人数的 45%，发病率远远高于没有家族病史的人。

我们在计算上面的贝叶斯网络中每个状态的取值时，只考虑了前面一个状态，这一点和马尔可夫链相同。但是，贝叶斯网络的拓扑结构比马尔可夫链灵活，它不受马尔可夫链的链状结构的约束，因此可以更准确地描述事件之间的相关性。可以讲，马尔可夫链是贝叶斯网络的特例，而贝叶斯网络是马尔可夫链的推广。

使用贝叶斯网络必须先确定这个网络的拓扑结构，然后还要知道各个状态之间相关的概率，也就是图 24.2 中的那些表。得到拓扑结构和这些参数的过程分别叫作结构训练和参数训练，统称训练。和训练马尔可夫模型一样，训练贝叶斯网络要用一些已知的数据。比如训练上面的网络，需要知道一些心血管疾病和吸烟、家族病史等有关的情况。相比马尔可夫链，贝叶斯网络的训练比较复杂，从理论上讲，它是一个 NP 完全问题（NP-Complete Problem），也就是说，对于现在的计算机是不可计算的。但是，对于某些应用，这个训练过程可以简化，并在计算机上实现。

值得一提的是 IBM 华生实验室的茨威格博士（Geoffrey Zweig）和西雅图华盛顿大学的比尔默教授（Jeff Bilmer）完成了一个通用的贝叶斯网络的工具包，提供给对贝叶斯网络有兴趣的研究者免费使用。

贝叶斯网络在图像处理、文字处理、支持决策等方面有很多应用。在文字处理方面，语义相近的词之间的关系可以用一个贝叶斯网络来描述。

我们利用贝叶斯网络，可以找出近义词和相关的词，因而在 Google 搜索和 Google 广告中都有直接的应用。

2　贝叶斯网络在词分类中的应用

可以用基于统计的模型分析文本，从中抽取概念，分析主题。不妨把这样的模型称为主题模型（Topic Model）。前面章节中提到的从一篇文章里得到它的特征向量，然后把这个特征向量通过余弦相似性（距离）对应到一个主题的特征向量，便是统计主题模型的一种。这里介绍通过贝叶斯网络建立的另一种模型——Google 的 Rephil，个中细节不便透露太多，因此这里改用我自己的语言介绍其原理，听过这个主题报告或者读过报告幻灯片的读者可能会发现我的讲法略有不同，但原理是相同的。

在介绍 Rephil 以前，我们先来回顾一下文本分类。假如有一亿篇文本，我们或者使用（文本和关键词）关联矩阵的奇异值分解，或者使用余弦距离的聚类，可以将它们分成一万类，当然这个类别的数量可以由工程人员自己定。对于一篇文章，可以把它归到一类或者若干类中。同一类的文章，共享很多关键词。至于关键词是怎么产生的，可以有各种办法，比如人工挑选。但是大规模数据处理需要用自动的办法。这样，不同的文章通过关键词建立了一种关系，这种关系表明一些文章属于同一类或者不属于同一类。

如果把文本和关键词的关联矩阵转 90 度，进行奇异值分解，或者对每个词以文本作为维度，建立一个向量，再进行向量的聚类，那么得到的是对词的一个分类而不是对文本的分类。分出来的每一类我们称为一个概念。

显然，一个概念可以包含多个词，一个词也可以属于多个概念。类似地，一篇文章可以对应多个概念，而一个概念也对应多篇文章。现在可以用贝叶斯网络建立一个文章、概念和关键词之间的联系，如图 24.3 所示。

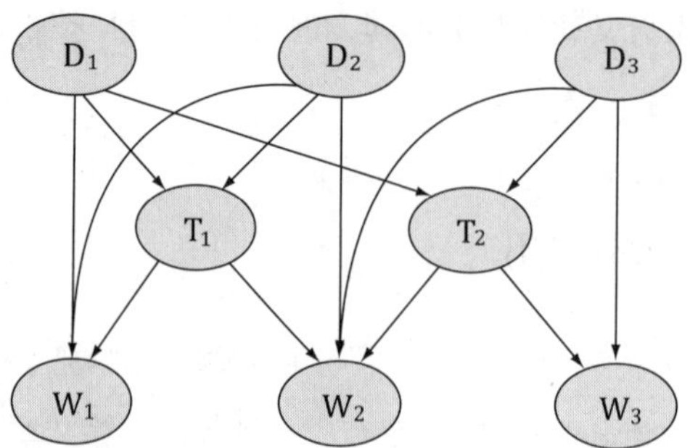

图 24.3 描述文章（D）、主题（T）和关键词（W）的贝叶斯网络

在图 24.3 中，文章和关键词本身有直接的关联，它们两者都还和概念有直接关联，同时它们通过主题还有间接的关联。就如同本章的第一节中的那个例子，可以找到心血管疾病和家族病史之间的关系一样，也可以通过上面这个网络找到每个概念和每个词之间的相关性，以及词和词之间的相关性。只是这个相关性未必是条件概率。

2002 年，Google 的工程师们利用贝叶斯网络，建立了文章、概念和关键词的联系，将上百万关键词聚合成若干概念的聚类，称为 Phil Cluster。这项工作最初甚至没有考虑应用背景，只是觉得概念的提取将来对信息处理会有帮助。而最早的应用是广告的扩展匹配，这是 Phil Cluster 完成后几个月里的事情。由于早期只考虑了关键词和文本的关系，对关键词上下文关系考虑较少，因此这个概念的聚类过于广泛，比如计算机和股票可能被聚在一类中，汽车和美国总统的名字聚在一起。这严重影响了 Google 各个项目组对 Phil Cluster 的接受程度。2004 年，Google 开始重构 Phil Cluster，这次采用了比原先多几百倍的数据，考虑的关键词的相似性也从原来的在文本中同现扩展为在上下文中同现，同时支持不同颗粒的概念。因为是重构，所以项目的名称改为 Rephil。Rephil 聚合了大约 1 200 万个词，将它们聚合到上百万的概念中。一个概念一般有十几个到上百个词。由于 Rephil 的质量比以前有很大提高，因此从广告到搜索都用到了它的成果。久而久之，就没有多少人知道 Phil 了。Rephil 的网络结构比原先的 Phil 复杂很多，但是原理类似。

3　延伸阅读：贝叶斯网络的训练

读者背景知识：概率论。

使用贝叶斯网络首先要确定它的结构。对于简单的问题，比如上面那个心血管疾病的例子，由专家直接给出它的结构即可。但是，稍微复杂一点的问题已经无法人工给出结构了，需要通过机器学习得到。

优化的贝叶斯网络结构要保证它产生的序列（比如“家族病史→高血脂→心血管疾病”就是一个序列）从头走到尾的可能性最大，如果是使用概率做度量，那就是后验概率最大。当然，产生一个序列可以有多条路径，从理论上讲，需要完备的穷举搜索（Exhaustive Search），即考虑每一条路径，才能得到全局最优。但是这样的计算复杂度是NP困难的（详见附录），因此一般采用贪心算法（Greedy Algorithm），也就是在每一步时，沿着箭头的方向寻找有限步。当然这样会导致陷入局部最优，并且最终远离全局最优解。一个防止陷入局部最优的方法，就是采用蒙特卡罗（Monte Carlo）的方法，用许多随机数在贝叶斯网络中试一试，看看是否陷入局部最优。这个方法的计算量比较大。最近，新的方法是利用信息论，计算节点之间两两的互信息，只保留互信息较大的节点直接的连接，然后再对简化了的网络进行完备的搜索，找到全局优化的结构。

确定贝叶斯网络的结构后，就要确定这些节点之间的弧的权重了。假定这些权重用条件概率来度量，为此，需要一些训练数据，我们只需优化贝叶斯网络的参数，使得观察到的这些数据的概率（即后验概率）$P(D|\theta)$ 达到最大。这个过程就是前面介绍过的EM过程（Expectation-Maximization Process）。

在计算后验概率时，计算的是条件X和Y结果之间的联合概率$P(X,Y)$。我们的训练数据会提供一些$P(X,Y)$之间的限制条件，而训练出来的模型要满足这些限制条件。回顾我们在第20章“不要把鸡蛋放到一个篮子里——谈谈最大熵模型”中介绍的内容，这个模型应该是满足给定条件的最大熵模型。因此，涉及最大熵模型的训练方法在这里都可以使用。

最后，需要指明结构的训练和参数的训练通常是交替进行的。也就是先优化参数，再优化结构，然后再次优化参数，直至得到收敛或者误差足够小的模型。

对贝叶斯网络有特别兴趣的读者，可以阅读比尔默和茨威格共同发表的论文：

https://people.ece.uw.edu/~bilmes/pgs/sort_date.html

如果想更系统地了解这方面的知识，可阅读斯坦福大学科勒（Daphne Koller）教授写的巨著 *Probabilistic Graphical Models: Principles and Techniques*，这本书有一千多页，而且价格不菲，因此只适合于专业人士。

读者还可以从“数学之美番外篇：平凡而又神奇的贝叶斯方法”一文中找到更多的贝叶斯网络的应用。

小结

从数学的层面来讲，贝叶斯网络是一个加权的有向图，是马尔可夫链的扩展。而从认识论的层面看，贝叶斯网络克服了马尔可夫链那种机械的线性的约束，它可以把任何有关联的事件统一到它的框架下面。因此，贝叶斯网络有很多应用，除了前面介绍的文本分类和概念抽取外，在生物统计、图像处理、决策支持系统和博弈论中都有广泛应用。贝叶斯网络的描述简单易懂，但导出的模型却非常复杂。

第 25 章　条件随机场、文法分析及其他

条件随机场是计算联合概率分布的有效模型，而句子的文法分析似乎是英文课上英语老师教的东西，这两者有什么联系呢？我们先从文法分析的演变谈起。

1　文法分析——计算机算法的演变

自然语言的句子分析（Sentence Parsing）一般是指根据文法对一个句子进行分析，建立这个句子的语法树，即句法分析（Syntactic Parsing），有时也是指对一个句子中各成分的语义进行分析，得到对这个句子语义的一种描述（比如一种嵌套的框结构，或者语义树），即语义分析（Semantic Parsing）。本章要讨论的是第一种，即对句子的文法分析。在这个领域的研究中，以前受形式语言学的影响，采用基于规则的方法，那么建这棵语法树的过程就是不断地使用规则将树的末端节点逐级向上合并，直到合并出根节点，即一个整句。这个方法是自底向上的，当然也可以自顶向下进行。不论是哪一种，都有一个无法避免的问题，就是选择规则时不可能一次选对。一旦某一步走岔路了，需要回溯很多步。因此，这两种方法的计算复杂度都大得不得了，也不可能分析复杂的句子。

20 世纪 80 年代以后，布朗大学计算机系的计算语言学家尤金・查尼阿

克（Eugene Charniack）统计出文法规则的概率，在选择文法规则时，坚持一个原则——让被分析的句子的语法树概率达到最大。这个看似非常简单直接的方法，使得文法分析的计算量一下降低了很多，而准确性却大大提高。查尼阿克无形中在数学和文法分析之间搭建了一个桥梁。而搭建这个桥梁的第二个人就是马库斯的学生拉纳帕提。

用马库斯的另一个高足布莱尔的话讲，拉纳帕提是绝顶聪明的人，不过从我个人接触来看，他更大的长处在于极强的动手能力。拉纳帕提从全新的角度来看待文法分析问题——把文法分析看成是一个括括号的过程。

还是以前面章节中那个很长的句子为例，来说明拉纳帕提的方法。

> 美联储主席本·伯南克昨天告诉媒体 7 000 亿美元的救助资金将借给上百家银行、保险公司和汽车公司。

我们先对这个句子进行分词：

> 美联储 | 主席 | 本·伯南克 | 昨天 | 告诉 | 媒体 | 7 000 亿 | 美元 | 的 | 救助 | 资金 | 将 | 借给 | 上百 | 家 | 银行 | 、| 保险公司 | 和 | 汽车公司 |

然后将这些词从左到右扫描一遍，用括号括起来，形成词组：

> （美联储 主席）| 本·伯南克 | 昨天 | 告诉 | 媒体（7 000 亿 美元）| 的（救助 资金）（将 借给）（上百 家）（银行 、 保险公司 和 汽车公司）

然后，拉纳帕提给每个括号一个句子成分，比如“美联储主席”是名词短语。接下来，继续重复以上括括号的过程。

> [（美联储 主席） 本·伯南克] 昨天 | 告诉 | 媒体 [（7 000 亿 美元） 的（救助 资金）]（将 借给）[（上百 家）（银行 、 保险公司 和 汽车公司）]

直到整个句子都被一个大括号覆盖。每一个括号，就是句子的一个成分，括号之间的嵌套关系，就是不同层面的句子成分的构成关系。

拉纳帕提每次从左到右扫描句子的每个词（或者句子成分）时，只需要判断是否属于以下三个操作之一。

A1. 是否开始一个新的左括号，比如在“美联储”的位置，是新括号的开始。

A2. 是否继续留在这个括号中，比如在“保险公司”的位置，是继续留在括号中。

A3. 是否结束一个括号，即标上右括号，比如“资金”的位置是一个括号的结束。

为了判断采用哪个操作，拉纳帕提建立了一个统计模型 $P(A|prefix)$，其中 A 表示行动，句子前缀 $prefix$ 是指句子从开头到目前为止所有的词和语法成分。最后，拉纳帕提用最大熵模型实现了这个模型。当然，拉纳帕提还用了一个统计模型来预测句子成分的种类。

这个方法速度非常快。每次扫描，句子成分的数量就按一定比例减少，因此，扫描的次数是句子长度的对数函数，很容易证明，整个算法和句子长度成正比。从算法复杂度的角度来讲，这个算法的计算时间已经是最优的了。

拉纳帕提的方法看似非常简单，但是想到它确实很了不起。（可见好方法在形式上常常是简单的。）可以说，他是真正将句子的文法分析和数学模型联系起来的关键人物。从那个时候起，大部分文法分析的方法都从启发式搜索转到了括括号上。而文法分析的准确性很大程度上取决于统计模型的好坏，以及从 prefix 提取的特征的有效性。前面我们讲过马库斯的博士生柯林斯的博士论文做得非常出色，原因就是他在特征提取上做了深入的研究。

从 20 世纪 70 年代出现了统计语言学和统计语言模型，到 20 世纪 90 年代拉纳帕提等人通过统计模型将数学和文法分析结合起来，对于非常“规矩”的语句，比如《华尔街日报》的句子进行文法的分析，正确率在 80% 以上，基本上达到了普通人的水平。2000 年后，随着互联网的普及，读者接触的内容不再是以专业人士严谨的写作为主，很多都是网民们随意创作的内容。这些“写得不是太好”的句子，或者有严重语法错误的句子，以往采用任何文法分析器，包括柯林斯做的，正确率连 50% 也达不到。

所幸在很多自然语言处理的应用中，并不需要对语句做深入的分析，只要做浅层的分析（Shallow Parsing），比如找出句子中主要的词组以及它们之间的关系即可。于是科学家们把研究的重点从语句的深层分析转到对语句的浅层分析上。到 20 世纪 90 年代以后，随着计算机计算能力的增强，科学家们采用了一种新的数学模型工具——条件随机场，大大提高了句子浅层分析的正确率，正确率可达 95%，使文法分析得以应用到很多产品，比如机器翻译上。

2 条件随机场

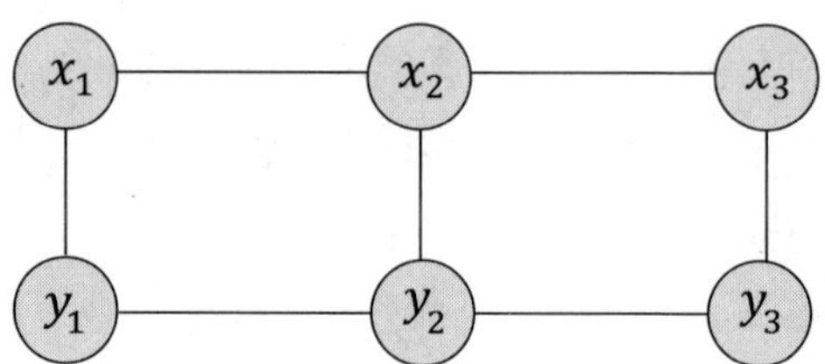

图 25.1 在隐马尔可夫模型中，输出只与状态有关

在一个隐马尔可夫模型中，以 $x_1, x_2, \cdots, x_n$表示观测值序列，以 $y_1, y_2, \cdots, y_n$表示隐含的状态序列，那么x_i只取决于产生它的状态y_i，和前后的状态y_{i-1}，y_{i+1}都无关，如图 25.1 所示。显然在很多应用里观察值x_i可能和前后的状态都有关，如果把x_i和y_{i-1}，y_i，y_{i+1}都考虑进来，对应的模型如图 25.2 所示。

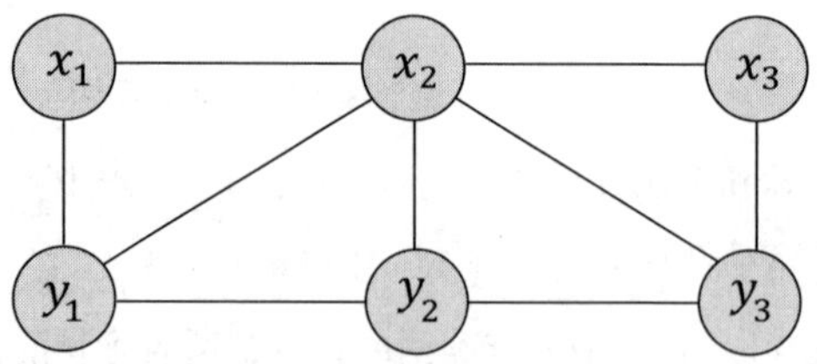

图 25.2 一个普遍意义的条件随机场

这样的模型就是条件随机场。

条件随机场是隐马尔可夫模型的一种扩展，它保留了隐马尔可夫模型的一些特性，比如在图中的 $y_1, y_2, \cdots$ 状态的序列还是一个马尔可夫链。更广义地讲，条件随机场是一种特殊的概率图模型（Probabilistic Graph Model）。在图 25.2 中，顶点代表一个个随机变量，比如 x_1 和 y_1，顶点之间的弧代表它们相互的依赖关系，通常采用一种概率分布，比如 $P(x_1, y_1)$ 来描述。它的特殊性在于，变量之间要遵守马尔可夫假设，即每个状态的转移概率只取决于相邻的状态，这一点，它和我们前面介绍的另一种概率图模型——贝叶斯网络相同。而它们的不同之处在于，条件随机场是无向图，而贝叶斯网络是有向图。

在大部分应用中，条件随机场的节点分为状态节点的集合 Y 和观察变量节点的集合 X。整个条件随机场的量化模型就是这两个集合的联合概率分布模型 $P(X,Y)$

$$P(X,Y) = P(x_1, x_2, \cdots, x_n, y_1, y_2, \cdots, y_m) \tag{25.1}$$

由于这个模型的变量特别多，不可能获得足够多的数据来用大数定理直接估计，因此只能通过它的一些边缘分布（Marginal Distribution），比如 $P(x_1)$, $P(y_2)$, $P(x_1, y_3)$ 等来找出一个符合所有这些条件的概率分布函数。当然，这样的函数可能不止一个（通常如此）。根据最大熵原则，我们希望找到一个符合所有边缘分布并使熵达到最大的模型。前面介绍过，这个模型是指数函数。每一个边缘分布，对应指数模型中的一个特征（Feature）f_i，比如对应的边缘分布的特征就是：

$$f_i(x_1, x_2, \cdots, x_n, y_1, y_2, \cdots, y_m) = f_i(x_1) \tag{25.2}$$

因为这个特征表明它与之外的变量无关。如果某个特征函数对应一些变量的取值是零，说明这些特征函数对这些变量不起作用。把这些特征都应用到模型中，得到如下公式：

$$P(x_1,x_2,\cdots,x_n,y_1,y_2,\cdots,y_m)=\frac{\mathrm{e}^{f_1+f_1+\cdots+f_k}}{Z} \tag{25.3}$$

以浅层文法分析为例，说明这个条件随机场的模型是如何工作、训练的。

假定 X 代表看到的东西，在浅层分析中，它是句子中的词、每个词的词性等；Y 代表要推导的东西，它是语法成分，比如名词短语、动词短语、时间短语等。以前面举过的最简单的句子“徐志摩喜欢林徽因”为例来说明浅层分析的模型。这里，观察到的序列是徐志摩 / 名词，喜欢 / 动词，林徽因 / 名词，希望找到的状态序列是“名词短语，动词短语”。我们还是用信道模型来说明这个分析的过程，如图 25.3 所示。

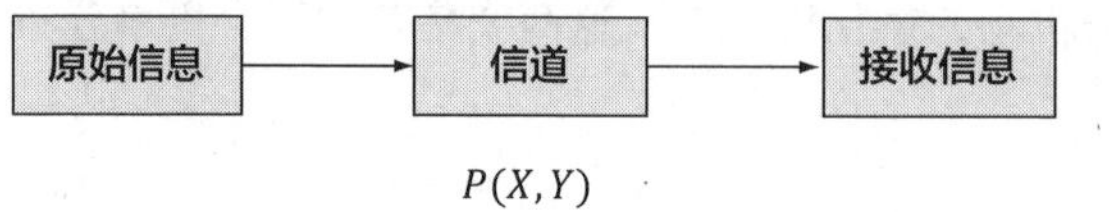

图 25.3 句子文法分析的通信模型

在图 25.4 所示的分析树中，它的特征是各个节点、同一层节点顺序的组合、不同层次节点的组合，等等。这里，同一层节点顺序的组合可以是“徐志摩—喜欢”“动词—名词”等，不同层次节点的组合其实是一些子树，比如“名词短语”重写（Rewrite）成“名词”，“动词短语”重写成“动词，名词短语”等。在考虑一些特征后，可以用下面的公式计算这个条件随机场的概率：

$$\begin{aligned}&P(\text{徐志摩 / 名词, 喜欢 / 动词, 林徽因 / 名词, 名词短语, 动词短语})\\&\quad=\exp\{f_1(\text{徐志摩，名词})\\&\quad+f_2(\text{喜欢，动词})+f_3(\text{林徽因，名词})\\&\quad+f_4(\text{徐志摩，名词，名词短语})+f(\text{名词，名词短语})\\&\quad+f_5(\text{喜欢，动词，林徽因，名词，动词短语})\\&\quad+f_6(\text{名词短语，动词短语})+f_7(\text{名词短语})\\&\quad+f_8(\text{动词短语})+f(\text{动词，名词，动词短语})\}\end{aligned} \tag{25.4}$$

这里，每一个特征函数f的参数都可以用前面提到的最大熵模型的训练方法得到。

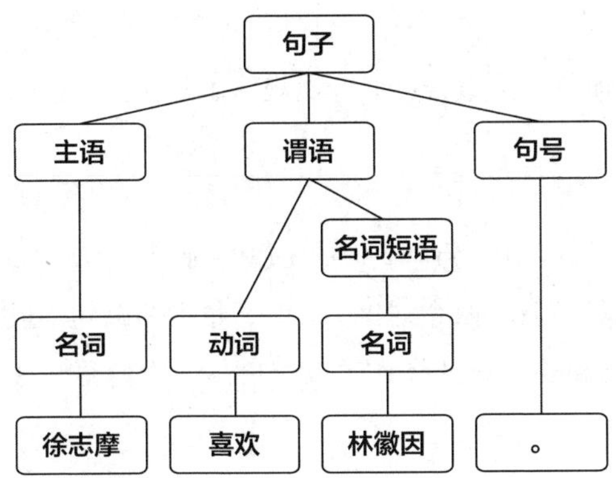

图 25.4　分析树

最早采用条件随机场对句子进行浅层分析的是宾夕法尼亚大学的博士生沙飞（Fei Sha）和他的导师（之一）皮耶尔。他们继承了拉纳帕提的方法，只做了句子分析的第一层，即从词到词组的自动组合。由于改进了统计模型，因此句子浅层分析的正确率高达 94% 左右，在自然语言处理中，这是很高的水平了。

2005年，李开复博士来到Google后从朱会灿和我的手中接走了中文搜索，我便去领导开发为整个公司服务的通用句子文法分析器——Gparser 的项目，其中 G 代表 Google。我们采用的方法跟沙飞和皮耶尔的类似（当时皮耶尔还没有到 Google）。不同的是，我们不仅做第一层的分析，而且可以像拉纳帕提那样，一层层地分析到句子语法树的顶部。基本的模型依然是条件随机场。

在每一层分析中，我们建立了这样一个模型$P(X,Y)$。其中X是句子中的词$w_1, w_2, \cdots, w_n$、词性$pos_1, pos_2, \cdots, pos_n$、每一层语法成分的名称$h_1, h_2, \cdots, h_m$等等，$Y$是操作（左括号，继续留在括号中，和右括号）以及新的一层语法成分的名称。如果展开写，就是

$$P\left(w_1, w_2, \cdots, w_n, pos_1, pos_2, \cdots, pos_n, h_1, h_2, \cdots, h_m, Y\right) \quad (25.5)$$

这个看似包罗万象的模型，在工程上有很大的问题。首先，这个模型非常复杂，因此它的训练是个大问题。其次，各种条件的组合数是天文数字，即使有 Google 的数据，其中任何一个组合可能都出现不了几次。因此需要解决下面两个问题。

首先，做近似处理，将限制条件的组合$w_1, w_2, \cdots, w_n, pos_1, pos_2, \cdots, pos_n, h_1, h_2, \cdots, h_m$拆成很多子集，比如最后的两个词$w_{n-1}, w_n$，最后两个句子成分$h_{m-1}, h_m$等，在每一个子集和要预测的操作（以及更高层次的语法成分名称）之间可以找到可靠的统计关系。

其次，在训练数据中把每一个统计量足够的统计关系作为一个限制条件，我们的目标是寻找符合所有这些限制条件的最大熵模型。

这样，就可以用最大熵模型的方法，得到这个文法分析器了。

这样得到的文法分析器，对于网页中的句子，浅层分析结果的准确率已经接近沙飞论文中所发表的针对《华尔街日报》分析的准确率。值得一提的是，这个分析器相比学术界的同类工具，可以处理很“脏”的网页数据，因此，后来被用到了 Google 的许多产品中。

3 条件随机场在其他领域的应用

条件随机场的应用当然不限于自然语言处理领域，即使在很多非常传统的行业里，它的应用也会带来惊喜。

在美国大城市里，犯罪是让市民和警方都挠头的大问题，解决这个问题最好的办法不是在犯罪发生后去破案，而是提前制止犯罪行为。当然，做起来并不容易，毕竟城市这么大，人口这么多，而且还处在随时发生各种突发性事件的状态，谁知道下一次犯罪行为会发生在哪里。过去，警察只能沿着街巡视，凑巧赶上有罪犯在行凶犯罪，当然可以制止，但是这种“碰巧”的情况占少数，有点像是瞎猫碰到了死耗子。不过，现在通过数学模型对大数据进行分析，警察就能有效地预测在城市的什么地方、什么时间可能会出现什么样的犯罪，从而有针对性地进行巡视，达到制止犯罪的目的。

最早提出这个想法的是美国洛杉矶警察局，它委托加州大学洛杉矶分校来完成这件事，后者根据过去 80 年多里发生的 1 300 多万个案件（犯罪率够高的），建立了一个基于条件随机场的数学模型。在这个模型中，要预测的是“何时、何地、发生何种犯罪的概率”，如果我们用 l，t 和 c 分别表示地点、时间和犯罪的类型，那么这个数学模型要估计的就是概率 $P(l,t,c)$。

上述模型中的时间 t 是以分钟计算的。为了准确地描述位置信息 l，洛杉矶警察局把几千平方公里的城市划分成大约 5m × 5m 的一个个小方格。至于犯罪类型 c，警察局自有他们的分类方法。当然，这个模型还要考虑很多因素，比如人流、活动（体育比赛、演唱会等）、天气、失业率等，我们不妨把所有这些因素用一个向量 $X = x_1, x_2, \cdots, x_n$ 来表示。现在，加上考虑到这些因素，我们要估算的概率实际上是在各种因素 X 的条件之下，时间、地点和犯罪类型的分布情况 $P(l,t,c|X)$。用条件概率的公式将它进行展开，则得到

$$P(l,t,c|X) = \frac{P(l,t,c,X)}{P(X)} \tag{25.6}$$

注意，在公式（25.6）中，等式右边的分母 $P(X)$ 是根据历史数据估算出来的，可以认为是一个已知量，因此上述模型的关键部分在于等式右边的分子 $P(l,t,c|X)$。对比这个表达式和公式（25.1）中等号左边的表达式，可以看出两者在形式上非常相似，因此，就可以采用条件随机场来估算这个概率。

加州大学洛杉矶分校的教授们采用的数学模型就是条件随机场。首先，他们采用了先验的概率分布作为整个模型的起点，他们称这个先验概率分

布为背景（Background）概率。也就是说，这是在不知道任何外界条件下，在某个时间、某个地点的犯罪情况的概率分布。当然，背景概率并不是很准确，因此，教授们根据历史数据逐步提取各种特征，比如演出和偷盗的关系、抢劫和人员流动的关系、体育比赛和酒后驾驶的关系[1]，等等。将这些特征组合在一起，就可以得到一个类似公式（25.4）的模型，然后根据这个模型对可能的犯罪进行预测。当然，训练这个模型需要大量的数据，因此洛杉矶警方将历史记录的全部 1 300 万个犯罪案件都提供出来，经过训练得到了一个比较好的模型。后来事实证明，使用这个模型可以在一定程度上预测未来可能发生的犯罪，并使该地区的犯罪率降低了 13%。这项发明在 2011 年被《时代》周刊誉为年度最优秀的发明之一。

1 美国大城市里的年轻人喜欢聚在酒吧看体育比赛，离开时可能酒后驾车，因此在体育比赛结束后的一段时间里，酒吧周围有人酒后驾驶的可能性就比平时大得多。

小结

条件随机场是一个非常灵活的用于预测的统计模型。本章强调了它在自然语言处理，特别是在句子分析中的应用，其实它的应用领域远远不止这些。条件随机场在模式识别、机器学习、生物统计，甚至预防犯罪等方面都有很成功的应用。

和最大熵模型一样，条件随机场形式简单，但是实现复杂，所幸现在有不少开源的软件可供选用，对于一般的工程人员来讲应该是足够了。

第 26 章　维特比和他的维特比算法

说起安德鲁·维特比（Andrew Viterbi），通信行业之外的人可能知道他的并不多，不过通信行业的从业者大多知道以他的名字命名的维特比算法（Viterbi Algorithm）。维特比算法是现代数字通信中最常用的算法，也是很多自然语言处理采用的解码算法。可以毫不夸张地讲，维特比是对我们今天的生活影响力最大的科学家之一，因为基于 CDMA 的 3G 移动通信标准主要就是他和厄文·雅各布（Irwin Mark Jacobs）创办的高通公司（Qualcomm）制定的，并且高通公司在 4G 时代依然引领移动通信的发展。

1　维特比算法

我第一次听到维特比这个名字还是 1986 年学习图论的维特比算法时了解到的，那一年他和雅各布博士刚刚创办了他们的第二家公司 —— 高通公司（1985 年注册）。截至那时，世界对他的了解还仅仅在学术界，具体来说是通信界和计算机算法领域。我第一次使用该算法是 1991 年从事语音识别研究的时候，那一年高通公司已经提出和完善了今天 3G 通信的基础 —— CDMA 的各项协议。而 1997 年夏天，我在约翰·霍普金斯大学第一次见到维特比博士时，他已经是名满天下的通信业巨子了。那年他作为 CLSP 的顾问来参加年会，听我们介绍在 CLSP 的工作。他最关心的是语音识别的商业前景，今天他可以看到了。

图 26.1 科学家和商业巨子维特比

维特比博士（见图 26.1）是美籍意大利犹太移民，他原名叫 Andrea Viterbi，但是 Andrea 这个名字在英语里是个女孩子的名字，因此他把自己的名字改成安德鲁（Andrew）。从他在麻省理工学院毕业到他 33 岁以前，维特比的职业生涯完全局限在学术界。他先后在著名的国防工业公司雷神（Raytheon）、美国著名的喷气推进实验室（JPL）担任工程师，并在南加州大学（University of Southern California）完成了博士学位。之后在加州大学（洛杉矶和圣地亚哥两个分校）担任教职，从事刚刚兴起的学科 —— 数字通信的研究，几年后的 1967 年，他发明了维特比算法。

言归正传，现在让我们看看作为科学家的维特比得以成名的算法。维特比算法是一个特殊但应用最广的动态规划算法（见前面相应的章节）。利用动态规划，可以解决任何一个图中的最短路径问题。而维特比算法是针对一个特殊的图 —— 篱笆网络（Lattice）的有向图最短路径问题而提出的。它之所以重要，是因为凡是使用隐马尔可夫模型描述的问题都可以用它来解码，包括今天的数字通信、语音识别、机器翻译、拼音转汉字、分词等。下面还是拿大家用得最多的输入法拼音转汉字来说明。

假定用户（盲打时）输入的拼音是 $y_1, y_2, \cdots, y_N$，对应的汉字是 $x_1, x_2, \cdots, x_N$（虽然真正的输入法产品都是以词作为输入单位的，为便于说明问题及简单起见，以字为单位来解释维特比算法），那么根据前面介绍的工具：

$$x_1, x_2, \cdots, x_N = \underset{x \in X}{\text{ArgMax}}\, P(x_1, x_2, \cdots, x_N | y_1, y_2, \cdots, y_N)$$
$$= \underset{x \in X}{\text{ArgMax}} \prod_{i=1}^{N} P(y_i|x_i) \cdot P(x_i|x_{i-1}) \quad (26.1)$$

输入的（可见）序列为$y_1, y_2, \cdots, y_N$，而产生它们的隐含序列是$x_1, x_2, \cdots, x_N$。可以用图 26.2 描述这样一个过程。

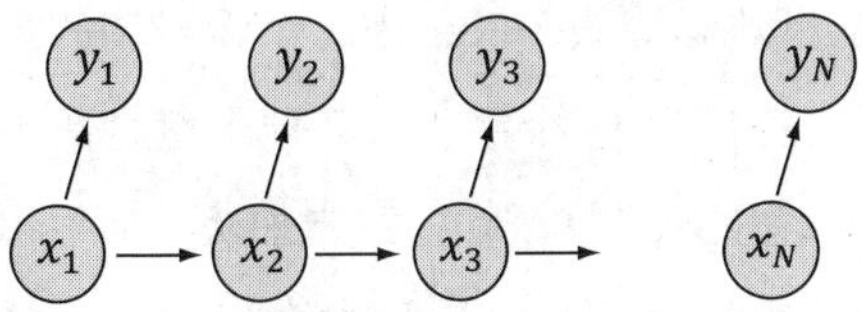

图 26.2 适用维特比算法的隐马尔可夫模型

这是一个相对简单的隐马尔可夫链，没有状态跳跃，也没有状态自环。$P(x_i|x_{i-1})$是状态之间的转移概率，$P(y_i|x_i)$是每个状态的产生概率。现在，这个马尔可夫链的每个状态的输出是固定的，但是每个状态的值可以变化。比如输出读音"zhong"的字可以是"中""种"等多个字。我们不妨抽象一点，用符号x_{ij}表示状态x_i的第j个可能的值。如果把每个状态按照不同的值展开，就得到图 26.3 所示的篱笆网络（Lattice）。

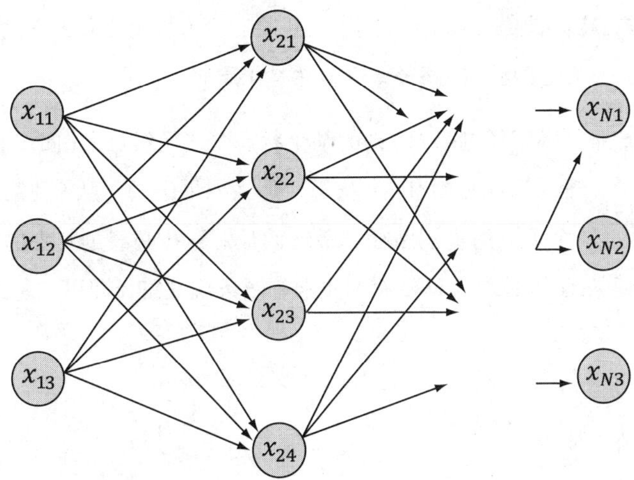

图 26.3 篱笆网络

在图 26.3 中，每个状态有 3 个或 4 个值，当然实际中它们可以有任意个值。

那么从第一个状态到最后一个状态的任何一条路径（Path）都可能产生我们观察到的输出序列Y。当然，这些路径的可能性不一样，而我们要做的就是找到最可能的这条路径。对于每一条给定的路径，可以使用公式（26.1）计算出它的可能性，并不是太难。但麻烦的是这样的路径组合数非常多，会让序列状态数的增长呈指数爆炸式。汉语中每个无声调的拼音对应 13 个左右的国标汉字，假定句长为 10 个字，那么这个组合数为 $13^{10} \sim 5 \times 10^{14}$。假定计算每条路径概率需要 20 次乘法（或者加法，如果程序设计者足够聪明的话），就是 10^{16} 次计算。而今天的计算机处理器[1] 每秒大约能计算 10^{11} 次，也需要大约一天时间。而在通信或语音识别中，每说一句话的状态数是成千上万，上面的穷举法显然不合适。因此，需要一个最好能和状态数目成正比的算法。而这个算法是维特比在 1967 年首次提出的，因此就被命名为维特比算法。

1 Intel Core i7 Extreme

维特比算法的基础可以概括成下面三点。

1. 如果概率最大的路径P（或者说最短路径）经过某个点，比如图 26.4 中的x_{22}，那么这条路径上从起始点S到x_{22}的这一段子路径Q，一定是S到x_{22}之间的最短路径。否则，用S到x_{22}的最短路径R替代Q，便构成了一条比P更短的路径，这显然是矛盾的。

2. 从S到E路径必定经过第i时刻的某个状态（这显然是大白话，但是很关键），假定第i时刻有k个状态，那么如果记录了从S到第i个状态的所有k个节点的最短路径，最终的最短路径必经过其中的一条。这样，在任何时刻，只要考虑非常有限条候选路径即可。

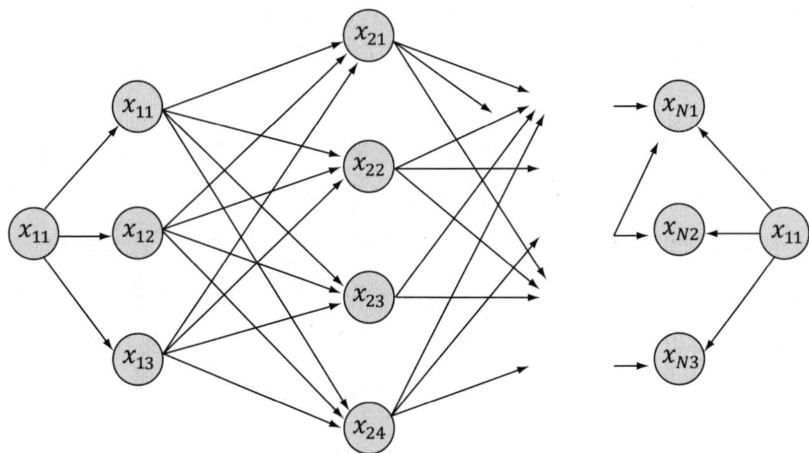

图 26.4　从起点到终点的路径必定经过第 i 时刻的某个状态

3. 结合上述两点，假定当我们从状态 i 进入状态 $i+1$ 时，从 S 到状态 i 上各个节点的最短路径已经找到，并且记录在这些节点上，那么在计算从起点 S 到第 $i+1$ 状态的某个节点的最短路径时，只要考虑从 S 到前一个状态 i 所有的 k 个节点的最短路径，以及从这 k 个节点到 x_{i+1}，j 的距离即可。

基于上述三点基础，维特比总结了如下的算法。

第一步，从点 S 出发，对于第一个状态 x_1 的各个节点，不妨假定有 n_1 个，计算出 S 到它们的距离 $d(S,x_{1i})$，其中 x_{1i} 代表任意状态 1 的节点。因为只有一步，所以这些距离都是 S 到它们各自的最短距离。

第二步，这是理解整个算法的关键。对于第二个状态 x_2 的所有节点，要计算出从 S 到它们的最短距离。我们知道，对于特定的节点 x_{2i}，从 S 到它的路径可以经过状态 1 的 n_1 中任何一个节点 x_{1i}，当然，对应的路径长度就是 $d(S,x_{2i}) = d(S,x_{1j}) + d(x_{1j},x_{2i})$。由于 j 有 n_1 种可能性，我们要一一计算，然后找到最小值，即

$$d(S,x_{2i}) = \min_{I=1,n_1} d(S,x_{1j}) + d(x_{1j},x_{2i}) \qquad (26.2)$$

这样对于第二个状态的每个节点，需要进行n_1次乘法计算。假定这个状态有n_2个节点，把S这些节点的距离都算一遍，就有$O(n_1 \cdot n_2)$次计算。

接下来，类似地按照上述方法从第二个状态走到第三个状态，一直走到最后一个状态，就得到了整个网格从头到尾的最短路径。每一步计算的复杂度都和相邻两个状态S_i和S_{i+1}各自的节点数目n_i，n_{i+1}的乘积成正比，即$O(n_i \cdot n_{i+1})$。如果假定在这个隐马尔可夫链中节点最多的状态有D个节点，也就是说整个网格的宽度为D，那么任何一步的复杂度不超过$O(D^2)$，由于网格长度是N，所以整个维特比算法的复杂度是$O(N \cdot D^2)$。

回到上面那个输入法的问题，计算量基本上是 $13 \times 13 \times 10 = 1\,690 \approx 10^3$，这和原来的$10^{16}$有天壤之别。更重要的是，维特比算法是和长度成正比的。无论是在通信中，还是在语音识别、打字中，输入都是按照流（Stream）的方式进行的，只要处理每个状态的时间比讲话或者打字速度快（这点很容易做到），那么不论输入有多长，解码过程永远是实时的。这便是数学漂亮的地方！

虽然数字通信和自然语言处理的基础算法的原理就是这么简单，每个通信或者计算机专业的学生两个小时就能学会，但是在 20 世纪 60 年代能够想出这个快速算法是非常了不起的。凭借这个算法，维特比奠定了他在数字通信中不可替代的地位。但是，维特比并不满足于停留在算法本身，而是努力将它推广出去。为此，维特比做了两件事：首先，他放弃了这个算法的专利；第二，他和雅各布博士一起在 1968 年创办了 Linkabit 公司，将这个算法做成芯片，卖给其他通信公司。

到这一步维特比已经比一般的科学家走得远很多了。但是，这仅仅是维特比辉煌人生的第一步。20 世纪 80 年代，维特比致力于将 CDMA 技术应用于无线通信。

2 CDMA 技术——3G 移动通信的基础

自从苹果公司推出 iPhone，3G 手机和移动互联网就成为科技界和工业界的热点话题。这里面最关键的通信技术就是码分多址（CDMA）技术。对 CDMA 技术的发明和普及贡献最大的有两个人——奥匈帝国出生、美籍犹太裔的海蒂·拉玛尔（Hedy Lamarr）和维特比。

图 26.5 海蒂·拉玛尔

拉玛尔（见图 26.5）被誉为史上最美丽的科学家，其实她的主要职业是演员，通信调频技术的发明是她的副业。拉玛尔从小（10 岁）学习舞蹈和钢琴，并因此进入了演艺界。拉玛尔在演奏钢琴时，想到用钢琴不同键所发出的不同频率来对信号进行加密。如果接收者知道调频的序列就可以解码收到的信号，如果不知道这个序列，就无法破解。这就像如果你听过并记得肖邦的《英雄波兰舞曲》，你就知道演奏的是什么，否则就是一些凌乱的音符而已。拉玛尔和她的邻居、作曲家乔治·安泰尔（George Antheil）一道发明了一种称为“保密通信系统”的调频通信技术。在这种技术中，通信信号的载波频率是快速跳变的，只要发送方和接收方事先约定一个序列（一般是一个伪随机数序列）即可。想截获信息的人因为不知道这个序列而无能为力。拉玛尔最早是采用钢琴的 88 个键的频率做载波频率，将约定好的调频序列做在钢琴卷（Piano Roll）[2]上，然后载波频率根据钢琴卷上的打孔位置而变化。

2 钢琴卷是一个自动控制钢琴演奏的纸卷，像早期计算机使用的纸带。上面打了眼，表示不同的音符，读卷机可以因此知道音符，并控制钢琴。这有点像今天的 MIDI 的钢琴自动演奏器。

这种调频技术是今天 CDMA 的前身，于 1941 年获得美国专利。美国海军曾经想用这项技术实现一个敌人无法发现的无线电控制的鱼雷，但是因为有反对意见暂时搁起。很快二战就结束了，直到 1962 年都没有实现这项技术。越南战争期间，越南军方发现被击落的美国飞行员可以通过一种检查不出频率的设备呼救。他们缴获这种设备后，搞不清它的原理，也不知道如何能破解它产生的信号，于是他们把这个设备交给援越的中国顾问团。中国顾问团里有一些通信专家，包括我在清华大学的导师王作英教授，发现这种设备能以极低的功率在很宽的频带上发送加密信号。对于试图截获者来讲，这些信号能量非常低，很难获取。即使能够获得，也会因为不知道密码而无法破解。但是对于接收者来讲，它可以通过把很低的能量积累起来获得发送的信息，并且因为知道密钥，能实现解码。

这种传输方式是在一个较宽的扩展频带上进行的，因此它称为扩频传输（Spread-Spectrum Transmission）。和固定频率的传输相比，它有三点明显的好处。

1. 它的抗干扰能力极强。过去有段时间，国内曾禁止收听外国的广播。但这条规矩很难实施，因为无线电波满天都是，很容易收听。因此，政府可以做的事就是用噪声干扰那些固定的广播频率。但是对于扩频传输，这件事几乎不可能，因为不能把所有的频带都干扰了，否则整个国家的通信就中断了。

2. 扩频传输的信号很难被截获，这点前面已经讲了。

3. 扩频传输利用带宽更充分。这一点详细解释起来有点啰嗦，简单地讲就是固定频率的通信由于邻近的频率互相干扰，载波频率的频点不能分布得太密集，两个频点之间的频带就浪费了。扩频通信由于抗干扰能力强，浪费的频带较少。

虽然扩频技术和调频技术早在 20 世纪 60 年代就应用于军事，但是转为民用则是 20 世纪 80 年代以后的事情。这首先要归功于移动通信的需求。20 世纪 80 年代，移动通信开始快速发展，很快大家便发现空中的频带不够用了，需要采用新的通信技术。其次，具体到 CDMA 本身，很大程度上归功于维特比的贡献。

在 CDMA 以前，移动通信使用过两种技术：频分多址（FDMA）和时分多址（TDMA）。

频分多址顾名思义，是对频率进行切分，每一路通信使用一个不同的频率，对讲机采用的就是这个原理。由于相邻频率会互相干扰，因此每个信道要有足够的带宽。如果用户数量增加，总带宽就必须增加。我们知道空中的频带资源是有限的，因此要么必须限制通信人数，要么降低话音质量。

时分多址是将同一频带按时间分成很多份。每个人的（语音）通信数据在压缩后只占用这个频带传输的 1/*N* 时间，这样同一个频带可以被多个人同时使用。第二代移动通信的标准都是基于 TDMA 的。

前面讲了，扩频传输对频带的利用率比固定频率传输高，因此，如果把很多细分的频带合在一起，很多路信息同时传输，那么应该可以提高带宽的利用率，这样就可以增加用户的数量，或者当用户数量不变时，提高每个用户的传输速度，如图 26.6 所示。

美国的两个主要无线运营商 AT&T 和 Verizon，前者的基站密度不比后者低，信号强度也不比后者差，但是通话质量和数据传输速度却明显不如后者，原因就是 AT&T 网络总体上是继承过去 TDMA 的，而 Verizon 则完全是基于 CDMA 的。

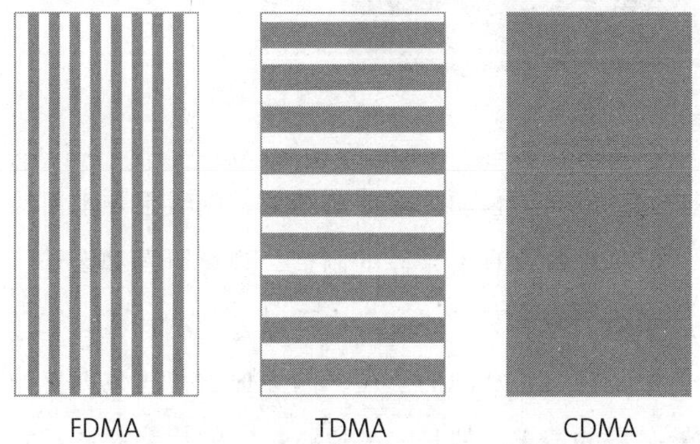

图 26.6 频分多址（FDMA）、时分多址（TDMA）和码分多址（CDMA）对频带和时间的利用率，图中深色的部分为可利用部分，边界无色的部分为不可利用部分

当然，读者可能会有个问题：如果一个发送者占用了很多频带，那么有多个发送者同时发射岂不打架了？没关系，每个发送者有不同的密码，接收者在接到不同信号时，通过密码过滤掉自己无法解码的信号，留下和自己密码对应的信号即可。由于这种方法是根据不同的密码区分发送的，因此称为码分多址。

将 CDMA 技术用于移动通信的是高通公司。从 1985 年到 1995 年，高通公司制定和完善了 CDMA 的通信标准 CDMA1，并于 2000 年发布了世界上第一个主导行业的 3G 通信标准 CDMA2000，后来又和欧洲、日本的通信公司一同制定了世界上第二个 3G 标准 WCDMA。2007 年，维特比作为数学家和计算机科学家，被授予美国科技界最高成就奖 —— 国家科学奖（见图 26.7）。

图 26.7　小布什总统授予维特比博士国家科学奖

虽然高通公司是今天全世界最大的移动处理器制造商，同时也是市值最高的半导体公司之一，但是它并没有半导体的制造，只有研发和设计。而它的很大一部分利润来自于专利费。或许是由于过分强调技术，它在第二代移动通信的竞争中，输给了欧洲的公司，因为那时快速数据传输对移动用户来讲不是最必需的需求。但是，高通技术上的优势保证了它对第三代移动通信的统治地位。在 4G 时代高通不仅是移动通信领域的领头羊，而且超过英特尔公司成为全球市值最高的半导体公司。

如果把维特比算作数学家中的一员，那么他也许是全世界有史以来第二富有的数学家（最富有的无疑是文艺复兴技术公司的创始人吉姆·赛蒙斯）。维特比是南加州大学最大的资助者之一[3]，该校的工学院也是以他的名字命名的（见图 26.8）。他的财富来自于他将技术转换成商业的成功。

3 维特比向南加州大学捐赠了 5200 万美元。

图 26.8 南加州大学的维特比工学院

小结

世界上绝大多数科学家最大的满足就是自己的研究成果得到同行的认可，如果能有应用就更是喜出望外了。而能够亲自将这些成就应用到实际中的人少之又少，因为做到这一点对科学家来讲很不容易。这样的科学家包括 RISC 的发明人亨利西和 DSL 之父查菲等人。这些人已经非常了不起了，但也只是做了一个行业中他们擅长的部分，而不是从头到尾完成一次革命。而维特比所做的远远超出了这一点，他不仅提供了关键性的发明，而且为了保障其效益在全社会得到最大化，他解决了所有配套的技术。所有试图另辟蹊径的公司都发现，高通公司的标准怎么也绕不开，因为高通已经把能想到的事情都想到了。

第 27 章　上帝的算法

期望最大化算法

前面的章节已经多次讨论到文本自动分类问题，一方面是因为今天互联网的各种产品和应用都需要用到这个技术；另一方面，这个技术可以应用到几乎所有分类中，比如用户的分类、词的分类、商品的分类，甚至生物特征和基因的分类，等等。这一章再介绍一些文本自动分类的技术，并借此说明在机器学习中最重要的一个方法——期望最大化算法（Expectation Maximization Algorithm）。这个算法，我称之为上帝的算法。

1　文本的自收敛分类

我们在前面的章节里已经介绍了两种文本分类算法，即利用事先设定好的类别对新的文本进行分类，以及自底向上地将文本两两比较进行聚类的方法。这两种方法，多少都有一些局限性，比如前一种方法需要有事先设定好的类别和文本中心（Centroids），后一种方法计算时间比较长。因此，我们在这里介绍一种新的文本分类的方法。和上述两种方法不同的是，这种方法既不需要事先设定好类别，也不需要对文本两两比较进行合并聚类，而是随机地挑出一些类别的中心，然后来优化这些中心，使它们和真实的聚类中心尽可能一致（即收敛）。当然，这种方法依然要用到文本 TF-IDF 向量和向量之间的余弦距离，这些概念在前面介绍过了，就不再重复了。

自收敛的分类说起来很简单。假设有N篇文本，对应N个向量$V_1,V_2,\cdots,V_N$，希望把它们分到K类中，而这K类的中心是$c_1,c_2,\cdots,c_K$。无论是这些向量，还是中心，都可以看成是空间中的点。当然K可以是一个固定的数，比如我们认为文本的主题只有 100 类；也可以是一个不定的数，比如我们并不知道文本的主题有多少类，最终有多少类就分成多少类。分类的步骤如下。

1. 随机挑选K个点，作为起始的中心$c_1(0),c_2(0),\cdots,c_K(0)$，如图 27.1 中各个点属于三个类，我们用黑十字代表随机指定的类的中心。

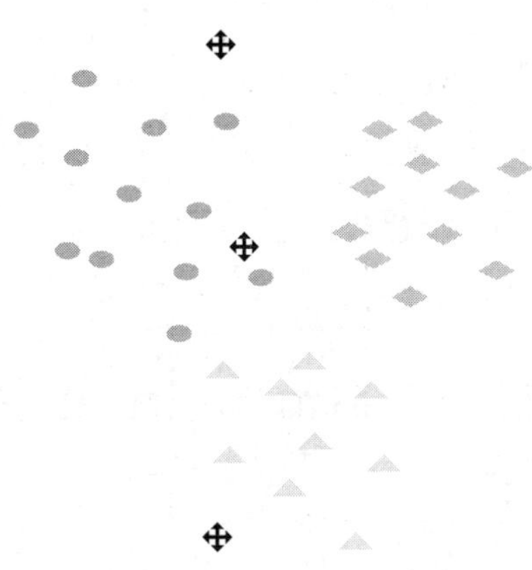

图 27.1　对三个类随机产生的初始中心

2. 计算所有点到这些聚类中心的距离，将这些点归到最近的一类中。如图 27.2 所示。

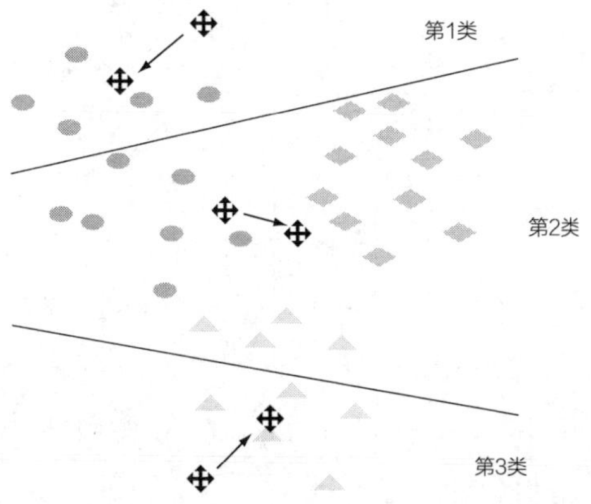

图 27.2　根据中心对每个点重新分类，并计算新的中心

3. 重新计算每一类的中心。假定某一类中的 v，每一个点有多个维度，即

$$v_1 = v_{11}, v_{12}, \cdots, v_{1d}$$
$$v_2 = v_{21}, v_{22}, \cdots, v_{2d}$$
$$\cdots$$
$$v_M = v_{m1}, v_{m2}, \cdots, v_{md}$$

最简单的办法就是用这些类的中心 $\mathrm{w} = w_1, w_2, \cdots, w_m$ 作为其中心，其中第i维的值计算如下：

$$w_i = \frac{v_{1i}+v_{2i}+\cdots+v_{mi}}{m} \tag{27.1}$$

新的聚类中心和原先的相比会有一个位移，图 27.2 中用箭头表示了中心的移动。箭头指向处为新的聚类中心。

4. 重复上述过程，直到每次新的中心和旧的中心之间的偏移非常非常小，即过程收敛，如图 27.3、图 27.4 所示。

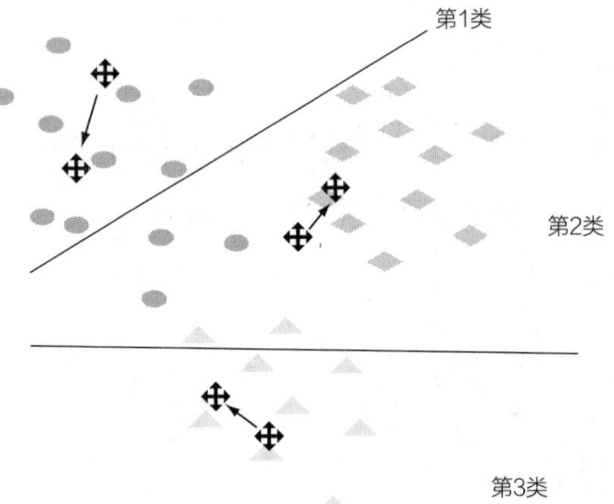

图 27.3 第二次迭代后的结果

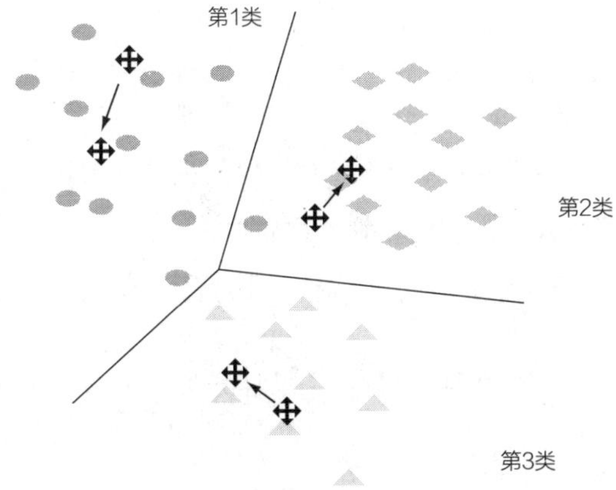

图 27.4　第三次迭代后，基本已经收敛

上面这个例子是我随机生成的，大家从这几张图可以看出，聚类的过程经过几次迭代就可以收敛了。这个方法不需要任何人工干预和先验的经验（Prior Experience），是一些纯粹的数学计算，最后就完全得到了自动的分类。这简直有点令人难以置信，读者可能会问这样做是否就能保证将距离近的点聚集在一起？如果能，为什么？

2　延伸阅读：期望最大化和收敛的必然性

读者背景知识：机器学习或者模式分类。

首先要明确一点，就是我们的距离函数足够好，它能保证同一类相对距离较近，而不同类的相对距离较远。我们希望最终的分类结果是：相近的点都被聚集到了一类中，这样同一类中各个点到中心的平均距离d较近，而不同类中心之间的平均距离D较远。我们希望的迭代过程是每一次迭代时，d比以前变小，而D变大。

假定第 1 类到第 K 类中分别有 $n_1, n_2, \cdots, n_k$ 个点，每一类中，点到中心的平均距离是 $d_1, d_2, \cdots, d_k$，因此 $d = (n_1 \cdot d_1 + n_2 \cdot d_2 + \cdots + n_k \cdot d_k)/k$ 。继续假定第 i 类和第 j 类中心之间的距离是 D_{ij}，那么 $D = \sum_{i,j} \frac{D_{ij}}{k(k-1)}$。如果考虑到不同类的大小，即点的数量，那么 D 加权平均的公式应该是

$$D=\sum_{i,j}\frac{D_{ij}n_in_j}{n(n-1)} \qquad (27.2)$$

假定有一个点 x，它在前一次迭代中属于第 i 类，但是在下一次迭代中，它和第 j 类距离更近，根据我们的算法，它将被安排到第 j 类中。不难证明 $d(i+1)<d(i)$，同时 $D(i+1)>D(i)$。

好了，知道了每一步迭代后，我们都离目标（最佳分类）更近了一步，直到最终达到最佳分类。

可以把上面的思想扩展到更一般的机器学习问题中。上述算法实际上包含了两个过程和一组目标函数。这两个过程如下。

1. 根据现有的聚类结果，对所有数据（点）重新进行划分。如果把最终得到的分类结果看作是一个数学的模型，那么这些聚类的中心（值），以及每一个点和聚类的隶属关系，可以看成是这个模型的参数。

2. 根据重新划分的结果，得到新的聚类。

而目标函数就是上面的点到聚类的距离 d 和聚类之间的距离 D，整个过程就是要最大化目标函数。

在一般性的问题中，如果有非常多的观测数据（点），可用类似上面的方法，让计算机不断迭代来学习一个模型。首先，根据现有的模型，计算各个观测数据输入到模型中的计算结果，这个过程称为期望值计算过程（Expectation），或 E 过程；接下来，重新计算模型参数，以最大化期望值。在上面的例子中，我们最大化 D 和 $-d$，这个过程称为最大化的过程（Maximization），或 M 过程。这一类算法都称为 EM 算法。

前面介绍过的很多算法，其实都是 EM 算法，比如隐马尔可夫模型的训练方法 Baum-Welch 算法，以及最大熵模型的训练方法 GIS 算法。在 Baum-Welch 算法中，E 过程就是根据现有的模型计算每个状态之间转移的次数（可以是分数值）以及每个状态产生它们输出的次数，M 过程就是根据这些次数重新估计隐马尔可夫模型的参数。这里最大化的目标函数就是观测值的概率。在最大熵模型的通用迭代算法 GIS 中，E 过程就是跟着现有的模型计算每一个特征的数学期望值，M 过程就是根据这些特征的数学期望值和实际观测值的比值，调整模型参数。这里，最大化的目标函数是熵函数。

最后还要讨论一点，就是 EM 算法是否一定能保证获得全局最优解？如果我们优化的目标函数是一个凸函数，那么一定能保证得到全局最优解。所幸的是我们的熵函数是一个凸函数，如果在 *N* 维空间以欧氏距离做度量，聚类中我们试图优化的两个函数也是凸函数。但是，对应的很多情况，包括文本分类中的余弦距离都不保证是凸函数，因此有可能 EM 算法给出的是局部最佳解而非全局最佳解（见图 27.5）。

图 27.5　爬到了山顶，那个山头好像更高，可是我已经找不到向上的路了

小结

EM 算法只需要有一些训练数据，定义一个最大化函数，剩下的事情就交给计算机了。经过若干次迭代，我们需要的模型就训练好了。这实在是太美妙了，这也许是造物主刻意安排的，所以我把它称作上帝的算法。

第 28 章　逻辑回归和搜索广告

搜索广告之所以比传统的在线展示广告（Display Ads）赚钱多很多，除了搜索者的意图明确外，更重要的是靠预测用户可能会点击哪些广告，来决定在搜索结果页中插入哪些广告。

1　搜索广告的发展

搜索广告基本上走过了三个阶段。第一个阶段是以早期 Overture 和百度的广告系统为代表，按广告主出价高低来排名的竞价排名广告。简单地说，谁给钱多，就优先展示谁的广告。为了支持这种做法，雅虎还给出了一个假设，出得起价钱的公司一定是好公司，因此不会破坏用户体验。但是这个假设等同于好货一定能淘汰劣货，事实并非如此，出得起价钱的公司常常是靠卖假药谋得暴利的公司。这样一来就破坏了用户体验，很快用户不再点这些广告了，久而久之，所有广告都乏人问津。如果这样持续多年，没有了点击量，广告商也就不来了，这个行业就要萎缩。

事实上，这种看上去挣钱多的方法，并没有给雅虎带来比 Google 更多的利润，它的单位搜索量带来的收入(一般以千次搜索量带来的收入来衡量，称为 RPM）不到 Google 的一半。Google 并不是简单地将出价高的广告放在前面，而是预测到哪个广告可能被点击，综合出价和点击率（Click

Through Rate，CTR）等因素决定广告的投放。几年后，雅虎和百度看到自身与 Google 的差距，有样学样，推出了所谓的“Panama 系统”和“凤巢系统”。它们相当于 Google 的第一个版本，可以看作是搜索广告的第二个阶段。这里面的关键技术就是预测用户可能点击候选广告的概率，或者称为点击率预估。第三个阶段其实是进一步的全局优化，与本章主题无关，就不赘述了。

预估点击率，最好的办法就是根据以往经验值来预测。比如对特定的查询，广告 A 展示了 1 000 次，点击 18 次；广告 B 展示 1 200 次，点击 30 次，两者点击率分别为 1.8% 和 2.5%。这样一来，如果两个广告出价相当，优先展示广告 B 似乎更合理些。

实际情况远没有这么简单。首先，这种办法对于新的广告显然不合适，因为它们没有被点击的历史数据。

第二，即使对于旧的广告，绝大部分时候，一个查询对应的特定广告不过两三次的点击。这时候，统计的数据严重不足，很难说被点了三次的就比被点了两次的好；这就好比我们不能看到楼下有两个男生、三个女生，就得出这个城市的男女比例是 2∶3 一样。

第三，广告的点击量显然与展示位置有关，放在第一条的广告的点击率理所当然比第二条的点击率要高很多。因此，在预估点击率时，必须消除这个噪声。最后还要指出，影响点击率的因素非常多，这些都是在预估点击率时要考虑的。

现在麻烦了，这么多因素要用一个统一的数学模型来描述并不容易。更何况我们还希望这个模型能够随着数据量的增加越做越准确。早期有很多对经验值进行修正和近似的做法，但是在整合各个特征时，效果都不是很好。后来工业界普遍采用了逻辑回归模型（Logistic Regression Model）。

2 逻辑回归模型

逻辑回归模型是指将一个事件出现的概率逐渐适应到一条逻辑曲线（Logistic Curve，其值域在 (0, 1)）上。逻辑曲线是一条 S 形曲线，特点是一开始变化快，逐渐减慢，最后饱和。一个简单的逻辑回归函数有如下形式

$$f(z)=\frac{e^z}{e^z+1}=\frac{1}{1+e^{-z}} \tag{28.1}$$

对应图 28.1 所示的曲线。

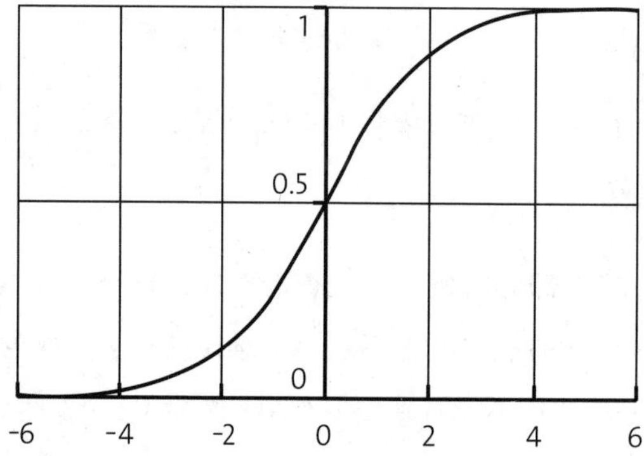

图 28.1 逻辑回归函数的曲线

逻辑回归的好处是它的变量的范围为（$-\infty$，$+\infty$），而值域限制在（0, 1) 之内。（当然，由于 z 超出 [−6，6] 后函数值基本上没有变化，在应用中一般不考虑。）我们知道对应于 [0，1] 之间的函数可以是一个概率函数，这样逻辑回归函数就跟一个概率分布联系起来了。而自变量 z 的值在($-\infty$，$+\infty$）的好处是，它可以把这种信号组合起来，不论组合成多大或多小的值，最后依然能得到一个概率分布。

回到上述预估点击率的问题，假如有 k 个影响点击率的变量 $x_1,x_2,\cdots,x_k$。用线性的办法将它们组合起来

$$z=\beta_0+\beta_1x_1+\beta_2x_2+\cdots+\beta_kx_k \tag{28.2}$$

其中每一个x_i被称为变量，代表影响概率预测的各种信息，比如广告的位置、广告和搜索词的相关性、广告展现的时间（比如晚上广告的点击率会略高于下午）。对应的β_i被称为其回归参数，表示相应变量的重要性。β_0是一个特殊的参数，与任何变量无关，可以保证在没有任何信息时，有一个稳定的概率分布。

下面看一个简单的例子，预测一下一个有关鲜花搜索的广告点击率。假定几个影响点击率的因子分别是每千次展示的点击次数（或者说单位点击量所需要的展现量）、广告和搜索的相关性（对应第二个变量X_2）、目标人群的性别（对于第三个变量X_3）等。

假定X_1对应单位点击所需的展现量；X_2对应广告和搜索的相关性，在 0-1 之间，1 为完全匹配，0 为毫无关系；X_3对应性别，1 为男性，0 为女性。

假定对应的参数$\beta_0 = 5.0$，$\beta_1 = 1.1$，$\beta_2 = -10$，$\beta_3 = 1.5$。

比如搜索关键词是“鲜花”，广告是“玫瑰”，对应的变量值分别为$X_1 = 50$，$X_2 = 0.95$，用户为男性。那么$Z = 5 + 1.1 \times 50 + (-10) \times 0.95 + 1.5 \times 1 = 52$，点击率的预估

$$P = \frac{1}{Z} = 0.019 = 1.9\% \tag{28.3}$$

这里面的技巧有两点。第一是如何选取与广告点击相关的信息，这些是专门从事搜索广告的工程师和数据挖掘专家的工作，这里就不赘述了。我们集中介绍一下第二点 —— 如何决定这些参数β。

上面的逻辑回归函数其实是一个一层的人工神经网络，如果需要训练的参数数量不多，则所有训练人工神经网络的方法都适用。但是，对于搜索广告的点击率预估这样的问题，需要训练的参数有上百万个，因此要求更有效的训练方法。读者可能已经发现，具有公式（28.1）形态的逻辑回归函数和前面介绍过的最大熵函数，在函数值和形态上有着共性，它

们的训练方法也是类似的，训练最大熵模型的 IIS 方法可以直接用于训练逻辑回归函数的参数。

一个广告系统中，点击率预估机制的好坏决定了能否成倍提高单位搜索的广告收入。而目前 Google 和腾讯的广告系统在预估点击率时都采用了逻辑回归函数。

小结

逻辑回归模型是一种将影响概率的不同因素结合在一起的指数模型。和很多指数模型（例如最大熵模型）一样，它们的训练方法相似，都可以采用通用迭代算法 GIS 和改进的迭代算法 IIS 来实现。除了在信息处理中的应用，逻辑回归模型还广泛应用于生物统计。

第 29 章　各个击破算法和 Google 云计算的基础

云计算在 2005 年被划了一个大大的问号，而今天，连非 IT 行业的人都开始谈论这个问题。2011 年，我参加了七八个云计算的研讨会、标准制定会，总的感觉是，当时大家对云计算的表层多有了解，但是，对技术的关键点了解还甚少。但是到了今天，大家对云计算基本上有了统一的认识。

云计算技术涉及的面很广，从存储、计算、资源的调度到权限的管理等，有兴趣的读者可以参看拙作《浪潮之巅》中关于云计算的一章，这里不再赘述。云计算的关键之一是，如何把一个非常大的计算问题，自动分解到许多计算能力不是很强大的计算机上，共同完成。针对这个问题，Google 给出的解决工具是一个叫 MapReduce 的程序，其根本原理就是十分常见的分治（Divide-and-Conquer）算法，我称之为“各个击破”法。

1　分治算法的原理

分治算法是计算机科学中最漂亮的工具之一。它的基本原理是：将一个复杂的问题，分成若干个简单的子问题进行解决。然后，对子问题的结果进行合并，得到原有问题的解。

2 从分治算法到 MapReduce

熟悉计算机算法的读者都知道归并排序（Merge Sort）的原理。假定要对一个长度为N的数组$a_1, a_2, a_3, \cdots, a_N$进行排序，如果采用对$a_i$和$a_j$两两比较的办法（冒泡排序），复杂度是$O(N^2)$，不仅非常笨（慢），而且如果数组过大（比如几千亿个元素），也无法在一台计算机上完成。用分治算法，是将这个大数组分为几份，比如一分为二，变为$a_1, a_2, \cdots, a_{N/2}$和$a_{N/2+1}, a_{N/2+2}, \cdots, a_N$，对每一半分别进行排序。当这两个子数组排序完毕后，把它们从头到尾合并，得到原数组的排序结果。对应的大小正好是原数组一半大，只需要进行 1/4 的比较即可。当然，合并的过程需要一些额外的时间，但是与节省的时间相比可以忽略不计。同理，还可以把前后每一半子数组继续分解成更小的子数组，直到子数组中只有两个元素。这种做法大大缩短了整个排序的时间，复杂度由原来的$O(N^2)$简化到$O(N \cdot \log N)$[1]，如果N是一百万，那么计算时间将缩短一万倍。这个排序算法要求每个子任务完成后，结果都要进行合并，归并排序算法因此得名。

1 推导如下：假定N个元素的数组归并排序的算法计算时间是$T(N)$，那么$N/2$个元素的子数组排序时间为$T(N/2)$，合并过程的计算时间为N的线性函数，即$O(N)$。因此$T(N) = 2T(N/2) + O(N)$。解这个递归方程，即得$T(N) = O(N \cdot \log N)$。

假定矩阵 $\boldsymbol{A} = \begin{bmatrix} a_{11} & a_{12} & \cdots & a_{1N} \\ a_{21} & a_{22} & \cdots & a_{2N} \\ \cdots & \cdots & \cdots & \cdots \\ a_{N1} & a_{N2} & \cdots & a_{NN} \end{bmatrix}$，矩阵 $\boldsymbol{B} = \begin{bmatrix} b_{11} & b_{12} & \cdots & b_{1N} \\ b_{21} & b_{22} & \cdots & b_{2N} \\ \cdots & \cdots & \cdots & \cdots \\ b_{N1} & b & \cdots & b_{NN} \end{bmatrix}$，

要计算它们的乘积 $\boldsymbol{C} = \boldsymbol{A} \times \boldsymbol{B}$。

$$c_{nm} = \sum_i a_{ni} \cdot b_{im} \tag{29.1}$$

做上面的计算要扫描矩阵 $\boldsymbol{A}$ 中n行的所有元素，以及矩阵 $\boldsymbol{B}$ 中m列的所有元素。

$$\begin{bmatrix} c_{11} & \cdots & c_{1j} & \cdots & c_{1N} \\ \cdots & \cdots & \cdots & \cdots & \cdots \\ c_{i1} & \cdots & c_{ij} & \cdots & c_{iN} \\ \cdots & \cdots & \cdots & \cdots & \cdots \\ c_{N1} & \cdots & c_{N2} & \cdots & c_{NN} \end{bmatrix}$$

$$
= \begin{bmatrix} a_{11} & \cdots & a_{1j} & \cdots & a_{1N} \\ \cdots & \cdots & \cdots & \cdots & \cdots \\ a_{i1} & \cdots & a_{ij} & \cdots & a_{iN} \\ \cdots & \cdots & \cdots & \cdots & \cdots \\ a_{N1} & \cdots & a_{Nj} & \cdots & a_{NN} \end{bmatrix} \times \begin{bmatrix} b_{11} & \cdots & b_{1j} & \cdots & b_{1N} \\ \cdots & \cdots & \cdots & \cdots & \cdots \\ b_{i1} & \cdots & b_{ij} & \cdots & b_{iN} \\ \cdots & \cdots & \cdots & \cdots & \cdots \\ b_{N1} & \cdots & b_{Nj} & \cdots & b_{NN} \end{bmatrix} \quad (29.2)
$$

如果一台服务器存不下整个大数组，这件事就变得很麻烦。好了，让我们看看分治算法怎么做。首先，把矩阵 $\boldsymbol{A}$ 按行拆成 10 个小矩阵 $\boldsymbol{A}_1, \boldsymbol{A}_2, \cdots, \boldsymbol{A}_{10}$，每一个有 $N/10$ 行，如图 29.1 所示。

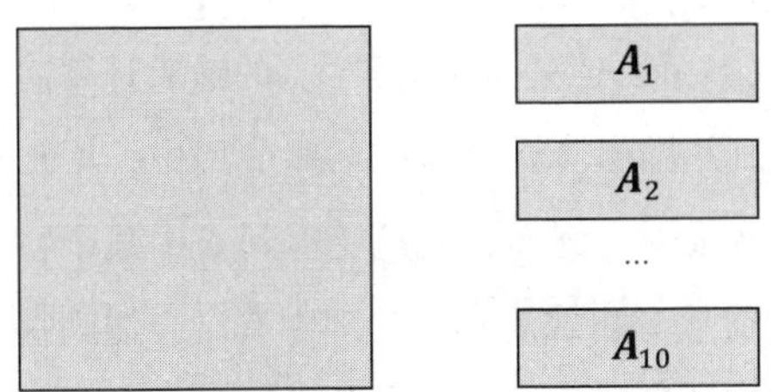

$\boldsymbol{A}$：$N\times N$ **的矩阵**　　$\boldsymbol{A}_1, \boldsymbol{A}_2, \cdots, \boldsymbol{A}_{10}$：$N/10\times N$ **的矩阵**

图 29.1　将矩阵 $\boldsymbol{A}$ 按行分成 10 个子矩阵 $\boldsymbol{A}_1, \boldsymbol{A}_2, \cdots, \boldsymbol{A}_{10}$

分别计算每个小矩阵 $\boldsymbol{A}_1, \boldsymbol{A}_2 \cdots, \boldsymbol{A}_{10}$ 和 $\boldsymbol{B}$ 的乘积，不失一般性，以 $\boldsymbol{A}_1$ 来说明，

$$
c_{nm}^1 = \sum_i a_{ni}^1 \cdot b_{im} \quad (29.3)
$$

这样就在第一台计算机上计算出 $\boldsymbol{C}$ 矩阵中前 1/10 行的元素（见图 29.2）。

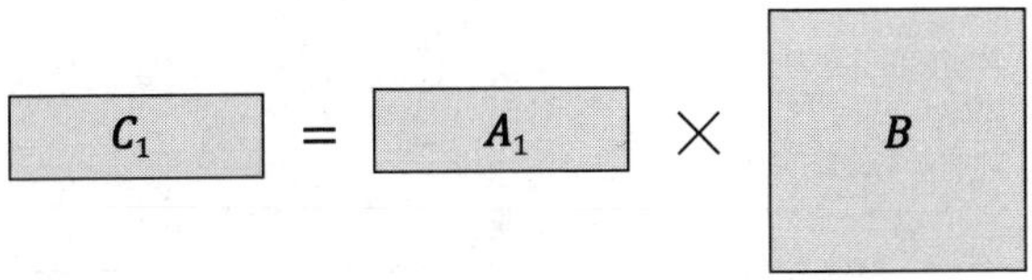

$$\boldsymbol{C}_1 = \boldsymbol{A}_1 \times \boldsymbol{B}$$

图 29.2　第一台服务器完成前 1/10 的计算量

同理，可以在第二台、第三台……服务器上计算出其他元素（见图 29.3）。当然，细心的读者可能会发现，矩阵 $\boldsymbol{B}$ 和矩阵 $\boldsymbol{A}$ 一样大，一台服务器同样存不下。不过没有关系，同样可以按列切分矩阵 $\boldsymbol{B}$，使得每台服务器只存矩阵 $\boldsymbol{B}$ 的 1/10。上述公式可以直接使用，只是这回只完成了 $\boldsymbol{C}_1$ 的 1/10。

因此，这次需要 100 台服务器而不是原来的 10 台，于是，在单机上无法求解的大问题就被分解成小问题得以解决。

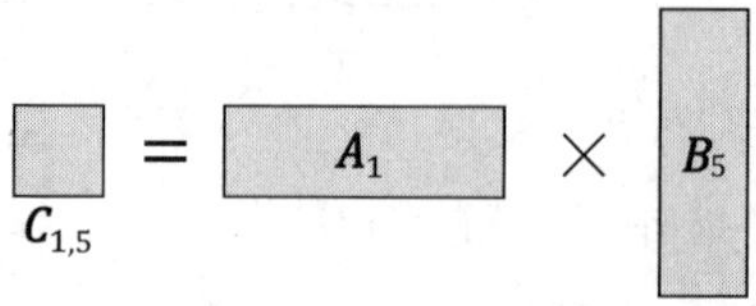

$$C_{1,5} = A_1 \times B_5$$

图 29.3　第一台服务器的工作被分配到 10 台中，这是其中的第五台

在上面的例子中，增加了服务器的数量，但是每个元素$c_{n,m}$的绝对计算时间其实并没有减少（这一点不像归并排序）。可是在某些应用中，增加服务器数量能带来绝对计算时间的减少。例如，只是要得到 $\boldsymbol{C}$ 中某个特定元素$c_{n,m}$而不是整个 $\boldsymbol{C}$ 矩阵，在链接分析或者日志处理中有时会遇到这种需求，假如希望通过 10 倍的机器能够缩短计算时间，这个需求也可以通过分治算法来实现，具体解决方法如下。

对矩阵 $\boldsymbol{A}$ 按行切分，对矩阵 $\boldsymbol{B}$ 按列切分。$\boldsymbol{A}_1$ 是 $\boldsymbol{A}$ 的前 1/10 行，$\boldsymbol{A}_2$ 是接下来的 1/10，等等，对 $\boldsymbol{B}$ 也是如此。然后用同样的方法计算得到 10 个中间结果 $c_{nm}^1, \cdots, c_{nm}^{10}$。而 $c_{n,m}$ 只是这 10 个数字相加的结果。下面每个结果的计算量都是最后结果的 1/10。这样，我们就用 10 倍的计算机数量将计算时间缩短了 10 倍。

$$\begin{aligned}
c_{nm}^1 &= \sum_{i=1}^{\frac{N}{10}} a_{ni} \cdot b_{im} \\
c_{nm}^2 &= \sum_{i=N/10+1}^{\frac{2N}{10}} a_{ni} \cdot b_{im} \\
&\cdots \\
c_{nm}^{10} &= \sum_{i=9N/10+1}^{N} a_{ni} \cdot b_{im}
\end{aligned} \tag{29.4}$$

这就是 MapReduce 的根本原理。将一个大任务拆分成小的子任务，并且完成子任务的计算，这个过程叫作 Map，将中间结果合并成最终结果，这个过程叫作 Reduce。当然，如何将一个大矩阵自动拆分，保证各个服务器负载均衡，如何合并返回值，就是 MapReduce 在工程上所做的事情了。

在 Google 开发 MapReduce 之前，上述思想已经在很多高强度计算上应用了。我在约翰·霍普金斯大学训练最大熵模型时就遇到过类似的问题。我经常需要用 20 台左右的服务器（这在 Google 云计算出来前已经是非常奢侈了）同时工作。我工作的方式就是手工将这些大矩阵拆开并且推送（Push）到不同的服务器上，然后把结果组合起来。加州大学伯克利分校提供了一个在操作系统上检测各个子任务完成情况的工具，这样，我只需写一个批处理流水线来完成 Map 和 Reduce 这两个过程。唯一的差别是，有了 MapReduce 工具，所有的调度工作都是自动完成的，而在此以前，我需要手工完成计算机的调度工作。

小结

我们现在发现 Google 颇为神秘的云计算中最重要的 MapReduce 工具，其实原理就是计算机算法中常用的“各个击破”法，它的原理原来这么简单——将复杂的大问题分解成很多小问题分别求解，然后再把小问题的解合并成原始问题的解。由此可见，在生活中大量用到的、真正有用的方法往往简单而又朴实。

第 30 章　Google 大脑和人工神经网络

2019 年 3 月 26 日，美国计算机学会（ACM）公布了前一年（2018 年）图灵奖评选的结果，对深度学习做出开创性贡献的三名美国和加拿大科学家本杰奥（Yoshua Bengio）、辛顿（Geoffrey Hinton）和莱昆（Yann LeCun）荣获该奖项。通常，在科技领域里最高的荣誉不是授予第一个吃螃蟹的人，而是授予最后一批还能做出重大贡献的幸运儿，本杰奥等三人就是这样的幸运儿。一方面，他们进入这个领域足够晚，很多可能的失败前人已经经历过了；另一方面他们进入这个领域又足够早，一些关键性问题还没有被解决。当然，他们也足够幸运，因为他们的理论一经提出，很快就被验证了，而最早验证他们理论的是 Google。

2011 年底，Google 发布了一项新技术，基于深度学习（Deep Learning）的“Google 大脑”。在对外的各种宣传中，这个“大脑”不仅“思考”速度超快，而且比现有的计算机要“聪明”很多。为了证明它的聪明，Google 列举了几个例子。比如，通过 Google 大脑的深度学习（训练）后，语音识别的错误率从 13.6% 下降至 11.6%。大家可不要小看这两个百分点，要做到这一点，通常需要全世界语音识别专家们努力两年左右。而 Google 在语音识别方法上并未做什么新的研究，甚至没有使用更多的数据，只是用一个新的“大脑”重新学习了一遍原有声学模型的参数就做到了，可见这个“大脑”之聪明。又过了 5 年，在 Google 大脑基础架构之上开发出的 AlphaGo 围棋程序（AlphaGo 研发团队领导者 David Silver 获得 2019 年图灵奖）则更是一鸣惊人，战胜了获得世界冠军最多的李世石九段，2017 年又以 3 比 0 的总比分打败当时排名世界第一的柯洁九段，从此人类就进入一个下棋再也下不过计算机的时代了。

然而，如果你把 Google 的那个“大脑”打开来看一看，就会发现它其实并没有什么神秘可言，只不过是利用并行计算技术重新实现了一些人工神经网络（Artificial Neural Network）的训练方法。今天其他的深度学习工具，也是如此。因此，要说清楚 Google 大脑，就必须先说清楚什么是人工神经网络。

1 人工神经网络

有不少专业术语乍一听很唬人，“人工神经网络”就属于这一类，至少我第一次听到这个词就被唬住了。你想啊，在大家的印象中，人们对人脑的结构都还根本没有搞清楚，这就冒出来一个“人工的”神经网络，似乎是在用计算机来模拟人脑。想到人脑的结构那么复杂，大家的第一反应一定是人工神经网络肯定非常高深。如果有幸遇到一个好心同时又善于表达的科学家或教授，他愿意花一两个小时的时间，深入浅出地为你讲解人工神经网络的底细，你就会发现，“哦，原来是这么回事”。要是不幸遇到一个爱卖弄的人，他会很郑重地告诉你“我在使用人工神经网络”或者“我研究的课题是人工神经网络”，然后就没有下文了，如此，你除了对他肃然起敬外，不由得可能还会感到自卑。当然还有好心却不善言辞的人试图讲清楚这个概念，但是他用了一些更难懂的名词，讲得云山雾罩，最后你发现听他讲了好几个小时，结果是更加糊涂了，白白浪费了时间却一无所获，于是你得出一个结论：反正我这辈子不需要搞懂它了。

大家可别以为我是在说笑话，这些都是我的亲身经历。首先，我没有遇到过一两小时给我讲懂的好心人，其次，我遇到了一批在我面前卖弄的人，作为年轻人，总是希望把自己不明白的东西搞懂，于是我决定去旁听一门课。不过，我听了两三次便不再去了，因为除了浪费时间，似乎我并没得到什么收获。好在我自己做研究暂时用不到它，也就不再关心了。后来在美国读博士期间，我喜欢在睡觉前躺着看书，没事儿就翻翻几本人工神经网络方面的教科书，居然也看懂了。然后再用它做了两三个项目，算是学会了。到这时回过头来再看人工神经网络，其实并不复杂，入门也不难，只是我走了弯路。

人工神经网络这个词儿听起来像是用人工的办法模拟人脑，加上它使用了一些与生物有关的名词比如“神经元”等，让人感觉很神秘，并且可能会联想到仿生学或认知科学等一辈子都搞不懂的东西。其实除了借用了生物学上的一些名词，并且做了一些形象的比喻外，人工神经网络和人脑没有半点关系，它本质上是我们前面介绍过的一种有向图，只不过它是一种特殊的有向图。我们已经知道有向图包括节点和连接这些节点的有向弧，而人工神经网络也具有节点，只是它使用了一个新的名词——神经元。而它的有向弧则被看成是连接神经元的神经。当然，它是一种特殊的有向图，其特殊性可以概括如下。

1. 如图 30.1 所示，图中的所有节点都是分层的，每一层节点可以通过有向弧指向上一层节点，但是同一层节点之间没有弧互相连接，而且每一个节点不能越过一层连接到上上层的节点上。在图 30.1 中，虽然我只画了三层节点，但是理论上，人工神经网络的层数可以是任意的。只是在实际应用中一般不会有人设计超过五层的网络，因为网络的层数越多，计算就越复杂。

2. 每一条弧上有一个值（称为权重或者权值），根据这些值，可以用一个非常简单的公式算出它们所指节点的值。比如在图 30.1 中，节点 S_1 的值取决于 X_1 和 X_2 的值（分别以小写的 x_1 和 x_2 代表），以及相应有向弧上的值 w_{11} 和 w_{21}（至于怎么算，我们后面再介绍）。

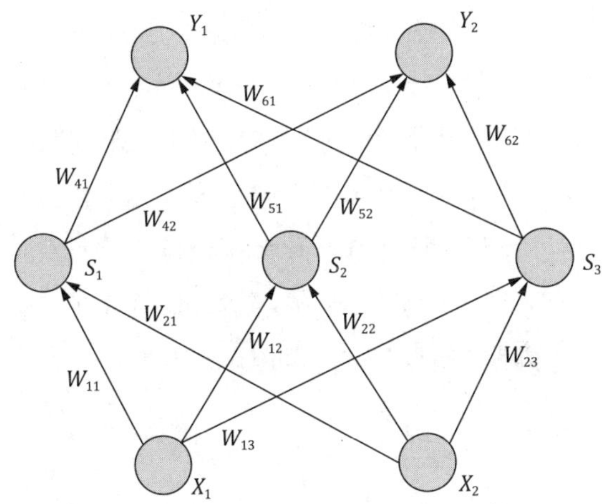

图30.1　一个典型的人工神经网络（三层）

为了便于交流，一些书和论文中还使用了一些约定俗成的提法。比如上图中最下面的一层节点有时被称为输入层，因为在各种应用中，这个模型的输入值只是赋给了这一层节点，有向图中其他各节点的值都是通过这些输入值直接或间接得到的。比如在图 30.1 中，S_1 的值就是直接从 X_1 和 X_2 得到的，而 Y_1 的值则是间接地从 X_1 和 X_2 得到的。对应于最底下的输入层，图中最上面一层节点被称为输出节点，因为我们要通过这个模型获得的输出值都是从这一层节点得到的。当然其他中间各层就被统称为中间层了，对外不可见，因此又被称作隐含层。

讲到这里，读者朋友可能会问，然后呢？没有然后了，人工神经网络就是这么简单！这么简单的东西有什么用呢？我在给学生们讲课时，大部分学生一开始也有同样的疑惑。但是，就是这样一个简单的模型，用处却很大，因为无论是在计算机科学、通信、生物统计和医学，还是在金融和经济学（包括股市预测）中，大多数与“智能”有点关系的问题，都可以归结为一个在多维空间进行模式分类的问题。而上面这种人工神经网络所擅长的正是模式分类。我们可以列举出人工神经网络的很多应用领域，比如语音识别、机器翻译、人脸图像识别、癌细胞的识别、疾病的预测和股市走向的预测等。

为了进一步说明人工神经网络是怎样帮助我们解决上述智能问题的，还是用一个在前面各章经常用到的例子——语音识别。谈到语音识别时我们提到了“声学模型”这个概念，在实际的语音识别系统中，声学模型一般是以“元辅音”[1]为单位建立的，每个元音或辅音对应一组数据，这些数据可以看成是多维空间中的坐标，这样就将每一个元音或辅音对应到多维空间中的一个点或者一个区域。而识别这些语音，实际上就是在这个多维空间中划分一些区域，让每一个音分属于不同的区域，如图 30.2 所示。

1 在实际的语音识别系统中，需要考虑每一个元、辅音及其前后音的联系，这里为了简单起见，我们就假定每一个元、辅音的模型是独立的。

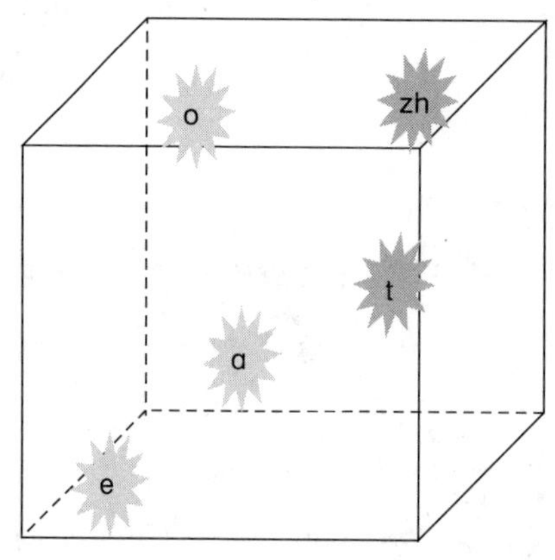

图30.2　元辅音ɑ、o、e、t 和 zh 在多维空间中的示意图

在图 30.2 中我们随机挑选了 5 个元辅音 ɑ、o、e、t、zh 的位置，模式分类（语音识别）的任务就是在空间中切几刀，将这些音所在的区域划分开。

言归正传，让我们来看看人工神经网络是如何来辨别这几个音的。为了简单起见，假设空间只有两维，要区分的两个（元）音只有 ɑ 和 e，它们的分布如图 30.3 所示。

我们在前面讲了，模式分类的任务就是要在空间里切一刀，将 ɑ 和 e 分开。图 30.3 中的虚线便是分割线，左边是 ɑ，右边是 e，如果新的语音进来了，落到左边我们就将它识别成 ɑ，反之则被认为是 e。

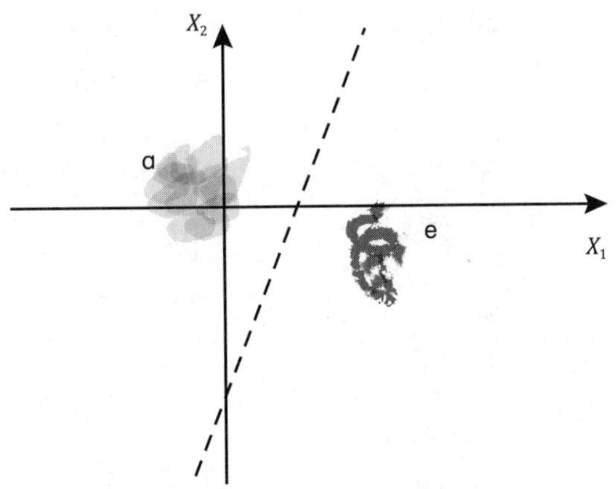

图 30.3 元音 a 和 e 的模式分布图（二维模拟）

现在可以用一个人工神经网络来实现这个简单的分类器（虚线），该网络的结构如图 30.4 所示。

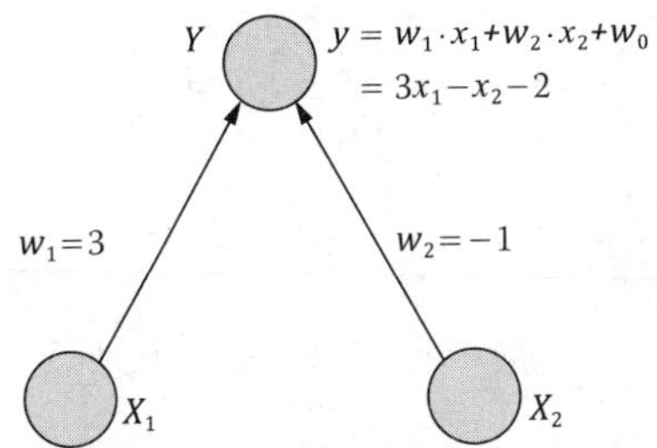

图 30.4 对图 30.3 中的两个元音进行模式分类的人工神经网络

这是一个再简单不过的人工神经网络了。这个网络有两个输入节点 X_1 和 X_2，一个输出节点 Y。在 X_1 到 Y 的弧上，我们赋予一个权重 $w_1 = 3$，在从 X_2 到 Y 的弧上，我们赋予权重 $w_2 = -1$，然后将 Y 这一点上的数值设定为两个输入节点数值 x_1 和 x_2 的一种线性组合，即 $y = 3x_1 - x_2$。注意，上面的函数是一个线性函数，它也可以被看成是输入向量(x_1, x_2)和（指向 Y 的）各条有向弧的权重向量(w_1, w_2)的内积（也叫作点积）。为了后面判断时方便起见，不妨在公式中再加一个常数项 -2，即

$$y = 3x_1 - x_2 - 2 \tag{30.1}$$

现在将平面上的一些点 (0.5, 1)、(2, 2)、(1, -1) 和 (-1, -1) 的坐标输入到第一层的两个节点上，然后看看在输出节点得到了什么值（见图 30.5 和表 30.1）。

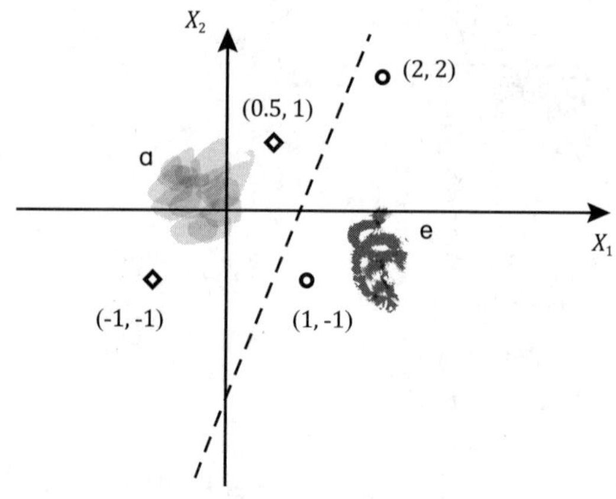

图 30.5 利用人工神经网络对图中的四个点进行模式分类

表 30.1 人工神经网络四个不同的输入值和在输出端对应的输出值

输入值 (x_1, x_2)	输出值 y
(0.5, 1)	-1.5
(2, 2)	2
(1, -1)	2
(-1, -1)	-4

于是就可以说，如果输出节点 Y 得到的值大于零，那么这个点就属于第一类 e，反之则属于第二类 a。显然，图 30.4 中这个简单的人工神经网络完全等价于图 30.5 中的直线分类器 $x_2 = 3x_1 - 2$。于是我们便用人工神经网络定义了一个线性分类器。

当然，还可以在这个神经网络中将 Y 变成中间节点 S，然后增加一个明显的输出层，包括两个节点Y_1和 Y_2，如图 30.6 所示。

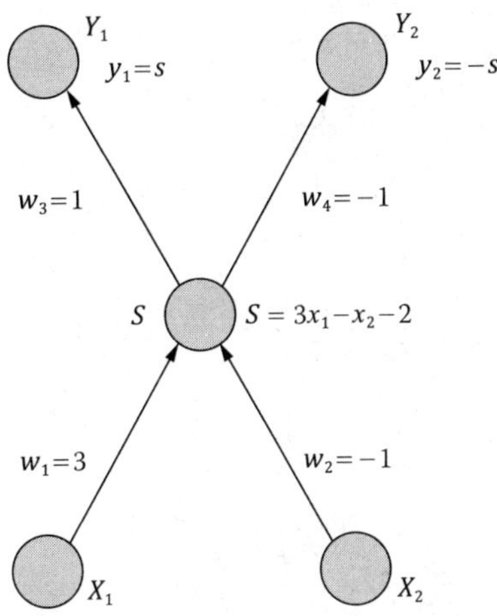

图 30.6　增加两个明显的输出节点后的人工神经网络

这样，Y_1 和 Y_2 哪个输出节点的值大，我们就认为这个点应该属于相应的哪一类。

不过，如果 ɑ 和 e 的分布比较复杂（见图 30.7），就不是用一条直线能够轻易分开的了。当然，只要分界线可以弯曲，还是能够区分这两类。

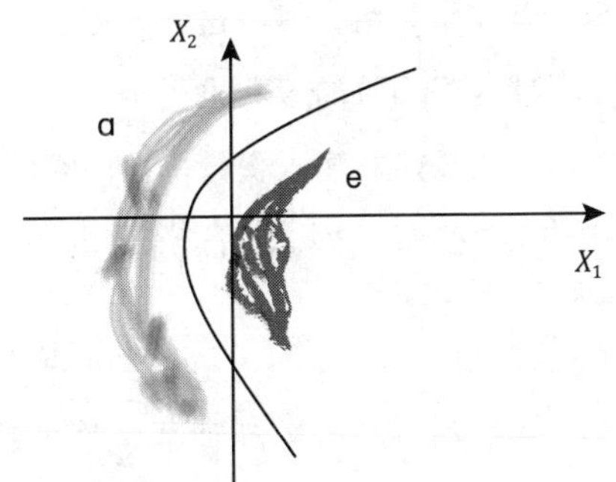

图30.7　复杂的模式就不能用直线分割开来了，必须用曲线分割

为了实现一个弯曲的分界，我们设计了图 30.8 所示的人工神经网络。

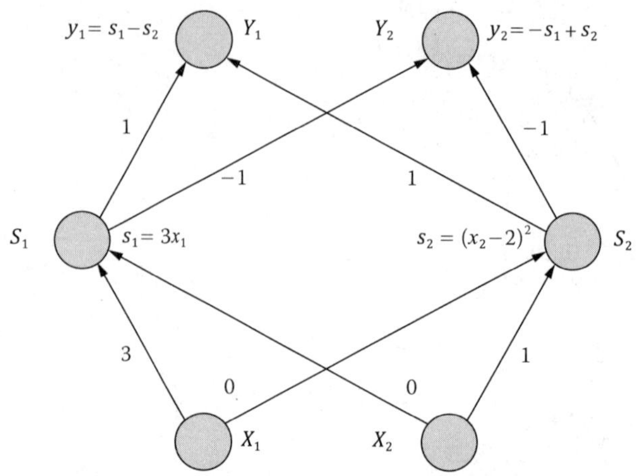

图30.8 针对图 30.7 中的模式设计的人工神经网络（等价于一个非线性分类器）

这个人工神经网络不仅结构稍微复杂了一些（多了一层），而且每个节点取值的计算也变得稍微复杂了一些：节点（神经元）S_2 的取值是用一个非线性函数计算出来的，这个函数被称为神经元函数，具体到上面这个例子中计算 S_2 时采用了一个平方函数（二次函数）。说到这里，大家可能要问，计算每个节点数值的函数是如何选取的？显然，如果允许这些函数随便选取，设计出来的分类器可以非常灵活，但是这样一来，相应的人工神经网络就缺少了通用性，而且这些函数的参数也很难训练。因此，在人工神经网络中，规定神经元函数只能对输入变量（指向它的节点的值）线性组合后的结果进行一次非线性变换。这句话可能有点儿绕，不过我们看下面的这个例子就能明白。

图 30.9 中是一个人工神经网络的局部。节点 $X_1, X_2, \cdots, X_n$ 指向节点 Y，这些节点上的值分别为 $x_1, x_2, \cdots, x_n$，相应弧的权重分别为 $w_1, w_2, \cdots, w_n$。计算节点 Y 的取值 y 分两步，第一步是计算来自这些 $x_1, x_2, \cdots, x_n$ 数值的线性组合：

$$G = w_0 + x_1 \cdot w_1 + x_2 \cdot w_2 + \cdots + x_n \cdot w_n \tag{30.2}$$

第二步是计算 Y 的值 $y = f(G)$。完成了第一步之后，G 其实已经是一个确定的值了。虽然函数 $f(\cdot)$ 本身可以是非线性的，但是由于它是只接受一个变量的函数，因此不会很复杂。这样两个步骤的结合，既保证了人工神经网络的灵活性，又使得神经元函数不至于太复杂。

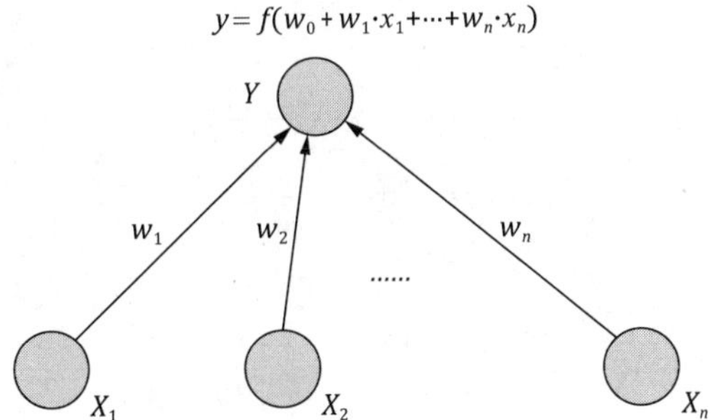

图30.9　神经元函数的含义

为了进一步说明对神经元函数的规定，我们在表 30.2 中给出了一些例子，说明哪些函数可以用作神经元函数，哪些不可以。

表 30.2　一些神经元函数的例子和反例

函数	是否可以作为神经元函数
$y=\log(w_0+x_1\cdot w_1+x_2\cdot w_2+\cdots+x_n\cdot w_n)$	是
$y=(w_0+x_1\cdot w_1+x_2\cdot w_2+\cdots+x_n\cdot w_n)^2$	是
$y=w_0+\log(x_1)\cdot w_1+\log(x_2)\cdot w_2+\cdots+\log(x_n)\cdot w_n$	否
$y=x_1\cdot x_2\cdot\cdots\cdot x_n$	否

回到图 30.8 所示的人工神经网络中，我们实际上得到了一个如下的分类器：

$$3x=(y-2)^2+2 \tag{30.3}$$

这个分类的边界是一条曲线。从理论上讲，人工神经网络只要设计得当，就可以实现任何复杂曲线（在高维空间里是曲面）的边界。现在大家对人工神经网络已经有了基本的认识，让我们来做一下总结。

人工神经网络是一个分层的有向图，第一层输入节点 $X_1,X_2,\cdots,X_n$（图 30.1 中所示最下方的一层）接受输入的信息，也称为输入层。来自这些点的数值 $(x_1,x_2,\cdots,x_n)$ 按照它们输出的弧的权重 $(w_0,w_1,w_2,\cdots,w_n)$，根据公式（30.2）进行线性加权（得到 G），然后再做一次函数变换 $f(G)$，赋给第二层的节点 Y。

第二层的节点照此将数值向后面传递，直到第三层节点，如此一层层传递，直到最后一层，最后一层又被称为输出层。在模式分类时，一个模式（图像、语音、文字等）的特征值（比如坐标），从输入层开始按照上面的规则和公式一层层向后传递。最后在输出层，哪个节点的数值最大，输入的模式就被分在了哪一类。

以上就是人工神经网络的基本原理。

在人工神经网络中，需要设计的部分只有两个，一个是它的结构，即网络分几层，每层几个节点，节点之间如何连接，等等；第二就是非线性函数 $f(\cdot)$ 的设计，常用的函数是指数函数，即

$$f(G) = \mathrm{e}^{G} = \mathrm{e}^{w_0 + x_1 \cdot w_1,\, x_2 \cdot w_2,\, \cdots,\, x_n \cdot w_n} \tag{30.4}$$

这时，它的模式分类能力等价于最大熵模型。

值得指出的是，如果我们把不同输出节点上得到的值看成是一种概率分布，那么实际上人工神经网络就等价于一个概率模型了，比如前面提到的统计语言模型。

到目前为止，我们还没有讲这些弧上的权重，即模型的参数 $(w_0, w_1, w_2, \cdots, w_n)$ 是怎样得到的。与很多机器学习的模型一样，它们是通过训练（学习）得到的，这就是我们下一节要讲的内容。

2 训练人工神经网络

与前面提到的很多机器学习的算法类似，人工神经网络的训练分为有监督的训练（Supervised Training）和无监督的训练（Unsupervised Training）两种。我们先来看看有监督的训练。

在训练之前，需要先取得一批标注好的样本（训练数据），就像表 30.1 中的那些数据一样，既有输入数据 x_1, x_2，又有它们对应的输出值 y。训练的目标是找到一组参数（权重）w，使得模型给出的输出值（它是参数 w 的函数，记作 $y(w)$）和这组训练数据中事先设计好的输出值（假定为 y）尽可能地一致[2]。如果用数学语言来表达这段文字，应该是这样：

2
这里我们使用了“尽可能”三个字，表示可能在某个特定的人工神经网络结构下，不存在一个参数的组合可以让所有的训练数据和模型产生的输出完全吻合，这在机器学习中是常有的现象。

假设 C 为一个成本函数（Cost Function），它表示根据人工神经网络得到的输出值（分类结果）和实际训练中数据的输出值之间的差距，比如可以定义 $C = \Sigma(y(w) - y)^2$（即欧几里得距离），我们训练的目标是找到参数 $\widehat{w}$，使得

$$\widehat{w} = \mathrm{ArgMin}_w \Sigma(y(w) - y)^2 \quad (30.5)$$

现在，训练人工神经网络的问题就变成了一个最优的问题，说得通俗点就是我们中学数学里“找最大（或最小）值”的问题。解决最优化问题的常用方法是梯度下降法（Gradient Descent）。这里就不介绍这个算法的细节了，不过可以打个比方说明其中的道理。我们不妨把寻找最大值的问题[3]看成是爬山，爬到山顶就相当于找到了极大值（当然，下到了谷底就相当于找到了极小值）。那么怎样才能最快爬到山顶呢？梯度下降法讲的是，每次向着最“陡”的方向走一步，这样能保证最快地走到山顶。

3
找最小值的问题也类似。

现在一切都齐备了，我们有了训练数据，定义了一个成本函数 C，然后按照梯度下降法找到让成本达到最小值的那组参数。这样，人工神经网络的训练就完成了。不过，在实际应用中我们常常无法获得大量标注好的数据，因此大多数时候又必须借助无监督的训练得到人工神经网络的参数。

和有监督的训练不同，无监督的训练只有输入数据（x），而没有对应的输出数据（y），这样一来，上面那个成本函数 C 就无法使用了，因为我们无法得知模型产生的输出值和正确的输出值之间的误差是多少。因此，我们需要定义一种新的（而且容易计算的[4]）成本函数，它能够在不知道正确的输出值的情况下，确定（或者预估）训练出的模型是好还是坏。

4
有些时候成本函数的计算并不简单。

设计这样一个成本函数，本身又是一个难题，使用人工神经网络的研究人员需要根据具体的应用来寻找合适的函数。不过总体来讲，成本函数总是要遵循这样一个原则：既然人工神经网络解决的是分类问题，那么我们希望分完类之后，同一类样本（训练数据）应该相互比较靠近，而不同类的样本应该尽可能地远离。比如前面提到的多维空间里的模式分类问题，就可以把每一个样本点到训练出来的聚类中心（Centroid）的欧几里得距离的均值作为成本函数。对于估计语言模型的条件概率，就可以用熵作为成本函数。定义了成本函数后，就可以用梯度下降法进行无监督的参数训练了。

需要指出的是，对于结构复杂的人工神经网络，它的训练计算量非常大，而且这还是个 NP 完全问题，因此有很多机器学习的专家在寻找各种好的近似方法。

3 人工神经网络与贝叶斯网络的关系

从上面很多图中可以看到，人工神经网络与贝叶斯网络非常相似。比如图 30.8 所示的有向图，如果我们说它就是一个贝叶斯网络，也是完全正确的。人工神经网络和贝叶斯网络至少有这样几个共同点。

1. 它们都是有向图，每一个节点的取值只取决于前一级的节点，而与更前面的节点无关，也就是说遵从马尔可夫假设。

2. 它们的训练方法相似，这一点从上面的介绍中就能够看出来了。

3. 对于很多模式分类问题，这两种方法在效果上相似，也就是说很多用人工神经网络解决的问题，也能用贝叶斯网络解决，反之亦然，但是它们的效率可能会不同。如果把人工神经网络和贝叶斯网络都看成是统计模型，那么这两种模型的准确性也是类似的。

4. 它们的训练计算量都特别大，大家在使用人工神经网络时要有心理准备。

不过，人工神经网络与贝叶斯网络还是有不少差别的。

1. 人工神经网络在结构上是完全标准化的，而贝叶斯网络更灵活。Google 大脑选用人工神经网络，就是因为看中了它的标准化这一特点。

2. 虽然神经元函数为非线性函数，但是各个变量只能先进行线性组合，最后对一个变量（即前面组合出来的结果）进行非线性变换，因此用计算机实现起来比较容易。而在贝叶斯网络中，变量可以组合成任意的函数，毫无限制，在获得灵活性的同时，也增加了复杂性。

3. 贝叶斯网络更容易考虑（上下文）前后的相关性，因此可以解码一个输入的序列，比如将一段语音识别成文字，或者将一个英语句子翻译成中文。而人工神经网络的输出相对孤立，它可以识别一个个字，但是很难处理一个序列，因此它主要的应用常常是估计一个概率模型的参数，比如语音识别中声学模型参数的训练、机器翻译中语言模型参数的训练等，而不是作为解码器。

了解到人工神经网络和贝叶斯网络的异同，你会发现很多机器学习的数学工具其实是一通百通，并且可以根据实际问题找到最方便的工具。

4　延伸阅读：Google 大脑

读者背景知识：计算机算法，数值分析。

Google 大脑说穿了是一种大规模并行处理的人工神经网络。那么除了大以外，它和一般的人工神经网络相比，还有什么优点吗？从理论上讲基本上没有了。不过“大规模”本身就能让一个看似简单的工具变得非常有效。要说明这一点，我们先要说明“小规模”有什么问题。

说到这里，我们必须讲一讲人工神经网络的发展历史了。人工神经网络的概念肇始于 20 世纪 40 年代，真正在计算机上实现是 50 年代的事情。完成这个工作的是著名的人工智能专家罗切斯特（Nathaniel Rochester），他也是 1956 年提出人工智能概念的十位科学家之一。由于当时的人工神经网络已经可以解决一些非常简单的分类问题了，因此，很多人在设想这样一个简单的模型最终能否“产生智能”，但是这件事一直没有发生。到了 20 世纪 60 年代末，著名人工智能专家明斯基（Marvin Minsky）找到了两个原因。

第一，只有输入输出层（而没有中间层）的人工神经网络（非常简单的），无法完成哪怕是简单的异或逻辑运算（因为异或不是线性可分的）。

第二，稍微复杂一点的人工神经网络，其训练的计算量不仅是当时的计算机所无法承受的，而且在短期内也不可能实现。

其实这两个原因也可以合并成一个，那就是如果人工神经网络规模小，就干不了什么事情；如果规模大了，计算量又受不了。因此，从 20 世纪 70 年代到 80 年代，人工神经网络被冷落了十几年。到了 20 世纪 90 年代初，由于计算机速度和容量按照摩尔定律给出的指数增长速度，翻了几十番，计算机的速度比 20 世纪 60 年代末增长了上万倍，科学家和工程师们终于能训练规模更大的人工神经网络了。由于之前人工神经网络的名声已经被上一代科学家“玩”坏了，新的一批科学家们为了能够向各国政府要经费，发明了一个新的名词——连接主义，它其实和人工神经网络是一回事。当时各国政府确实也给了不少科研经费，科学家们利用人工神经网络也解决了一些带有智能性质的问题，比如手写体识别，以及小规模的语音识别，但也仅此而已。对于更大的问题，当时的人工神经网络就无能为力了。因此这项技术在热了几年之后又凉了下来，而且把连接主义这个名词也“玩”坏了。由此可见，人工神经网络的规模决定了它能做多大的事情，但是要想让人工神经网络上规模并非易事，因为网络节点之间是连接的，它的复杂度会随着网络规模的扩大呈指数级上升。

2000 年前后是人工神经网络乃至整个人工智能研究的低谷。曾经担任微软杰出研究员的邓力博士和我讲过他的一段亲身经历。那时搞人工智能研究的人在学术界被看成是大忽悠，因此人工智能的会议几乎没有人参加。他有一次在一个人工智能会议上做报告，看到能坐几百人的报告厅只有前排寥寥几个人，心顿时就凉了。在做报告时，他恳求那几个听众不要走，听完他的报告。让他更吃惊的是，其中一位老先生讲，“你放心，我是不会走的，但是等会儿请你也留下来听，因为下一个报告人就是我。”

然而，就是在大家都不看好人工神经网络的时候，本杰奥、辛顿和莱昆三人分别在各自的大学从事大家都看不上的研究，他们通过将概率论和其他机器学习的算法引入人工神经网络，改进了这项历史悠久的机器学习技术，并且拓宽了它的应用范围。当然，这一次科学家们依然得给新技术起一个新名字，鉴于人工神经网络和连接主义都被“玩”坏了，于是科学家们根据网络非常深的特点，给它起名为深度学习。

本杰奥等人的运气特别好。从 20 世纪 90 年代到 2010 年，半导体技术 20 年的发展又让计算机处理器的计算能力（比 20 世纪 90 年代初）增长了成千上万倍，而云计算的兴起使得同时使用成千上万台计算机成为了可能。在这个前提之下，利用人工神经网络就可以干更大的事情了，只是这次计算能力的提升和上一次（20 世纪 70 年代到 90 年代）不同。上一次计算能力的提升基本上是单机性能的提升，因此，人工神经网络的很多训练方法不需要做什么变动；而从 20 世纪 90 年代至今，计算能力的提升一半是靠处理器性能的提升，另一半则是靠很多处理器并行工作体现出来的，因此过去训练人工神经网络的方法就必须改变，以适应云计算的要求。Google 大脑就是在这样的前提下诞生的，其创新之处也在于利用了云计算的并行处理技术。

Google 大脑为什么要采用人工神经网络而不是其他机器学习的技术呢？这里面的原因有三。

第一，从理论上讲，人工神经网络可以在多维空间“画出”各种形状的模式分类边界，有很好的通用性。

第二，虽然在过去的 20 多年里，各种机器学习的算法不断涌现并持续改进，但是人工神经网络的算法非常稳定，几乎没有怎么变过。Google 希望自己开发的计算工具（Google 大脑）能够设计一次，长期使用。否则，如果使用一种每年都要改进的机器学习算法，基础架构也要随之改变，在此之上开发的工具也必须全部重新开发，那么即便这种工具再好也不会有人使用了。

第三，并非所有的机器学习算法（比如贝叶斯网络）都容易并行化，人工神经网络的训练算法相对简单，容易并行实现。

接下来让我们看看 Google 大脑是如何实现的。它的训练算法与 Google 的 MapReduce 的设计思想其实有很多相似之处，两者都使用了分治（Divide-and-Conquer）算法。不同的是，Google 大脑的分治算法更加复杂。为了说明这一点，我们来看图 30.10 所示这个共有五层的人工神经网络。

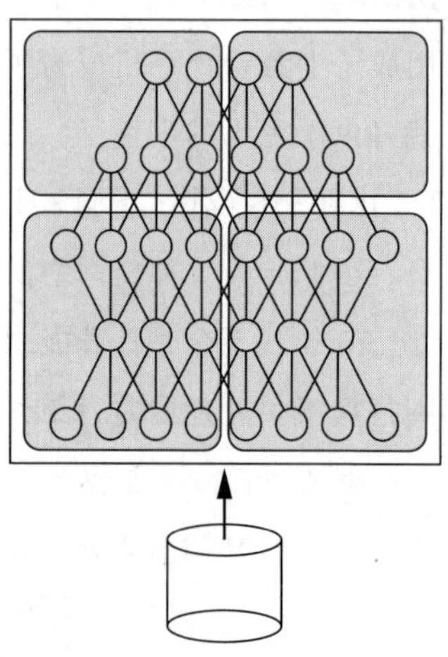

图30.10 将一个人工神经网络分成四块来训练

为了使插图不至于太乱，很多节点之间的连接都被省略了。在这个人工神经网络中，训练的复杂度很高，因此我们把这个网络示意性地切成了四块。当然，在 Google 大脑中可能是切成数千块。与 MapReduce 不同的是，每一块中的计算并不完全是独立的，而要考虑上下左右很多块，当切的块数比较多以后，相互的关联总数大致跟块数的平方成正比。这样会让块与块之间的计算变得比较复杂，但是却把一个原本无法在一台服务器上完成的大问题，分解成大量可在一台服务器上完成的小问题。

除了能够并行地训练人工神经网络的参数外，Google 大脑在减少计算量方面做了两个改进。首先是降低每一次迭代的计算量。Google 大脑采用了随机梯度下降法（Stochastic Gradient Descent），而非前面介绍的梯度下降法。这种算法在计算成本函数时不必像梯度下降法那样对所有的样本都计算一遍，而只需要随机抽取少量的数据来计算成本函数，这样可以大大降低计算量，当然也会牺牲一点准确性。由于 Google 大脑训练的数据量很大，采用传统的梯度下降法每次迭代的计算时间太长，因此平衡了计算时间和准确性后，采用了这种相对较快的算法。第二个改进是减少训练的迭代次数。Google 大脑采用比一般梯度下降法收敛更快的 L-BFGS 方法（Limited-memory Broyden Fletcher Goldfarb Shanno Method），其原理和随机梯度法相似，但要略微复杂些。它的好处是可以根据离最后目标的“远近”调整每次迭代的步长，这样经过很少次的迭代就能收敛，但是它每一次迭代的计算量也会增加一点（因为要计算二阶导数）。另外，L-BFGS 方法更容易并行化实现。

借助这两点改进，Google 大脑才能完成外界认为计算量大得难以承受的人工神经网络的训练任务（见图 30.11）。

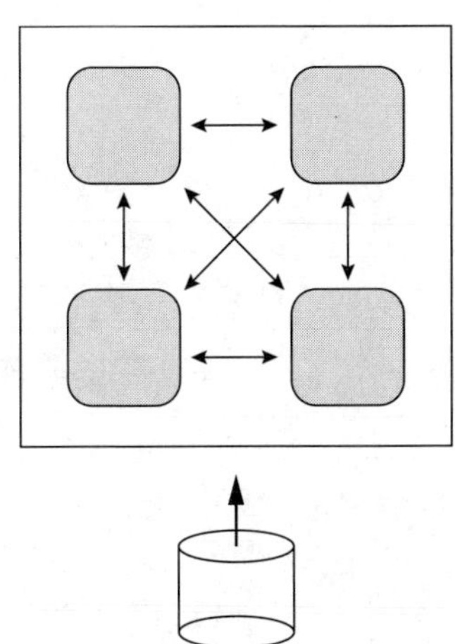

图 30.11 对一个大的人工神经网络训练问题进行分解后，每个子问题只跟周围的问题相关

接下来，我们来看看 Google 大脑中的存储问题。由于只有输入端能接触到训练数据，因此这些数据存储在输入端的服务器（计算模块）本地。而每个服务器每一次迭代训练得到的模型参数则是要收集到一起，并且在下一次迭代开始之前传递到相应计算模块的服务器中，因此这些模型参数是由另一组服务器单独存储的，如图 30.12 所示。

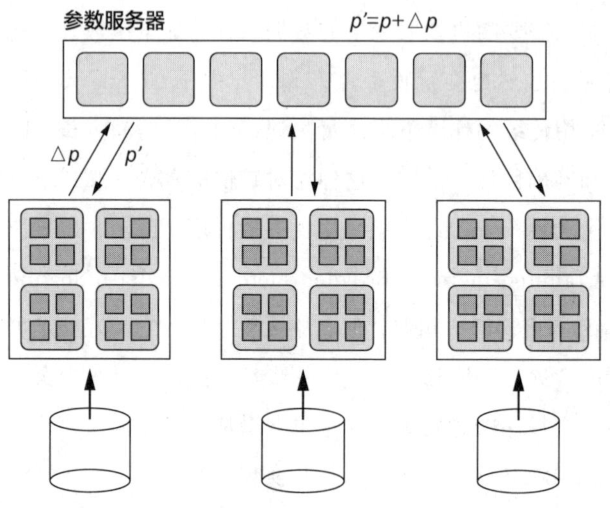

图30.12 Google 大脑数据传输示意图

以上就是整个Google 大脑的设计原理了，下面是Google 大脑的算法。

1. 定义两个服务：取参数和推送参数。

2. 对于第n台服务器，重复下列步骤：

   [// 循环开始

   3. 取参数，取数据

   4. 计算成本函数的梯度

   5. 计算步长

   6. 计算新的参数

   7. 推送新的参数

   ] // 循环结束

小结

人工神经网络是一个形式上非常简单但分类功能强大的机器学习工具，从中可以再次体会到数学中的简单之美。在现实生活中，真正能够通用的工具在形式上必定是简单的。

人工神经网络与其他机器学习的工具关联密切，这让我们能够触类旁通，这也是数学的美妙之处。

Google 大脑并不是一个什么都能思考的大脑，而是一个很能计算的人工神经网络。与其说 Google 大脑很聪明，不如说它很能算。不过，换个角度来说，随着计算能力的不断提高，计算量大但简单的数学方法有时能够解决很复杂的问题。

参考文献

1. Quoc V. Le, Marc' Aurelio Ranzato, Rajat Monga, Matthieu Devin, Kai Chen,Greg S. Corrado, Jeff Dean, Andrew Y. Ng, *Building High-level Features Using Large Scale Unsupervised Learnin, Proceedings of 20th International Conference of Machine Learning*, 2012.
2. Andrea Frome*, Greg S. Corrado*, Jonathon Shlens*, Samy Bengio Jeffrey Dean, Marc' Aurelio Ranzato, Tomas Mikolov, DeViSE: *A Deep Visual-Semantic Embedding Model*.

第 31 章　区块链的数学基础

椭圆曲线加密原理

从 2013 年开始，比特币这种既没有政府信用背书，也没有实体价值支撑的“虚拟货币”忽然从每个三十几美元，被炒至上千美元，很快又飙升到近两万美元。钱的诱惑比任何宣传都有用，那些没有从比特币中挣到钱的人于是马上开始学习它背后的技术——区块链技术，随后发行各种各样的“虚拟货币”来圈钱。到了 2017 年，“虚拟货币”的泡沫达到高峰时，各种“虚拟货币”的价值总计高达 5 000 亿美元。5 000 亿美元是什么概念呢？大约等同于 2008 年全球金融危机时中国政府拿出来刺激经济的救助金总量。不过这种既没有金银抵押，也没有政府背书，甚至没有明确用途的“虚拟货币”只能是一场游戏。于是，除比特币之外，各种“虚拟货币”的价值随后几乎是清零了。当然，能够帮助大家换汇和转移财产的比特币，以及能够为个人发币提供技术支持的以太坊，是目前少数有实际用场的“虚拟货币”，因此币值能够维持在一个基本的价格，但也一直像过山车一样忽高忽低。

很多人问我那些“虚拟货币”前景如何，坦率地说，我对此不是很关心。但是，和很多人一样，我对其底层技术——区块链却非常看好。为什么呢，因为它有很多其他技术难以实现的用途，比如说能从根本上解决信息安全的问题，支持合约的自动执行。区块链是如何做到这一点呢？我们先来看看它的工作机制及其设计上的精妙之处。

1　不对称、不透明之美

人们通常喜欢对称，厌恶不对称，觉得后者不完美。在获取信息时，大家都希望透明，因为不透明、藏着掖着总让人感觉不踏实。但是，不对称有时却自有其妙处与美感，比如黄金分割就是不对称的。对于信息安全来讲，完全透明、完全对称会带来很多的安全隐患。当自己是信息的拥有者时，我们其实并不希望别人可以获得我们的信息，特别是私密信息，只不过常常为了便利，不得不开放许多信息的访问权限，好让对方验证真伪，知道我们是谁，或者能够让对方进行一些统计，来为我们提供更好的服务。过去，我们不开放信息，很多事情就做不成，比如你向银行申请贷款时，几乎就是把所有个人和财务信息开放给了银行。

在完全开放信息的社会里，彻底保护信息安全几乎是天方夜谭。要想保护私有信息，特别是隐私，必须有一套不对称的机制，做到在特定授权的情况下，不需要拥有信息也能使用信息；在不授予访问信息的权限时，也能验证信息。而比特币的意义就在于，它证实了利用区块链能够做到上述这两件事。接下来，我们就说说区块链是如何让比特币做到不需要拥有信息，却能够验证信息的。

区块链由两个英文单词 Block 和 Chain 组成。顾名思义，它应该包含两方面的意思：Block 即模块、单元或数据块的意思，它像一个存储信息的保险箱；Chain 是链条的意思，即表示信息内容和交易的历史记录；交易的细节也存在 Block 中。因此，在一些地方区块链被比喻成是一个不断更新的账本，这是有一定道理的。但是区块链有三个普通账本不可能具备的优点，我们就以比特币为例展开说明。

首先，当一个比特币被创造出来时，记录其原始信息的区块链也就产生了，这个区块链里的信息无法篡改。以后在交易过程中，可以添加它的流通和交易信息，但是却不能覆盖原有信息。这一特性让区块链天然地具备非常好的防伪性质，这是传统账本所不具备的。

其次，相应区块链里的某些信息，外界可以确认其真伪，但无法知道其中的内容。以比特币为例，它最重要的信息是认证这个比特币的密钥，即一长串密码数字。这个密码并不为外界所知，因此也称为私钥。比特币的所有者可以通过私钥产生一个公钥，交给比特币的接收者，接收者可以使用所获得的公钥验证比特币的真伪和所属权，但是他无从知道相应比特币的私钥是什么。这一性质不仅保证了比特币交易的安全，而且可以用来保证各种信息的安全。

当比特币交易完成，从一个人手中交给另一个人时，区块链这个账本记录下交易的过程，大家就对这件事有了共识。以后，相应比特币的新主人可以向其他人发放公钥，以验证区块链的真伪。如果我们用区块链来存储个人信息（而不是钱），就可以在不给对方信息的前提下，让对方验证信息的真伪。比如，我们要卖房子，要证明这个房子属于我们，有资格出售，过去我们要让买主看房产证，并且要由有关部门或者公证机构证明房产证是真的。在未来，数字化的房产证可以用区块链来保存，作为房主，区块链的算法会给我们一个私钥，我们可以产生相应的公钥给购房者，来验证我们的所有权，但是并不泄露其他信息——这样就将拥有信息和认证信息变成了两回事。我们用图 31.1 来说明利用区块链协议验证房产证的过程。需要说明的是，购买者使用公钥后验证了房契的真伪。当然，如果她购买了房子，房契会转到她的名下，并作废原来房主的私钥，然后新房主可以拥有新的私钥，这个过程会记录在区块链的账本里。

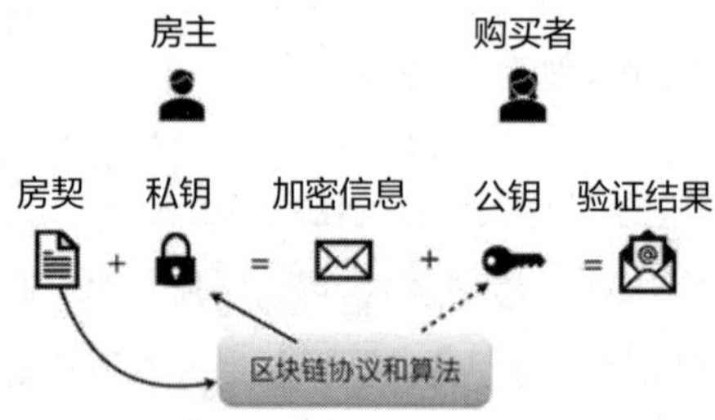

图 31.1 、利用区块链验证房契的真伪

最后，区块链可以成为一种按照约定自动执行的智能合约，而这种合约一旦达成，就不能更改，可以一步步地自动执行，这是一般账本做不到的。显然，区块链的这一性质可以用来解决前面提到的商业纠纷，比如三角债和拖欠农民工工资等问题。

关于区块链的这种形式带来的各种应用，我在《智能时代》一书中有详细的讲述，这里就不赘述了。

从上述三个特点可以看出，区块链给我们提供了超出原来信息加解密范围的应用场景。我们过去通常理解的信息安全是，我们用密钥对信息进行加密，得到加密信息，进行传输或存储，然后再用另一把密钥解密，恢复原来的信息。我们在第 17 章介绍密码学的数学原理时，已经接触到这种加密 / 解密的不对称性，它能够保证信息传输的安全。但是，区块链为它提供了一个新的应用场景，就是用一把密钥对信息加密后，让拿到解密钥匙（公钥）的人只能验证信息的真伪，而看不到信息本身。这就利用信息的不对称性保护了我们的隐私，因为大部分信息的使用者只需要验证信息，不需要拥有信息。比如我们在核实身份时便是如此。

具体到比特币所用到的区块链协议，以及今天大多数改进的协议，通常采用的是一种被称为椭圆曲线加密的方法。相比本书前面讲到的 RSA 加密算法，采用椭圆曲线加密方法可以用更短的密钥达到相当或更好的加密效果。那么，什么是椭圆曲线加密呢？我们就要从椭圆曲线及其性质说起。

2　椭圆曲线加密的原理

椭圆曲线其实和椭圆没有什么关系，它是具有如下性质的一组曲线：

$$y^2 = x^3 + ax + b \tag{31.1}$$

这一类曲线的形状如图 31.2 所示。

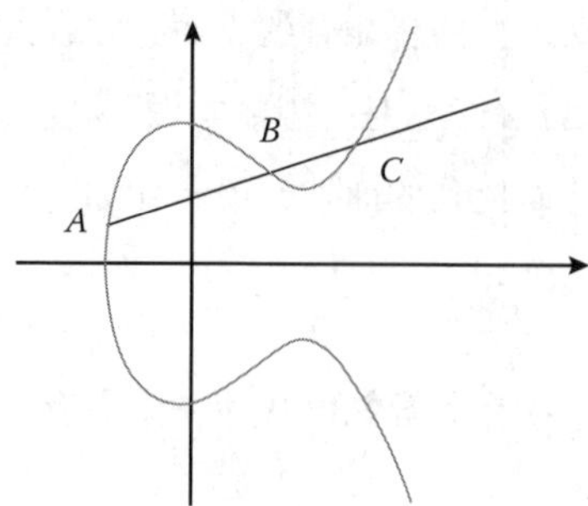

图 31.2 椭圆曲线，以及它与直线的交点

这种曲线的特点是上下对称，非常平滑，具有很多很好的性质，特别是从曲线上的任意一点（图中的 A 点）画一条直线，它最多和曲线本身有三个交点（包括该点本身）。那么这样一种曲线，与加密有什么关系呢？我们用图 31.3 来说明。

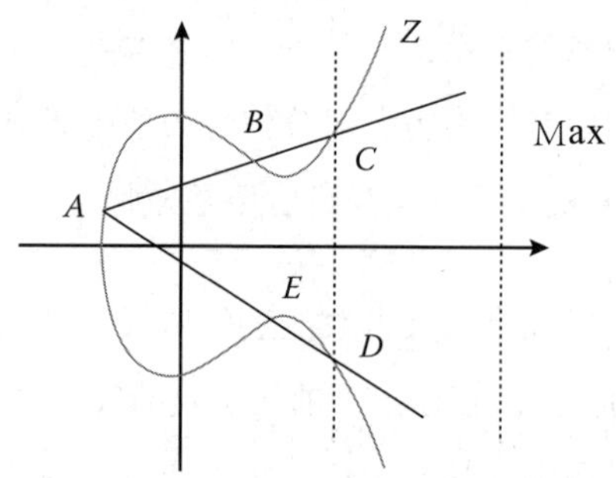

图 31.3 椭圆曲线上的点乘运算过程

在图 31.3 中，我们从 A 点出发，画一条线经过 B 点，最后又和曲线交于 C 点。利用这条性质，我们定义一种运算，叫作点乘“·”，我们用

$$A \cdot B = C \tag{31.2}$$

来表示这三个点之间的关系，即从 A 点向 B 点连线，与曲线相交于 C 点。由于椭圆曲线是相对 X 轴对称的，因此我们用 C 的镜像点 D 作为新的一个点，再与 A 点连一条线，于是，便与椭圆曲线又有了一个交点 E，即

$$A \cdot D = E \tag{31.3}$$

然后我们可以不断重复这个过程。假设我们最后经过 K 次这样的点乘运算，停到了 Z 点。在这个过程中，有四点需要做一下说明。

首先，点乘这个运算满足交换律和结合律，因此先算哪一步，后算哪一步，结果是一样的。这个性质我们就不证明了。

其次，有可能这样点乘计算了若干次后，某个交点的 x 值（即横坐标）非常大，为了防止不断迭代后计算结果发散，我们在右边某个横坐标很大的地方设一个边界 Max，超过 Max 后，再让直线反射回来。

再次，虽然图中的曲线是连续的，每一个点的取值是实数，但是我们在真正使用时，是通过某种变换将它离散化了，因此所有的点都是整数值。

最后，有人可能担心，经过这一次次的运算，会不会又回到原来某个点了。这个不用担心，这个操作有点像两个巨大的素数相乘后，再对某个素数相除取余数（也被称为模计算 mod），只要算法设计得好，和原来某个点重复的可能性近乎为零。

如果我们把上述曲线操作中的点乘想象为数字的乘法，经过 K 次点乘，就相当于做了 K 次方的乘方，那么当给定 A 和 Z 之后，K 其实相当于以 A 为底 Z 的对数。因此，这种计算的过程便被称为椭圆曲线的离散对数计算。为了方便起见，我们定义一个叉乘运算“×”，它有点儿像数字运算中的乘方，我们把上述过程写为：

$$K \times A = Z \tag{31.4}$$

综上，如果我告诉你一开始是从 A 经过 B 到 C，一共走了 K 步，你可以推算出最后停到了 Z，这一过程直观而简单。但是，如果我告诉你起点是 A，终点是 Z，你要想猜出我经过了多少步完成上述过程，这几乎是不可能的，或者说，计算量是极大的。这种不对称性使得验证结果非常容易，但是想破解密码却难上加难。

接下来我们看看基于椭圆曲线对数方法的密码系统是如何设计的。

首先，曲线方程本身，其起始点 A（也被称为基点）是公开的。比如，比特币使用了 SECP256K1 标准，采用的就是下面这条非常简单的椭圆曲线：

$$y^2 = x^3 + 7 \tag{31.5}$$

接下来，我们选择一个私钥 K，也就是运算的次数，并由此运算得到 Z，我们把 Z 作为公钥公布出去。椭圆曲线加密的基本原理就是这样。

下面让我们来看一个具体的例子。假设小艾（用 a 表示）和小白（用 b 表示）要用椭圆曲线加密来传递信息，他们彼此之间需要有一套密码，用来对信息进行编解码。这套密码只限用于他们两个人通信使用，别人不知道。有了区块链系统之后，系统会为小艾和小白各自产生私钥 K_a 和 K_b，它们都是随机数。然后根据上面的公式（31.4），可以由私钥得到公钥 Z_a 和 Z_b，然后将它们交给对方。注意，由 Z_a 和 Z_b 是无法倒推出 K_a 和 K_b 的。

这时小艾知道自己的私钥 K_a，也知道对方给的公钥 Z_b，因此他能计算出 $K_a \times Z_b$，这就是他加密使用的密码。在接收方，小白也能计算出 $K_b \times Z_a$，有趣的是 $K_b \times Z_a$ 就等于 $K_a \times Z_b$，因此他能够用它进行解密，而第三方因为既不知道 K_a，也不知道 K_b，因此也就无法知道小艾和小白通信的密码。我们将上述相等的关系简要证明如下：

$$\begin{aligned} & K_a \times Z_b \\ = & K_a \times (K_b \times A) \\ = & (K_a \times K_b) \times A \\ = & K_b \times (K_a \times A) \\ = & K_b \times Z_a \end{aligned} \tag{31.6}$$

注意，在这个证明的过程中用到的是叉乘运算的可交换性，而这来自原来点乘运算的可交换性。

好了，利用上面的方法，小艾和小白就能进行加密通信了。

对上面的加密方法和解密方法稍加修改，就能实现小白对小艾传送信息的验证，这里我们省略了其中的细节。

椭圆曲线加密方法有很多种，它们的算法和密钥的长度虽然各不相同，但是它们的原理却大同小异。美国国家标准与技术局已经规定了这一类算法的最小密钥长度为 160 位，再往上还有 192 位、224 位等。它们都比 RSA 所要求的最短 1 024 位短很多，这是椭圆曲线加密的优势所在。那么这么短的密钥安全么？ 2003 年，一个研究团队用 1 万台 PC 花了一年半时间破解了一个较短的 109 位密钥。但是，破译的时间是随着密钥长度呈指数增长的，破解 160 位的密钥需要大约 1 亿倍的计算量，破译 192 位、224 位等密钥就更难了。因此，除非计算机的速度有百万倍的提升，否则很难破译椭圆曲线加密的信息。

小结

通过分析探讨比特币背后的数学基础，我们可以看到不对称性所带来的好处。它不仅可以解决信息安全问题，而且能将信息的访问和确认这两步分开，从根本上解决保护隐私的问题。

在实现区块链加密时，采用了非常简单的椭圆曲线。数学家和计算机科学家能想到通过在一条椭圆曲线上一次次求交点，来发明一种简单而漂亮的加密算法，可谓是匠心独运。当然，区块链的发明人利用这种加密方法，又发明了一整套信息验证机制，也是神来之笔。

第 32 章　大数据的威力

谈谈数据的重要性

我们在第 19 章里，讲述了数学模型的重要性。其中提到了一个事实，那就是天文学家开普勒的成功，很大程度上得益于他的老师第谷搜集的大量天文观测数据。与模型一样，数据也十分重要，但是人们在很长时间里却低估了数据的作用。如果有人提出一种新的模型，或者研究出一种新的、有效的算法，很容易被同行认可，常常会被视作重大突破，甚至是划时代的贡献（取决于贡献大小）。而在十年以前，获取和处理数据，每天重复枯燥的计算，就不会让人们那么兴奋、那么有成就感了，即使通过数据做出一些研究成果，也很难发表论文。因此，在学术领域很多人重方法轻数据。

但是，随着互联网的发展，特别是随着云计算的兴起和逐渐普及，这种情况有所改变。由于计算机获取、存储和处理数据的能力快速提升，人们逐渐从大量的数据中发现了很多原本难以找到的规律性，于是，很多科学研究和工程领域（既包括语音识别、自然语言处理和机器翻译等以计算技术为主的领域，也包括生物制药、医疗和公共卫生这些与信息技术看似并无太多关联的领域）都取得了以前难以想象的进步，越来越多的人认识到了数据的重要性，并将数据的重要性提升到了一个前所未有的高度。从 2010 年开始，在各种媒体上频繁出现一个新的概念——“大数据”。

大数据是怎么一回事？它是否又是一次概念的炒作？它跟以往人们说的“大量的数据”是同一回事吗？如果不是，两者又有什么样的联系？在谈到大数据时，大家自然会想到这些问题，也是本章所要解答的。不过，在解答这些问题之前，我们先来谈谈数据的重要性，然后展示一下大数据已经和即将带来的奇迹。相信大家读完这些内容后，就能找到上述问题的答案。

1　数据的重要性

数据可以说伴随着我们的一生。那么什么是数据？很多人认为数据就是一些数字，比如我们常说的实验数据、统计数据，就是以数字的形式表现出来的，这些其实只是狭义上的数据。有人认为数据也可以包括信息和情报，比如我们经常提到的一个词 —— 数据库，其实就是指符合一定格式的信息的汇总。数据库里的数据，可以是某个机构所有成员的基本情况，包括姓名、年龄、通信方式、学历以及履历等（文字信息），已超出数字的范畴。还有人认为数据的含义可以更加广泛，包括任意形式的信息，比如互联网上全部的内容、档案资料、设计图纸、病例、影像资料，等等，这是广义的数据。在这一章里我们要谈的就是广义的数据，它包括上面所有的这一切。

人类的文明与进步，从某种意义上讲是通过对数据进行收集、处理和总结而达成的。在史前时代，我们的祖先在还没有发明记事的媒体工具时，其实已经开始使用数据了。在中国的远古传说中，有伏羲演八卦的故事。伏羲氏是中国上古的三皇之一，比炎、黄二帝还要早得多。也有人说他其实不是一个人，而代表着一个部落，当然这并不重要。据说他发明了八卦，可以借此推演未来的吉凶。伏羲演八卦准不准，这里不做评论，但是这件事说明在远古时期人们已经懂得根据不同的条件（实际上是输入数据）把未来的吉凶归纳成 8 种或 64 种可能的结果（输出数据）。为什么能对未来的吉凶这么分类，而且还有很多人信呢？（虽然我不太相信。）这是因为很多人认为过去所听到的、看到的事情（也是数据）证明了这种归纳分类的正确性。比如在出征之前天气不好，出征打仗不顺利的可能性就比较大，这些事（数据）传给后代，一代代总结，就把天气（天时）和征战的结果联系起来了，并且通过卦象抽象地描述出来。到了农耕文明时代，早先的很多生活经验，比如什么时候要开始播种，什么时候可以收获，常常就是从“数据”中总结出来的，只是那时还没有文字或者很多人不识字，只能一代代地口口相传。在西方也有类似经验的传授，比如《圣经》上讲七个丰年之后接着七个饥年，其实就是对气候现象所做的非常粗糙的统计，当然依据也是数据。

到了文艺复兴以后，近代自然科学开始萌芽并得到了迅速发展，不论是在哪个领域，科学家们很重要的一项工作就是做实验，而做实验的目的就是采集数据，因为科学发明需要通过这些数据来推导或证实。世界上很多著名的科学家，例如伽利略、第谷和居里夫妇，穷其一生都在做实验，采集数据。与伽利略几乎同时代的中国医学家李时珍，写成了医学巨著《本草纲目》，其实也是对药物数据的一种归纳整理。不过，直到互联网普及以前，全球的数据量（以今天的标准来看）都不是很大，这或许也是过去很多人忽视数据的重要性的原因之一。

数据的重要性不仅体现在科学研究中，而且渗透到了我们社会生活的方方面面。在Google内部，产品经理们都遵循这样一个规则：在没有数据之前，不要给出任何结论。因为日常的很多感觉与数据给出的结论是相反的，如果不用数据说话，我们成功的概率就会小很多。为了说明这一点，不妨来看几个例子，来体会一下我们想象的结论和真实的数据差异有多大。

第一个例子是关于一个基本的事实。

2012年，世界上人口最多的10个城市（不包括远郊县）是哪些？我拿这个问题问了十几个人，他们给我的答案大多是这样一些城市：上海、重庆、北京、孟买等（这些都是中国、印度这种人口大国的大都市），或者东京、纽约和巴黎等世界名城。事实上，除了上海、纽约、东京和德里，世界上人口最多的10个城市中的6个都是一般人想不到的。世界地图网站综合了2012年世界各国人口普查结果，给出了世界上人口最多的10大城市，如表 32.1 所示。

表 32.1　世界上人口最多的 10 个城市（2012 年）

排名	城市	所在国家	城市人口（不包括远郊区）
1	东京	日本	37, 126, 000
2	雅加达	印度尼西亚	26, 063, 000
3	首尔	韩国	22, 547, 000
4	德里	印度	22, 242, 000
5	上海	中国	20, 860, 000
6	马尼拉	菲律宾	20, 767, 000
7	卡拉奇	巴基斯坦	20, 711, 000
8	纽约	美国	20, 464, 000
9	圣保罗	巴西	20, 186, 000
10	墨西哥城	墨西哥	19, 463, 000

其中首尔、马尼拉、卡拉奇、圣保罗和雅加达，要是不看数据，很难想得到。

第二个例子可以说明我们在估计一些未知的事件时偏差有多么大。

前腾讯搜索广告部的总经理颜伟鹏博士有一次问大家这样一个问题：在中国主要互联网门户网站（包括新浪、腾讯、搜狐或网易）的首页上放一个 3cm × 5cm 的游戏广告，游戏公司每获得一个点击平均付出的广告费是多少？当时很多人猜是 10 元、30 元、50 元，我多少有些广告经验，大胆猜了 100 元。据颜伟鹏讲，实际在 1 000 元以上（因为点击率太低，不到万分之一，而且还是无意的点击），因此，这样做广告基本上没有效果。这样的数据对于一个公司的市场部非常有用。

第三个例子则说明人们在没有看到数据之前总是倾向于高估自己，或者夸大一件事情的正面效果，而忽视它的负面影响。

据我了解，在有稳定收入的人群里，三到五成人或多或少在自己炒股，其中男性的比例更高。但是，统计表明 95% 的个人投资者最终跑不赢大盘，50%—70% 的频繁短线交易者甚至在亏钱。我周围的同事和朋友智商学历都不低，但是投资表现也并不比这个数据好。我问他们为什么还要干这些吃力不讨好的事情，除了个别人自我解嘲地说是“玩一玩”外，大多数人给出的理由往往是因为看到某个人买了一只股票挣钱了，所以自己要试一试，而且对自己的炒股能力颇为自信，似乎在股市上挣钱很容易。虽然每个人都能举出身边有人通过炒股挣到钱的例子，但是只要看看统计数据，就很容易得出相反的结论。这个例子说明，没有数据支持的决策常常不准确，而且个别成功案例的影响在人们心中会被放大，而风险则被缩小。这个例子还反映出个别数据（个例）与大量数据的区别。

接着，我又问有多少人相信职业投资人所管理的基金能给他们带来比大盘更好的回报。几乎所有人都相信这一点，可是事实上 70%（有时是 90%）的基金长期表现不如大盘。看到这个结论大家可能大感意外，但事实就是如此。这个例子说明我们的想象与现实的差距有多大，在没有获得足够的数据之前，我们难以作出正确的判断。顺便讲一句题外话，有的读者可能会问，如果无论是个人还是基金，表现都不如大盘好，那么钱都到哪儿去了？答案很简单，交易费和各种税（比如印花税、美国股市投资收入所得税[1]等）首先吃掉了收益中的很大一部分，而基金经理的管理费则又吃掉了一大部分。一个动态管理的基金，如果每年收 2% 的管理费（常规），虽然看似不高，但是 30—40 年下来实际上吃掉了利润的一半[2]左右。股市在某种程度上是一个零和的游戏，证监会官员、交易所雇员的工资和各种奢侈的办公条件，其实都是羊毛出在羊身上，而基金经理开的豪车、住的豪宅都是投资人的钱。因此，如果一个散户投资人能真正做到“用数据说话”，只需奉行一条投资决策，那就是买指数基金。这当然不是我的发明，而是投资领域著名的经济学家威廉·夏普（William F. Sharpe）和伯顿·麦基尔（Burton G. Malkiel）等人一直倡导的。

扯了这么多闲话，只是为了强调一点：数据不仅在科学研究中，而且在生活的方方面面都很重要，它应该成为我们日常做决策的依据。

1 中国没有这一税种。

2 例如管理费和交易成本占本金的 2%，原本每年回报 8% 的投资，只剩下了 6%，这看似减少得不是很多，但是 35 年下来，回报就少了一半。因为按照 8% 计算，35 年的总回报是 1278%，而同期的回报只有 668%。

2 数据的统计和信息技术

有了数据之后，如何科学地使用数据，这就要用到一门应用科学 —— 统计学了。今天很多大学里的非数学专业将概率和统计放在一门课里教授，但其实概率论和统计学虽然紧密相关，却是相对独立发展的。概率论是研究随机现象数量规律的数学分支。统计学是通过搜索、整理、分析数据的手段，以达到推断所测对象的本质，甚至预测对象未来的一门综合性科学。我们在前面章节中介绍了概率论在信息技术上的很多应用，而获得那些概率模型，依靠的是统计。

统计首先要求数据量充足。在第 3 章“统计语言模型”中我们讲过，对语言模型中所有参数（概率）的估计需要“足够多”的语料，这样得到的结果才有意义。那么为什么统计量要足够大呢？我们不妨看看下面这样一个例子。

如果你在大学的校门口数一数一天里经过校门的人数，发现有 543 名男生和 386 名女生进出了校门，据此你大致可以得出“这个学校男生略多于女生”的结论。当然，你不敢说男生和女生的比例就是 543∶386，因为你知道统计是有随机性的，也是有误差的。你只能说“差不多就是这个比例”，或者“男女生的比例大约是 6∶4”，等等。只要这个学校男女生出入校门同样频繁，你在统计了 900 多个样本后给出这样的结论，大概没有人会挑战你。但是，换一种情况就不同了，如果你这一天一大早就起床了，到校门口蹲了两分钟，看见有 3 名女生进出，1 名男生进出，就得出该校 3/4 的学生是女生的结论，显然大家不会接受，因为这样的统计非常不准确，可能完全是随机的巧合（见图 32.1）。也许换一天或者换一个时间段，你会发现同样在两分钟里进出校门的四个人全是男生而没有女生，而你同样也不敢得出“这个学校只有男生”的结论。我想大部分读者都会同意这样一个观点，即统计样本数量不充分，则统计数字毫无意义。至于需要多少数据来统计结果（在我们这个问题里是概率的估计）才是准确的，这就需要进行定量分析了。

图 32.1 当进出学校的人数很少时，无法根据行人性别的比例推测校内人员的性别比例

一百多年前，俄国数学家切比雪夫（Pafnuty Lvovich Chebyshev，1821—1894）给出了下面这个不等式，也称作切比雪夫不等式：

$$P(|X - E(X)| \geqslant \epsilon) < \frac{\sigma^2}{n\,\epsilon^2} \tag{32.1}$$

其中 X 是一个随机变量，$E(X)$ 是该变量的数学期望值，n 是实验次数（或者是样本数），ε 是误差，σ 是方差。这个公式的含义是，当样本数足够多时，一个随机变量（比如进出校门的男女生的比例）和它的数学期望值（比如学校男女生的比例）之间的误差可以任意小。

将切比雪夫不等式应用到我们这个例子中，假定这个学校男女生比例大约是 6∶4，那么我们需要采集多少样本才能得到一个误差小于 5%（即置信度大于 95%）的准确估计呢？由公式（32.1）推断，我们可以算出这个数字大约是 800，也就是说需要看到 800 个或更多行人进出校门。类似地，如果我们要准确估计在汉语中一个二元模型的参数 P(天气 | 北京)，假如这个条件概率是 1% 左右，大约需要看见“北京天气”这个二元组出现 50 次以上，也就是说“北京”要出现 5 000 次以上。假定“北京”在文本中出现的概率大约是 1/1 000，那么我们就需要一个至少有 500 万词的语料库，才能比较准确地估计 P(天气 | 北京) 这个条件概率。我们知道，

这两个词都是常用词，在样本中经常出现。对于那些不太常见的词，为了凑足它们出现足够多次数的样本，我们就需要非常多的语料了。在信息处理中，凡是涉及到概率问题，都需要有非常多的数据来支持。因此，可以说数据是我们处理信息的原材料。

除了要求数据量必须足够多，统计还要求采样的数据具有代表性。有些时候不是数据量足够大，统计结果就一定准确。统计所使用的数据必须与想要统计的目标相一致。为了说明这一点，下面来看一个有大量统计却没有得到准确估计的案例。

1936 年美国总统大选前夕，当时著名的《文学文摘》(*The Literary Digest*) 杂志预测共和党候选人兰登（Alfred Landon）会赢。此前，《文学文摘》已经连续四次成功地预测了总统大选的结果，这一次它收回了 240 万份问卷[3]，比前几次多得多，统计量应该是足够了，因此民众也相信他们的预测。不过，当时一位名不见经传的新闻学教授（也是统计学家）盖洛普却对大选结果提出了相反的看法，他通过对 5 万人意见的统计，得出民主党候选人罗斯福会连任的结论。大选的结果出来后，却是采用了少量样本的盖洛普判断对了。面对迷惑的民众，盖洛普解释了其中的原因：《文学文摘》统计的样本数虽然多，但是这些样本却不具有代表性，它的调查员们是根据杂志订户、汽车主和电话本上的地址发送问卷的，而当年美国只有一半的家庭安装了电话，而购买汽车的家庭更少，这些家庭的收入相对偏高 —— 他们大多支持共和党。而盖洛普在设计统计样本时，考虑到了美国选民的种族、性别、年龄和收入等各种因素，因此虽然只有 5 万个样本，却更具代表性。这个例子说明统计样本代表性的重要性。

3 发出了近千万份。

但是，设计具有代表性的样本又谈何容易。故事到此还没有结束，1936 年的大选预测不仅使得盖洛普一夜成名，而且还催生出一个至今仍是最权威的民调公司 —— 盖洛普公司。在此之后，该公司又成功预测了 1940

年和 1944 年两次大选的结果。在 1948 年底美国大选前夕，盖洛普公布了一个自认为颇为准确的结论——共和党候选人杜威将在大选中以较大优势击败当时的总统、民主党候选人杜鲁门。由于盖洛普公司前三次都预测成功，在大选前很多人都相信这个预测结果。但是，大选的结果大家都知道，最终是杜鲁门以较大优势获胜。这不仅让很多人大跌眼镜，而且让大家对盖洛普公司的民调方法产生了质疑——虽然盖洛普公司考虑了选民的收入、性别、种族和年龄等因素，但是还有非常多的其他因素，以及上述因素的组合他们没有考虑到。

当然，如果数据具有代表性，统计量又足够，那么从这些数据中得到的统计结果，对我们的工作就有非常大的指导意义了，对产品质量的提升也大有帮助。今天 IT 行业的竞争，在某种程度上已经是数据的竞争了。

让我们先看看有关网页搜索领域的竞争。在大多数人看来，Google 的搜索比微软的 Bing（在质量上）做得略好一点是因为 Google 的算法好。这种看法在 2010 年以前当然是对的，因为那时 Bing 搜索在技术和工程方面确实明显落后于 Google。但是今天这两家公司在技术上已经相差无几了，Google 还能稍稍占优，除了产品设计略微好一些外，很大程度上靠的是数据的力量。今天的搜索引擎和 2000 年相比已经有非常大的不同，那时搜索的算法还不成熟，算法上的一处改进可以带来明显的效果，比如搜索准确率提高 5% 甚至更多。但是今天已经不存在一个未知的方法，光靠它就能将准确率提高哪怕一个百分点。今天所有的搜索引擎，不论是服务于全球的 Google 和 Bing，还是在中国的百度，甚至是搜搜和搜狗，对常见的查询，结果都不差。各家搜索引擎的差异仅仅在于那些不常见的查询，而提高这些搜索查询质量实际上靠的是大量的数据。因此，数据成为决定搜索引擎好坏的第一要素，而算法倒在其次了。

在搜索用到的诸多种数据中，最重要的数据有两类，即网页本身的数据和用户点击的数据。搜索引擎要想做得好，网页数据必须完备，也就是说，索引的数据量必须大，内容必须新，这一点不难理解，毕竟巧妇难为无米之炊。从工程上讲这是一件比烧钱的事情，只要投入足够的人力（工程师）和服务器就能做到。但是光有网页数据是不够的，还需要有大量的点击数据，也就是需要知道对于不同的搜索关键词，大部分的用户都点击了哪些搜索结果（网页）。比如对于"机器人"这个查询，网页 A 点击了 21 000 次，网页 B 点击了 5 000 次，网页 C 点击 1 000 次……根据这些点击数据，可以训练一个概率模型，来决定搜索结果的排列顺序（即按照 A，B，C……这个次序）。这个模型中的搜索算法被称为"点击模型"，只要统计数量足够，这种根据点击决定的排名就非常准确。点击模型贡献了今天搜索排序至少 60%—80% 的权重[4]，也就是说搜索算法中其他所有的因素加起来都不如它重要。

4 各家搜索引擎对点击模型的依赖虽然有大有小，但是权重都在 60% 以上。

为了获得这样的点击数据，各家搜索引擎从一上线开始，就通过记录用户每次搜索的日志来收集用户的点击数据。遗憾的是，这些点击数据的积累是个漫长的过程，不可能像下载网页那样通过砸钱在短期内完成。对于那些不很常见的搜索（通常也称为长尾搜索），比如"毕加索早期作品介绍"，需要很长的时间才能收集到"足够多的数据"来训练模型。考虑到一些搜索结果的时效性，市场占有率较小的搜索引擎甚至在这些查询已经由热门变冷门之前，还没有凑齐那么多的统计数据，因此这些搜索引擎的点击模型就非常不准确。这才是微软的搜索引擎在很长时间里做不过 Google 的主要原因。同理，在中国，与百度相比，搜狗、搜搜或有道的市场占有率相差太大，搜索量可以说是微不足道，很难训练出有效的点击模型。如此一来，在搜索行业就形成了一种马太效应，即搜索量不足的搜索引擎因为用户点击数据量的不足，搜索质量会越变越差；相反，质量好的搜索引擎会因为数据量大而越变越好。

当然，后进入搜索市场的公司也不会坐以待毙，它们可以采取其他办法快速获得数据。第一个办法就是收购流量。微软在接手了雅虎的搜索之后，它的搜索量由原来只是 Google 的 10% 左右陡升至 20%—30%，点击模型估计的排名便准确了许多，搜索质量迅速提高。但是即使做到这一点，还是不够的，因此一些公司就想出更激进的办法，如通过搜索条（Toolbar）、浏览器甚至是输入法来收集用户的点击行为。这些做法的好处在于不仅可以收集到用户使用该公司搜索引擎本身的点击数据，而且还能收集用户使用其他搜索引擎的数据。比如微软通过 IE 浏览器，收集用户使用 Google 搜索时的点击情况。这样一来，如果一家公司能够在浏览器市场占很大的份额，即使它的搜索量很小，也能收集大量的数据。有了这些数据，尤其是有了用户在更好的搜索引擎上的点击数据，一个搜索引擎公司便可以快速改进长尾搜索的质量。当然，有人诟病 Bing 的这种做法是“抄” Google 的搜索结果，其实并没有直接抄，而是借用 Google 的结果改进自己的点击模型。这在中国市场上也是一样，因此，搜索质量的竞争就转换成了浏览器或者其他客户端软件市场占有率的竞争。

当然，数据对信息处理的帮助远不止在搜索质量这个特定的产品指标上，而是具有普遍意义。我们不妨再看两个例子，分别是 Google 如何利用大量数据来提高机器翻译质量，以及如何提高语音识别质量。

2005 年，有一件事情让全世界从事自然语言处理的人非常震惊。从来没有做过机器翻译的 Google，在请到了世界著名的机器翻译专家弗朗兹·奥科（Franz Och）之后，一年多就开发出了当时世界上最好的机器翻译系统，而且根据美国国家标准技术研究所（NIST）的年度评测结果，该系统比同类系统领先了一大截。比如，在阿拉伯语到英语翻译的封闭测试集中，Google 系统的 BLEU 评分[5]为 51.31%，领先第二名将近 5%，而提高这五个百分点在过去需要研究 5—10 年，而在开放测试集中，Google 得分为 51.37%，比第二名领先了 17%，可以说整整领先了一代人的水平。在从中文到英文的翻译中，Google 的领先优势也同样明显。表 32.2 是 2005 年 NIST 评比的结果。

5 一种衡量机器翻译质量的客观评分标准，一般来讲，人工正确翻译的质量得分为 50%—60%。

表 32.2　NIST 对全世界多种机器翻译系统进行评比的结果（2005 年）[6]

从阿拉伯语到英语的翻译

封闭测试集

公司 / 大学等	准确率
Google	51.31%
南加州大学	46.57%
IBM 华生实验室	46.46%
马里兰大学	44.97%
约翰·霍普金斯大学	43.48%
……	……
SYSTRAN 公司	10.79%

开放测试集

公司 / 大学等	准确率
Google	51.37%
SAKHR 公司	34.03%
美军 ARL 研究所	22.57%

从中文到英语的翻译

封闭测试集

公司 / 大学等	准确率
Google	35.31%
南加州大学	30.73%
马里兰大学	30.00%
德国亚琛工学院	29.37%
约翰·霍普金斯 - 剑桥大学	28.27%
IBM	25.71%
……	……
SYSTRAN 公司	14.71%

开放测试集

公司 / 大学等	准确率
Google	35.16%
中国科学院	12.93%
哈尔滨工业大学	7.97%

6
数据来源：NIST 网站 https://www.nist.gov

大家在惊讶之余都想知道奥科是怎么做到的。虽然他是世界一流的专家，并且曾经在德国亚琛工学院和美国南加州大学 ISI 实验室开发过两个很好的机器翻译系统，但是他到 Google 的时间并不长，这点时间只够把以前做过的系统重新实现一遍，完全没有额外的时间做新的研究。根据 NIST 的规定，评比结果出来后，所有参加评比的单位都要交流一下自己的做法，因此这一年的七月，各方学者们都来到 NIST 在美国弗吉尼亚州的总部进行交流，大家这次都非常期待 Google 的报告，好奇他们有什么秘密武器。

奥科的秘诀一讲就“不值钱”了，他用的还是两年前的方法，却用了比其他研究机构多几千甚至上万倍的数据，训练出一个六元模型。在前面几章里我们提到，如果想准确估计 N 元模型里的各个条件概率（参数），就要有足够多的数据。N 越大，需要的数据量也越大，一般来讲，N 不超过 3。到 2000 年之后，一些研究机构能够训练和使用四元模型，仅此而已。如果多使用两三倍的数据，机器翻译的结果会好一些，但是好得不是很多，多使用 10 倍的数据，或许结果能好上一个百分点。但是，当奥科使用的数据是其他人的上万倍时，量变的积累就导致了质变的发生。值得一提的是，SYSTRAN 公司是一家使用语法规则进行机器翻译的专业公司，在科学家们还没有掌握使用统计的方法进行机器翻译之前，它在机器翻译领域是世界最先进的。但是现在，与那些采用了数据驱动的统计模型的翻译系统相比，它的翻译系统就显得非常落后了。

第二个例子是关于语音识别。据彼得·诺威格（Peter Norvig）博士统计，从 1995 年到 2005 年，语音识别的错误率（随意的口语）从大约 40% 降到 20%—25%，提高非常明显。这里面三成的贡献在于方法的改进，而七成来源于大量的数据。2004 年，Google 请到了世界著名语音识别公司 Nuance 的创始人麦克·科恩（Michael Cohen）博士负责开发语音识别系统。他很快带领十几名科学家和工程师开发了一款叫作 Google-411 的电话语音识别系统，与 Nuance 原有系统相比，这个系统的识别率并没有提高。如果按照传统研究学问的思维来看，这件事做的一点意义也没有。但是，Google 通过提供这个免费的服务从大量的用户中获取了海量的语音数据，为它真正的语音识别产品 Google Voice 做好了准备。靠着这些数据，Google 提供了当今世界上最准确的语音识别服务（见图 32.2）。

图 32.2　Google 在北卡罗莱纳州的数据中心，图中任意一个机柜的存储量都超过了美国国会图书馆的文字内容

既然数据是非常有用的，如果有更多、更完备且全方位的数据，我们就可能从中挖掘出很多预想不到的惊喜。大数据这个概念就是在这样的背景下应运而生的。

3　为什么需要大数据

什么是大数据？大数据的数据量自然是非常大的，这一点毫无疑问，但光是量大还不算我们所说的大数据。我们前面提到的《文学文摘》的民调数据也不算小，但是不算大数据。大数据更重要的是在于它的多维度和完备性，有了这两点才能将原本看似无关的事件联系起来，恢复出对事物全方位完整的描述。为了说明这一点，我们先来看一个具体的例子。

2013 年 9 月，百度发布了一个颇有意思的统计结果 ——《中国十大“吃货”省市排行榜》。百度没有做任何的民意调查和各地饮食习惯的研究，它只是从“百度知道”的 7700 万条与吃有关的问题里“挖掘”出一些结论。但这些结论看上去比任何学术研究的结论更能反映中国不同地区的饮食习惯。我们不妨看看百度给出的一些结论。

在关于“什么能吃”的问题中，福建、浙江、广东、四川等地的网友最常问的是“某某虫能吃吗”，江苏、上海、北京等地的网友最常问的是“什么的皮能不能吃”，内蒙古、新疆、西藏的网友则最关心“蘑菇能吃吗”，而宁夏网友最关心的竟然是“螃蟹能吃吗”。宁夏网友关心的食物一定会让嗜吃螃蟹的江苏浙江网友大跌眼镜，反过来也是一样，宁夏网友会惊讶有人居然要吃虫子！

百度做的这件小事，其实就是大数据的一个典型应用，它有这样一些特点。首先，数据本身非常“大”，7 700万个问题和回答可不是一个小数目。第二，这些数据维度其实非常多，它们涉及食物的做法、吃法、成分、营养价值、价格、问题来源的地域和时间，等等，而且这些维度也不是明确地给出的（这一点和传统的数据库不一样）。在外人看来，这些原始的数据“相当杂乱”，但是恰恰是这些看上去杂乱无章的数据将原来看似无关的维度（时间、地域、食品、做法和成分等）联系了起来。经过对这些信息的挖掘、加工和整理，就得到了有意义的统计规律，比如不同地域的居民饮食习惯。

当然，百度只公布了一些大家感兴趣的结果，只要愿意，百度可以从这些数据中得到更多有价值的统计结果。比如，很容易得到不同年龄、不同性别和文化背景的人的饮食习惯（假定百度知道用户的注册信息是可靠的，即使不可靠，也可以通过其他方式获取到可靠的年龄信息）；不同生活习惯的人（比如正常作息的、夜猫子们、经常出差的或者不爱运动的人，等等）的饮食习惯，等等。如果百度的数据收集的时间跨度足够长，还可以看出不同地区饮食习惯的变化，尤其是在不同经济发展阶段饮食习惯的改变。而这些看似很简单的问题，比如饮食习惯的变化，没有“百度知道”的大数据，还真难获取真实信息。

说到这里，大家可能会有个疑问：上面这些统计似乎并不复杂，按照传统的统计方法应该也可以获取。我不能说传统的方法在这里行不通，但是难度是相当大的，比一般人想象得要大。我们不妨看看搁在过去，要想获得这些统计结果必须做哪些事情。首先，要设计一份合理的问卷（这并不容易），然后要从不同地区寻找具有代表性的人群进行调查（这就是盖洛普一直在做的事情），最后要半人工地处理和整理数据。这么做不仅成本高，而且如同盖洛普民调一样，很难在采样时将各种因素考虑周全。如果后来统计时发现调查问卷中还应该再加一项，对不起，补上这一项的成本几乎要翻番。

传统方法难度大的第二个原因，是填写的问卷未必能反映被调查人真实的想法。要知道大家在“百度知道”上提问和回答是没有压力，也没有功利的，有什么问题就提什么问题，知道什么答案就回答什么。但是在填写调查问卷时就不同了。大部分人都不想让自己表现得“非常怪”，因此多半不会在答卷上写下自己有“爱吃臭豆腐”的习惯，或者“喜欢吃虫子”的嗜好。中央电视台过去在调查收视率时就遇到过这样的情况，他们发现通过用户填写的收视卡片调查出的收视率，和自动收视统计盒子得到的结果完全不同。从收视卡片得到的统计结果显示，那些大牌主持人和所谓高品位的节目收视率明显地被夸大了，因为用户本能地要填一些让自己显得有面子的节目。我本人也做过类似的实验，从社交网络的数据得到的对奥巴马医疗改革的支持率（大约只有 24%）比盖洛普的结果（41%）要低得多。

大数据的好处远不只是成本和准确性的问题，它的优势还在于多维度（或叫全方位）。过去计算机能够存储和处理的数据通常有限，因此只收集与待解决问题相关的数据，这些数据只有很少的几个维度，而看似无关的维度都被省略掉了。这种限制也决定了特定的数据使用方式，即常常是先有假设或者结论，然后再用数据来验证。现在，云计算的出现使我们可以存储和处理大量关系很复杂甚至是原本看似没什么用的数据，工作的方法因此而改变。除了使用数据验证已有的结论外，还可以从这些数据本身出发，不带任何固有的想法，看看数据本身能够给出什么新的结论，这样一来，就可能会发现很多新的规律。比如百度百科中的数据乍一看杂乱无章，但其实数据之间有很多内在联系。在对这些大数据进行分析之前，产品经理们的头脑里并没有预先的假设，也不知道能得出什么样的结论。但是，最终通过对这些数据进行分析，发现了很多新的规律。我想，百度内部人士在第一时间看到这些结果时，恐怕也是会大跌眼镜的。

当然，世界上有很多比吃虫子或者吃螃蟹更重要的事情，比如医疗保健。我们知道，很多疾病是和基因的缺陷相关的，但是基因作用的原理非常复杂，一个基因的缺陷可能会导致某种疾病，但也只是可能而已。要搞清楚基因和疾病的联系，医学界通常有两种研究方法。第一种是比较传统的方法，先要通过实验搞清楚某一段基因的机理（这是一个非常漫长的过程，常常要从果蝇基因开始研究起），以及它的缺陷可能带来的生理上的变化，然后再搞清楚这种变化是否会导致疾病，或者在什么情况下会诱发疾病。比如某一段基因和胰岛素的合成有关，要是它出了问题，就可能引起糖代谢的障碍，继而在一定条件下可能引发糖尿病。最后才得出这样的结论："如果某段基因上有缺陷，可能会导致糖尿病"。但是，我在这里用了很多"可能"的字眼，因为这只是一种可能性，至于可能性是多大，就没有人能够回答上来了。更难的是，通过这种方法找到基因和疾病之间的因果关系。总之，这种做法既费时又费钱。比如，全世界科学家研究了几十年，都很难找到吸烟与很多疾病之间的因果关系，这使得那些大烟草公司直到 20 世纪 90 年代末，得以一直逃避法律的惩罚。

第二种方法是利用数据进行统计。这些科学家的做法与第一种正好相反，他们需要从数据出发，找到基因缺陷和疾病在统计上的相关性，然后再反过来去分析造成这种相关性的内在原因。还是以寻找基因缺陷与糖尿病的关系为例，如果只寻找某段基因缺陷与糖尿病发病率的关系，我们可以根据条件概率计算出这段基因缺陷导致糖尿病的可能性。具体做法如下：

假定事件 A={ 某段基因有缺陷 }，事件 B={ 得糖尿病 }，那么条件概率

$$P(B|A) = P(AB)/P(A) \approx \#(AB)/\#(A) \qquad (32.2)$$

其中 #() 表示样本数。

不过，这看似非常简单，在过去没有大数据时做起来却并不容易。

首先，在统计 $\#(AB)$ 时，能够将一个基因缺陷与糖尿病联系起来的案例

并不多，用概率统计的术语来讲，就是数据太稀疏了。比如在美国，有上千个糖尿病患者的病例的医院就不多，而这几千个患者可能只有 5% 的人提取了基因数据，存在医院的数据库中。这样一来，便只剩下了几十人到上百人，而其中可能有一半人的病因与基因缺陷无关，剩下来的这一点数据已经无法获得可靠的统计规律了。

其次，公式（32.2）中的分母 $\#(A)$ 这个数据可能根本得不到，因为根本无法准确得知有多少人有这种基因缺陷。在大数据时代之前，这件看似简单的事情是做不成的。美国司法部在 20 世纪 90 年代末，为了和烟草公司打官司，专门派了一些专家到中国来收集数据，因为把美国能找到的烟民的数据收集起来，统计量似乎还是不够。

研究人类基因与疾病的关系的另一个难点在于如何找到那些可能有缺陷的基因。要知道，一个人完整的基因的数据是非常大的。据华大基因创始人杨焕明院士介绍，这个数据量大得超出常人想象，在 PB（10^{15} 字节，即一百万 GB）这个数量级[7]。如果仅仅从数据量的大小来看，这一个人的数据可能已经超过“百度知道”的数据量了。当然，只看一个人的基因，无法得知其中的一段基因是好的还是有缺陷的，即使找来几个人，甚至几十个人的基因也不够，因为人类每个个体之间的基因是有一定差异的，并不能说明不同的基因就是缺陷。要定位这些可能的缺陷，至少需要成千上万人的基因数据。在云计算出现之前，人们是难以处理这么大量的数据的。

7 这包括了人体内主要细菌的基因数据，因为它们的平衡和人的健康和疾病有关。

收集大量人的基因数据在过去也是一个大问题，好在世界上很多看似难办的事情总是有办法解决的。美国有一个叫作 23andMe 的小公司，它做的事情很有意思，做法也很聪明。这家公司只需要 100 美元（不是医院里做一次全面的 DNA 检测所要的 2000—5000 美元）用于收集你的唾液，就可以把你的基因大致地“读一读”，然后“大致”告诉你今后得各种病的概率。当然，这家公司对基因的解读和华大基因绘制整个基因图谱不是一回事。但是即使做比较简单的基因分析，100 美元也是不够的。23andMe 实际上是通过这种方法吸引了大量的基因提供者，有了大量的基因，他们就能区分哪个基因片段是正常的，哪个存在“可能的”缺陷。对于每一个提供基因的人，他们能列出这个人一些可能的缺陷基因。当然他们也能得到每一种基因缺陷的概率，即上面公式（32.2）中的 $P(A)$。

23andMe 和同类公司（包括 Google 的保健研究部门）正在做的另一件事就是将基因的缺陷和疾病联系起来，这个数据必须到研究机构和医院去拿。过去，每一所医院这方面的数据其实是非常有限的，但是如果把成千上万个大小医院的数据收集起来[8]，那么就能够估计出疾病和基因缺陷同现的概率 $P(AB)$ 了，进而可以将有某种基因缺陷导致疾病的概率算出来。未来，大数据可以通过基因检测的方法准确地告诉我们每一个人今后的健康状况，做到有效预防疾病。

8 有人可能会问为什么这些医院愿意拿出一部分数据给第三方使用，因为他们意识到自己手上的数据不足以得出有说服力的结论，而一些大型的连锁医院，比如 Kaiser Permanente 机构，就不愿意将数据拿出来，而是要自己做。

我之所以举医疗行业的例子，是因为除了 IT 行业，医疗保健是对大数据最热衷的行业。当然，另一个原因是 Google 和我本人对这个行业都比较热衷，比较容易举例子，但这并不表明大数据的应用只集中在这两个行业。

医疗保健行业是美国最大的行业，2013 年它的产值占到美国 GDP 的 15% 左右，如果成本不能下降，这个比例将提高到 20% 左右。在这么大的一个行业，虽然过去医生们也天天在和数据（各种化验结果和指标）打交道，但遗憾的是，在过去的五六十年里，利用信息技术来改进医疗水平的动力并不足（除了医学影像等技术外）。不过，近 10 年来，这种情况得到了改变，医疗行业主动接触 IT 行业，希望通过大数据来解决医疗保健上的难题，这从另一个侧面显示了大数据的重要性。到目前为止，大数据已经给医疗行业带来了不少意想不到的惊喜。2012 年，美国媒体报道了两个大数据在医疗上的应用，就很能说明问题。

第一个是关于一位女高中生的故事。2012 年她通过大数据大大提高了乳腺癌活检位置的准确性。我们知道，对于一些可能患有乳腺癌的患者，需要进行活检，也就是在可疑的部位用一种特殊的针穿刺取出一些细胞，化验看看是否有癌细胞。活检的准确性完全取决于穿刺的部位，如果穿刺部位不准确，即使有癌细胞也检测不到。过去这件事完全取决于医生的经验，但是一个医生在美国可能一辈子也就见过几百例这类疾病，因此经验的积累非常缓慢。而且即使是有经验的大夫，也很难做到每天的表现都一样稳定（因为医生的情绪波动会影响判断的准确性）。这位高中生做了一件什么事呢？她统计了上百万份病例，写了一个程序，在 X 光片和 CT 图像上圈出那些可疑的部位，准确率达到了 98%，这比靠经验的传统方法要高出很多。当然，她使用的几百万份病例在信息处理从业者看来算不上太大的数据，但是对于医疗行业的人来讲，就已经是非常大的数据了。她的研究成果获得了当年 Google 科技竞赛的第一名。

第二个例子是微软大数据应用的故事。保险公司发现很多急诊病人在出院后不久，又被送回了急诊室。在美国急诊的费用非常高，对保险公司和个人都是一笔不小的负担。保险公司和医院一起收集了大量病人的信息，交给微软公司从事大数据工作的科学家和工程师分析，看看能否找到什么原因或统计规律。微软的工作人员用机器学习的方法抽取和分析了上万种特征。最后他们发现，如果一个病人在第一次进急诊室后给打了点滴（在美国，除非特别需要，医院很少给病人打点滴），几个星期后被送回急诊室的可能性极大（可能是因为病情确实很重了）。除此之外，他们还找到了其他一些重要特征。因此，对于有这些特征的病人，只要在他们出院后定期跟踪和关注，就可以大幅减少他们返回急诊室的几率。这样医疗的费用就可以降低不少。要训练具有上万个特征的数学模型，没有多维度的大数据是做不到的。

更多利用大数据来帮助医疗的研究还在大学和公司的实验室里展开，其中一项非常有意义的研究就是利用大数据“对症下药”。在斯坦福大学的计算生物学（Computational Biology）研究中心，一些教授和学生正在利用大数据对几千种药和几千种病症进行配对研究，他们发现，原本治疗心脏病的药物，居然对某些人的胃病疗效显著。经过这样的研究，他们发现了针对不少疾病的新疗法，并且比研制新药的成本要低很多，周期也要短很多。

最后，我要讲述一件激动人心的事情，一件因为使用大数据而可能让我们每个人都受益的事情。

2013 年，Google 创立了一个叫 Calico 的公司，致力于用 IT 成果解决医疗问题，并且聘请了世界上知名的生物制药专家、原基因泰克公司的 CEO 阿瑟・李文森（Arthur D. Levinson）博士来主持这项富有创意的工作。身为苹果和基因泰克两家知名公司董事会主席的李文森以及他很多过去的同事，为什么要跑到一家毫无医疗和生物制药经验的 IT 公司去研究医疗问题呢？因为他们认为未来的世界是以数据为王的时代。很多难题，比如治愈癌症、防止衰老，靠传统的医学手段是无法解决的。要攻克这些难题，需要使用大数据相关的技术。

李文森博士在一次报告会上讲述了为什么今天人类依然无法治愈癌症，他认为主要有两方面的原因。首先，一种药是否有效，和人的基因密切相关。这样一来就需要针对不同基因的人使用不同的药，如果做到极致，就得为每一个人专门设计一种药。但是，这个想法即使行得通，也有一个成本的问题。按照他的估计，采用过去研制新药的传统做法，为特定的人研制一种抗癌新药的成本是 10 亿美元，当然不可能普及。第二，癌细胞的基因本身是在不断变化的。我们经常会听到这样的病例，一个患者使用一种抗癌药一开始效果很好，恢复得很快，但是后来这种药似乎不再起作用了，于是癌症复发而且控制不住。这是因为癌细胞的基因已经发生变化了，有别于原先的癌细胞，之前的药物自然也就不起作用了。据李文森博士介绍，目前最大的问题是，即使能为每一个人研制特定的抗癌药，现有的研制速度还是赶不上癌细胞变化的速度。针对上述两个问题（抗癌药需要因人而异，药物的研制必须快于细胞基因的变化），李文森博士认为必须依靠大数据，对人类共性的地方进行统计，这样很多研制新药的实验就不必重复进行了，而且在进行临床试验前，只需要进行少量的动物实验即可。最终，他认为可能会给每一位患者量身定制药物，成本控制在每个人 5000 美元以内。同时，由于大部分工作可以共享，对药品的改造周期可以非常短，使得药物的研制比癌细胞变化更快，从而有望治愈癌症。

目前，李文森及其同事正在利用 Google 的平台，整合全美国的医疗资源，试图解决人类延年益寿这个几千年来全世界的难题，希望他最终能给大家带来福音。

从上面这些例子中，我们可以看到大数据对信息产业以及其他产业的重大影响。现在，我们对大数据的重要性来做一个总结。首先，只有当一些随机事件的组合一同出现了很多次以后，才能得到有意义的统计规律；其次，大数据的采集过程是一个自然的过程，有利于消除主观性的偏差；当然，更重要的是，只有多维度的大数据才能让那些原本有联系，但似乎联系又不太紧密的事件反复出现，然后发现新的规律。最后，它可能是解决 IT 行业之外的一些难题（比如医疗）的钥匙。

小结

虽然人们对于数据的重要性早有认识，但是过去因为存储和计算条件的限制，一般认为数据量够用即可。随着信息技术的发展，当数据的计算和存储不再是问题时，人们发现超大量的数据会带来以前意想不到的惊喜，这才导致了大数据的兴起。

在未来的世界里，人们的生活会越来越离不开数据，很多围绕数据收集和处理的工作机会将不断涌现。而掌握处理和利用数据方法的人也必将成为新时代的成功者。推而广之，无论在什么领域，从事什么样的工作，谁懂得数据的重要性，谁会在工作中善用数据，就更有可能获得成功。

参考文献

1. 盛骤，谢式千，潘承毅. 概率论与数理统计：第 4 版. 北京：高等教育出版社，2010.

2. Thorsten Brants, Ashok C. Popat, Peng Xu, Franz J. Och, Jeffrey Dean. *Large Language Models in Machine Translation Proceedings of the 2007 EMNLP-CoNLL*, pp. 858-867.

第 33 章 随机性带来的好处

量子密钥分发的数学原理

如今我们每天都在和数据打交道，因此数据的安全就变得非常重要。到目前为止，还没有绝对的信息安全，而数据泄露的事情时有发生。

数据泄露无外乎有两种可能：在数据存储的地方被盗取，或者在数据传输的过程中被截获。要解决这个问题，最好的办法就是对数据进行加密。当然，理论上目前使用的所有加密算法都有可能被破解，只不过是时间问题。那么是否存在一种无法破解的密码呢？其实信息论的发明人香农早就指出了，一次性密码从理论上讲永远是安全的。但是要想在通信中使用这种密码，必须解决一个根本性的问题，就是如何让信息的发送方和接收方同时得到这一次性的密码。如果是由发送方传给接收方，密码的传输本身就有可能泄密，加密也就无从谈起了。近年来非常热门的量子通信，便是试图实现加密密钥的安全传输，确保保密通信不被破解。

虽然量子通信的概念来自量子力学中的量子纠缠，但是今天我们实现的实验性的量子通信密钥分发方法其实和量子纠缠没有任何关系，它用的是（光）量子的另一个特性，即对它进行观察后，它的状态会改变。当然，量子密钥分发（Quantum Key Distribution，QKD）这一套机制能够工作，背后靠的是数学上随机性的作用，接下来我们就分别从量子密钥分发的物理学原理和数学原理出发，介绍今天炙手可热的量子密钥分发技术。

1　用（激光）量子的偏振方向传递信息

今天所说的量子通信，其实是一种特殊的激光通信。与传统激光通信不同，它不是把信息加载在振动的一束激光之上，而是利用一个个光子的某些特性对信息进行编码，直接传递信息。

我们知道光子既是一种粒子，又是一种波，其传播方向与振动方向垂直（见图 33.1），这就是爱因斯坦指出的光的波粒二象性。光子有很多与振动相关的特性，比如它的（振动）频率和偏振的方向，均可人为控制。激光振动的频率是可控的，也可以用来传递信息，且已应用在今天的激光通信中，不过量子密钥分发则是利用了光子的偏振特性。

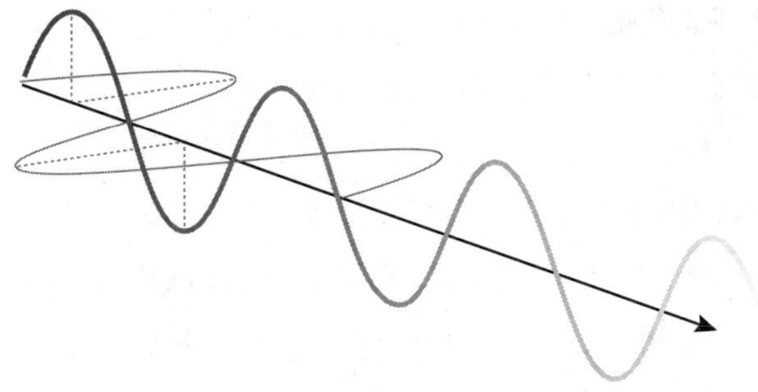

图 33.1　光波的传播方向与振动方向垂直

摄影爱好者有这样的经验，如果在相机前面安了一个偏振滤光片（也被称为偏振镜），转动它，就可以过滤掉一些反光。为什么会是这样呢？我们不妨把偏振滤光片的内部放大一下，就能理解其工作原理了。放大偏振滤光片，我们可以看到一个方向的光栅，当光的振动方向和光栅平行时，光就无损地通过了；反之，如果光振动的方向和光栅垂直，它就被光栅挡住了，如图 33.2 所示。

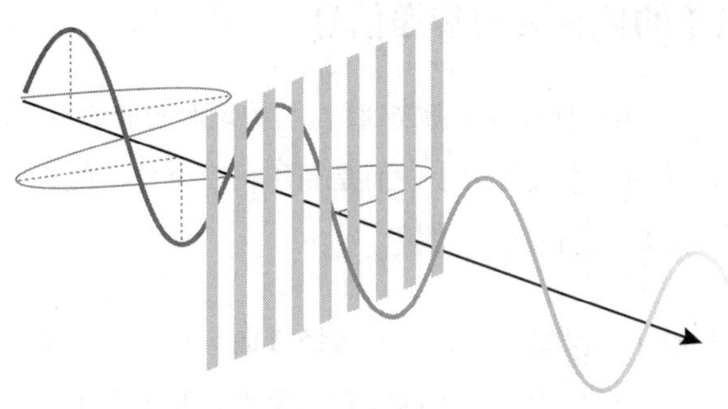

图 33.2 只有和光栅方向平行的偏振光才能经过偏振滤光镜

利用上述特性，我们可以在发送方调整光的振动方向来传递信息，比如把光偏振的方向调成水平的，代表信息 0；调成垂直的，代表信息 1。在接收端，我们放一个垂直的偏振镜就能检测到所传递来的信息，因为垂直振动的光子能够通过这个偏振镜，我们收到信号，就认为发送方送来的信息是 1。如果发送方送来的是水平振动的光子，它就被光栅拦住了，我们收不到信号，就认为传递的是 0。当然，这么做不是很可靠，因为没有收到信号时，不容易确认是对方没有发送，还是发送过来的是 0，因此，更好的办法就是在接收方用一个十字交叉的光栅，让垂直和水平的信号都通过，然后再检测，这样就不会把信息 0 与没有发送信息这件事混淆了。

当然，（激光）光子的偏振方向可以有各种角度，未必一定要是水平的或者垂直的，如果偏振的方向是其他角度，经过一个水平的光栅，它有可能通过么？这就不确定了。比如，发送方发射了一个偏振方向是 45°的光子，它经过了垂直的光栅，有可能通过然后被检测到，这时我们会以为对方发送的是 1。不过也有可能被挡住了，我们以为它是 0，这两种情况的概率都是 50%。类似地，如果发送方发出一个偏振方向为 135° 的光子，它也可能通过光栅，被接收为 1，也可能不通过，被认为是 0。也就是说，如果发送方用 45° 和 135° 的偏振方向发送信息，我们用垂直和水平的光栅接收它们，是无法分清这两种信息的。如果我们根据猜测的结果转发一次，转发出的信息就完全是随机的了。

通常，随机性对我们来讲不是好事，但是在这里，利用这种性质恰好能设计出一种量子密钥分发的协议，以保证通信的安全。接下来我们就来说说它的原理。

2　利用随机性保证信息安全

我们前面讲到，如果发送方所发送的光子振动方向都是垂直和水平的，而接收方偏振镜的光栅也是这两个方向的，那么接收方就可以准确无误地接收到发送方送来的信息。但是，如果发送方所发送的光子振动方向是呈 45° 和 135° 的，如果接收方还是把光栅的方向设置为水平和垂直的，那么接收的就是完全随机的信息。这个特性就被用来分发密钥，具体的做法是这样的。

首先，发送方和接收方约定好有两组信息编码方式，一组用垂直的偏振光代表 1，水平的代表 0，另一组则分别用 45° 和 135° 代表 1 和 0。

其次，发送方采用哪种编码方式完全是随机的，而且是交替进行的，它并不告诉接收方。接收方根据自己的猜测来调整偏振镜（光栅）的方向。接下来我们看一个具体的例子，假定发送方发送的信息和所使用的调整方式如表 33.1 所示。

表 33.1　发送方发送的信息、采用的编码方式和调制的偏振方向

信息编号	信息	调制方式	偏振方向
1	0	+	→
2	1	×	↗
3	0	×	↖
4	0	×	↖
5	1	+	↑
6	1	+	↑
7	0	×	↖
8	1	+	↑
9	1	+	↑
10	0	×	↖

在表 33.1 中，我们用 + 和 × 分别代表垂直/水平和 45° /135° 两种调制方式。在将信息变成光信号传输时，我们是随机采用上述两种调制方式。接收方并不知道发送方是怎么做的，只能随便猜，我们假定接收方猜的结果如表 33.2 所示。

表 33.2 接收方选择的调制方式，以及和发送方的一致性

信息编号	调制方式	和发送方一致
1	+	是
2	+	否
3	×	是
4	+	否
5	+	是
6	×	否
7	×	是
8	×	否
9	+	是
10	×	是

在这个例子中，我们可以看到有 6 次一致的时候，4 次不一致的时候，对于 6 次一致的时候，接收方接收的信息都是无误的，如表 33.3 所示。但是对于 4 次不一致的时候，接收方接收的信息可能有误。我们假定接收到的信息如表 33.3 所示。

表 33.3 接收方所得到的信息

信息编号	调制方式	偏振方向	解码的信息
1	+	→	0
2	+	↑	1
3	×	↖	0
4	+	↑	【1】
5	+	↑	1
6	×	↖	【0】
7	×	↖	0
8	×	↗	1
9	+	↑	1
10	×	↖	0

其中第 4 个和第 6 个信息接收错了（两个用【 】括起来的），第 2 个和第 8 个信息虽然偏振解调错了，但是信息蒙对了。在一般情况下，如果解调的方式和调制的一致，那么解码后得到的信息和发送的信息 100% 一致，这种情况占所有发送信息的 50% 左右；如果解调的方式和调制的不一致，搞错了，解调后得到的信息也会有 50% 左右蒙对。也就是说，不论接收方如何设置偏振镜解调的方向，最后得到的信息大约有 50%×100%+50%×50%=75% 与发送的一致，或者说误码率为 25%。

如果在传输过程中，信息被中间的窃听者截获了怎么办？由于光子在经过被错误放置的光栅时，光子的偏振方向就无从得知了，得到的是 0 还是 1 完全是随机的（可以被认为是噪声），而且窃听者和上面的接收者一样，它得到的信息 75% 和发送的一致。如果它这时再转发给原本的接收者，接收者得到的信息只有 75%×75% = 56.25% 和发送方的信息相一致。接下来，如果接收方再将自己得到的信息送还给发送者确认，发送者就会发现只有 56.25% 的一致性，这时它就知道信息传输被截获了，它可以终止通信，或采用其他信道再通信。说到这里，可能有人会问，会不会出现一种小概率事件，中间的窃听者运气特别好，它得到的信息和发送者的一致性碰巧超过 75%，而接收者得到的信息和它所转发的一致性也超过 75% 很多呢？这个可能性不能说完全排除，但是极小极小。比如说，如果发送的信息有 1 000 比特（这对加密的密钥来讲不是很长的信息），经过窃听者一次转发，到接收者那里依然有 75% 一致性的概率，只有 10^{-35} 左右[1]，这个概率比同时猜中一个人的银行账户号和密码的概率要小很多。

1
这是一个典型的二项式分布，根据 Hoeffding（霍夫丁）不等式，可以算出上述情况的概率小于 10^{-35}。

好了，由于传输结果的不确定，保证了我们完全可以知道信息传输是否安全，接下来我们就需要消除这种不确定性，来确定一下双方通信的密钥了。这一步其实非常简单，发送方只要用明码将它调制偏振方向的基传给接收方即可。这样，接收方就知道在哪些信息位它设置对了（其实是蒙对了），哪些错了，然后再用明码把它设置对的信息位告诉发送方即可。比如在上面的例子中，第 1，3，5，7，9，10 位的基双方选择一致，因此，直接用这些位的信息做密钥即可（表 33.4）。这便是从不确定又到了确定的过程。

表 33.4 发送和接收的双方根据对比各自设定的基，确定密钥

信息编号	调制使用的基	解调使用的基	双方相同的基	密钥
1	+	+	是	0
2	+	+	否	
3	×	×	是	0
4	+	+	否	
5	+	+	是	1
6	×	×	否	
7	×	×	是	0
8	×	×	否	
9	+	+	是	1
10	×	×	是	0

由于上述通信都是明码进行的，大家肯定会问这样是否安全。答案是肯定的，因为即便窃听者知道它们选用了第 1，3，5，7，9，10 位的信息作为密钥，也不知道这些信息是什么。

上述这种通信协议被称为 BB84 协议，因为是查理斯·贝内特（Charles Bennett）和吉勒·布拉萨（Gilles Brassard）在 1984 年发表的，两个 B 字母，就是这两个人姓氏的首字母。后来，人们又在这个协议的基础上进行改进，有了其他的协议，但是其加密和通信原理并没有本质的变化。

在使用上述协议通信的过程中，发送方和接收方需要通过几次通信彼此确认密钥，而这个密钥只使用一次。如果要继续通信，就需要再产生和确认新的密钥。因此，这种做法实际上是用时间换取通信的安全性。在这个协议被提出来的头十几年里，没有什么需求让人觉得它很重要，因为当时一来没有那么多对信息安全的担心，二来通信的速率很慢，来来回回很多次才能确认一个一次性的密码，效率实在很低。但是，从 2001 年开始，美国、欧盟、瑞士、日本和中国先后开始了量子通信的研究。

通信的距离从早期的 10 千米左右发展到今天的 1 000 多千米[2]，其中最后一项纪录是以中国科学技术大学潘建伟教授为首的团队创造的。2019 年 1 月，美国科学促进会（AAAS）宣布，将 2018 年度的克利夫兰奖授予潘建伟教授所领导的“墨子号”量子通信科研团队，以表彰该团队对这个领域的研究所做出的贡献。克利夫兰奖可以被看成是美国科学促进会会刊，即著名的《科学》杂志的年度奖，该协会是美国最大的科学协会，其地位有点儿像 IEEE 在工程界的地位，它每年评选一个上一年刊登在《自然》杂志上最重大的研究成果，然后授予该奖。这个奖设立了 90 多年，中国科学家在本土完成的科研成果是首次获奖，非常可喜可贺。

2 Juan Yin, Yuan Cao……, and J.- W. Pan “Satellite-based entanglement distribution over 1200 kilometers”, Science, 356, 6343, 1140-1144, 2017。

但是，量子通信绝不像很多媒体讲的是万能的。假如通信卫星真的被黑客攻击了，或者通信的光纤在半途被破坏了，虽然通信的双方知道有人在偷听，能够中断通信，不丢失保密信息，但是与此同时，它就无法保证正常的信息也能送出去了，就如同情报机关虽然抓不到对方的信使，却能把对方围堵在家里，不让消息发出。此外，虽然今天已经实现了上千千米量级的量子密钥分发，但是量子通信从实验到工程，再到商用，还有很长的路要走。

小结

量子通信并不是像很多媒体曲解的那样 —— 靠量子纠缠实现通信，而是靠光量子的偏振特性承载信息，靠数学和信息论的基本原理保证它的保密性。在数学上，我们从中看到了不确定性带来的好处，它通过测定误码率来判断在密码分发的过程中是否泄密。这种方法把加密这种看似“阴谋”的事情变成了“阳谋”。在信息论方面，香农关于一次性密码永远是安全的想法，给人们指引了一个方向，循此，人们可以去寻找比现在公开密钥方式更安全的加密方法。

第 34 章　数学的极限

希尔伯特第十问题和机器智能的极限

今天，当计算机解决了越来越多的智能问题之后，人们对人工智能的态度从怀疑渐渐走向迷信。不了解人工智能背后技术的人开始凭着幻想猜测计算机的能力，即便是一些从业者也是糊里糊涂，完全忘却了计算机的能力有数学上的边界。这一边界，就如同物理学上无法超越的光速极限或绝对零度的极限一样，在最根本的层面上限制了人工智能的能力，这一边界与技术无关，仅取决于数学本身的限制。具体到今天大家使用的计算机，它有着两条不可逾越的边界，分别是由图灵和希尔伯特划定的。

1　图灵划定计算机可计算问题的边界

图灵博士被认为是神一样的存在。在 20 世纪，全世界在智力上可以跟爱因斯坦平起平坐的，恐怕只有他和冯·诺依曼两人了（或许生活的时代跨越了 19 世纪和 20 世纪的希尔伯特也能算一个），而后者被认为智力甚至超过了爱因斯坦。神人自然有超越常人的地方，比如他们会从本源出发思考问题，他们如同站在宇宙之外，把全部问题的边界想得很清楚，而常人则是从具体问题出发，一点点地解决越来越复杂的问题。比如说在速度这个问题上，常人的思维是，从马车到汽车，再到飞机和火箭，越来越快，凭什么说将来技术发展了，火箭的速度不能超过光速？而爱因斯坦则直接告诉大家，光速就是宇宙的极限速度，与其整天操心并幻想超越光速，不如想办法在光速的极限内把事情做好。今天做半导体的人，就是秉承后一种想法来不断改进集成电路的性能，历经 50 多年（从 1965 年摩尔定律被提出算起）在边界内持续改进，这些踏踏实实守住边界做事的人所取得的成就，已经是动不动就想突破极限的人无法相比的了。

对于机器智能也是如此，今天之所以机器智能显得极为强大，靠的是人们找到了让机器拥有智能的正确方法，即大数据、摩尔定律和数学模型这三个支柱。我们在前面各个章节中所介绍的内容，其实依然只是一部分数学模型而已。这些数学模型将各种形形色色的实际问题变成了计算问题，当然，这里面有一个前提，就是那些问题本质上就是数学问题，而且是可以用计算机计算的数学问题。但是，当计算机科学家们揭开了一个又一个这样的问题的数学本质之后，人们自然就不免会贪心地以为这样的进步是没有极限的，以致浪费时间去解决根本解决不了、可能也没有必要解决的问题。而那些行业之外的人若是有了这种想法，则难免会担心出现机器控制住人的事情。外行产生这样的想法情有可原，因为缺乏专业知识，但是如果不少从业者也想不清楚这个道理，那就是思维方式的问题了。大部分人的思维方式都是所谓的脚步累加，一点点进步，很难看清大的格局。

图 34.1 展示的是一个人通常的学识增长过程。在小学阶段，大家学会最重要的基础知识（中心的圆），然后到了中学，学到更多的基础知识（第二圈的圆）。到了大学之后，则在某一个方向上大大增加了知识，并且拓宽了知识的边界（第三圈的圆），这些知识通常都是对前人经验的学习，但是到了博士生阶段（或者从事专业工作之后），就开始创造出前人不

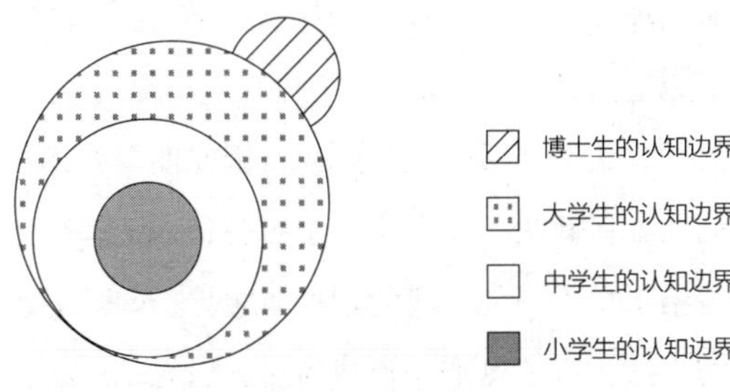

图 34.1　一个人通常的认知进阶过程

知道的知识，这便是超越原有边界的那个突出的部分。为了凸显出这一部分，图中我将它画得很大，但其实通常是一个不显眼的小鼓包。

在绝大部分博士生或有所成就的专业工作者看来，知识的边界是图 34.2 所示这样的：他们所研究的领域占据了人类知识的中心，而且比重特别大；接下来绝大部分领域知识已经被认识，或边界已被洞察到，剩下的只是修修补补，填满整个扇形空间而已。在相对论被提出之前，大家对物理学的看法便是如此。

然而，遗憾的是，认知世界的真实边界是图 34.3 所示这样的。

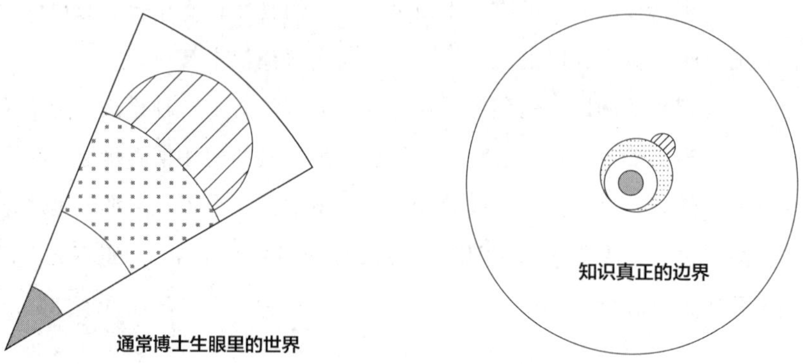

图 34.2　专业人士眼中的世界　　图 34.3　知识领域的真实边界

我们对人类知识的贡献，可能只不过是在这个巨大的空间中加入了一个点，而在这个边界内还有很多未知区域，它们对我们来讲依然是虚空。当然，边界外的虚空更大。

图灵思考问题的方式恰恰和常人相反，他会先划定计算这件事情的边界，在他眼中边界内的问题都是可以通过计算来解决的，当然在边界外可能还有更多的问题，它们与计算无关，无法通过计算来解决，因此图灵并不打算考虑它们。至于边界内的问题如何解决，图灵也并不清楚，他把解决边界内每一个具体问题的机会留给了后人，他只管划定这条边界，并且为边界内的问题提供了一个通行的方法。有了这样一条边界后，后人就不必再浪费时间纠结没有意义的事情，也就不必试图超越边界或极限做事情。

那么图灵是怎么给计算机划定边界的呢？这就要回溯到 20 世纪 30 年代中期，图灵对可计算这件事的思考。图灵思考了三个本源问题：第一，世界上是否所有的数学问题都有明确的答案；第二，如果一个问题有答案，能否通过有限步的计算得到答案，反过来，如果一个问题没有答案，能够通过有限步的推演证实这件事；第三，对于那些可以在有限步计算出来的数学问题，能否有一种机器，让它不断运转，最后当机器停下来的时候，那个数学问题就解决了。

图灵有两个精神导师，一位是冯·诺依曼，他在普林斯顿实际上是图灵的老师，另一位则是老一辈数学名家希尔伯特。图灵在思考可计算性问题时，读过冯·诺依曼写的一本介绍量子力学的专著《量子力学的数学原理》（*Mathematical Foundations of Quantum Mechanics*），并从中受到启发，认识到计算对应于确定性的机械运动，而人的意识则可能来自于测不准原理。图灵对于计算所具有的这种确定性的认识很重要，它保证了今天的计算机在同样条件下计算出来的结果是可重复的。当然，关于人的意识，图灵认为是不确定的，不属于计算的范畴。如果真是像图灵想的那样，那么宇宙本身就存在着大量数学问题之外的问题。事实上，与图灵同时代的数学家哥德尔在 1930 年便证明了数学不可能既是完备的，又是一致的，也就是说，一些命题即使是对的，我们也无法用数学证明它们。这被称为哥德尔不完全性定理，它说明数学的方法不是万能的。

当然，哥德尔的判定说起来有些绕口，听起来有点难以理解，但是我们普通人即便根据生活的经验，也能感受到这样的结论。比如，我们经常看到这样的新闻，一个看似并不难识破的骗局，为什么永远都会有人相信，而且同样的骗局会在几百年间不断地有人上当？这是因为你如果用骗子的思维方式去思考，则永远不可能识破骗局。那些上当受骗者心里的疙瘩，根本不是用理性逻辑能够解开的，他们所面临的问题也就更不是数学问题了。类似地，弗洛伊德所提出的很多问题，也是完全无法用数学建模解决的。因此，我们得承认数学不等于一切。

接下来，如果把要关注解决的问题局限于数学问题本身，是否它们就都有明确的答案呢？我们知道，今天很多数学问题并没有明确的答案，比如不存在一组正整数 x，y，z，让它们满足 $x^3+y^3=z^3$。这个问题实际上是著名的费马大定理的一个特例，而这个定理本身已于 1994 年由英国著名数学家怀尔斯（Andrew Wiles）证明了，也就是说，它是无解的。当然，不管怎么说，知道一个问题无解也算是有了答案。但是，是否还存在一些问题，我们根本无法判定答案存在与否呢？如果有，那么这一类问题显然是无法通过计算来解决的。在这一方面给了图灵启发的是希尔伯特。

2 希尔伯特划定有解数学问题的边界

1900 年，希尔伯特在国际数学大会上提出了 23 个（当时还无解的）著名的数学问题，其中第十个问题讲的是：

“任意一个（多项式）不定方程，能否通过有限步的运算，判定它是否存在整数解。”

所谓不定方程（也被称为丢番图方程，Diophantine equation），就是指有两个或更多未知数的方程，它们的解可能有无穷多个。为了对这个问题有感性认识，我们不妨看三个特例。

例一 $x^2+y^2=z^2$。

这个方程有三个未知数，它有很多正整数解，每一组解其实就是一组勾股数，构成直角三角形的三边。

例二 $x^N+y^N=z^N$，其中 $N>2$。

这些方程都没有正整数解，这就是著名的费尔马大定理。

例三 $x^3+5y^3=4z^3$

这个方程是否有正整数解，就不那么直观了。更糟糕的是，我们没有办法一步一步地判定它是否存在整数解。此外，需要指出的是，即使我们能判定它有整数解，也未必找得出来。

如果对希尔伯特第十问题（简称第十个问题）普遍的答案是否定的，那么就说明很多数学问题其实上帝也不知道答案是否存在，因为不定方程求解问题还只是数学问题中很小的一部分。对于连答案存在与否都无法判定的问题，答案自然是找不到的，我们也就不用费心去解决这一类问题了。正是希尔伯特对数学问题边界的思考，让图灵明白了计算的极限所在。

当然，图灵自己并没有解决第十个问题，只是隐约觉得大部分数学问题并没有答案。在第二次世界大战之后，欧美很多数学家都致力于解决第十个问题，并取得了一些进展。在 20 世纪 60 年代，被公认最有可能解决这个问题的是美国数学家朱莉・罗宾逊。罗宾逊教授可能是 20 世纪最著名的女数学家，后来担任过世界数学大会的主席。虽然她在这个问题上取得了不少成就，但是最后的几步始终跨越不过去。在纯粹数学这个领域，常常是英雄出少年，1970 年，苏联的天才数学家尤里・马蒂亚塞维奇（Yuri Matiyasevich）在大学毕业的第二年，就解决了第十个问题。因而，今天对这个问题结论的表述，也被称为马蒂亚塞维奇定理。马蒂亚塞维奇严格地证明了，除了极少数特例，在一般情况下，无法通过有限步的运算，判定一个不定方程是否存在整数解。

第十个问题的解决，对人类在认知上的冲击，远比它在数学上的影响还要大，因为它向世人宣告了很多问题我们无从得知是否有解。如果连是否有解都不知道，就更不可能通过计算来解决它们了。更重要的是，这种无法判定是否有解的问题，要远比有答案的问题多得多。基于这个事实，我们就可以用一张图（见图 34.4）来总结一下上面提到的各种问题之间的关系。

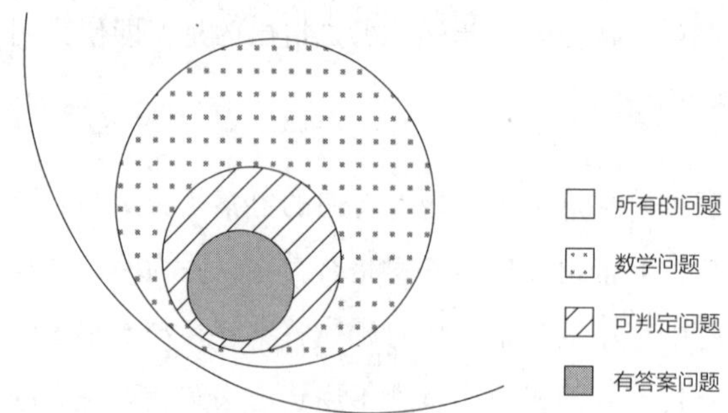

图 34.4 有答案的数学问题和所有问题之间的关系

在图 34.4 中我们可以看到，世界上只有一部分问题可以最终转化为数学问题。而在数学问题中，也只有一部分问题可以判定有无答案，这些问题就是我们所说的可判定问题。当然，对可判定问题判定的结果有两个，答案存在或者不存在。只有第一类答案存在的问题我们才有希望找到答案。因此，有答案的数学问题，不过是世界上所有问题中很少的一部分。

那么，有答案的数学问题是否都能够用计算机解决呢？那就要看计算机是怎么设计的了。1936 年，图灵提出了一种抽象的计算机的数学模型，这就是后来人们常说的图灵机。图灵机这种数学模型在逻辑上非常强大，任何可以通过有限步逻辑和数学运算解决的问题，从理论上讲都可以遵循一个设定的过程，在图灵机上完成。今天的各种计算机，哪怕再复杂，也不过是图灵机这种模型的一种具体实现方式。不仅如此，今天那些还没有实现的假想的计算机，比如基于量子计算的计算机，在逻辑上也并没有超出图灵机的范畴。因此，在计算机科学领域，人们就把能够用图灵机计算的问题称为可计算的问题。

可计算的问题是有答案问题的一个子集，但是，这个子集是否等同于“有答案问题”这一全集，今天依然有争议：一方面，人们总可以构建出一些类似悖论的数学问题，显然无法用图灵机来解决；另一方面，在现实世界里是否有这样的问题存在，或者说这些构建出来的问题是否有意义，很多人觉得暂时没有必要去考虑。但不管怎么讲，依据丘奇和图灵这两位数学家对可计算问题的描述（也就是所谓的丘奇 – 图灵论题），有明确算法的任何问题都是可计算的，至于没有明确算法的问题，计算也无从谈起。

对于理论上可计算的问题，今天在工程上未必能够实现，因为一个问题虽然只要是能够用图灵机在有限步骤内解决，就被认为是可计算的，但是这个有限步骤可以是非常多步骤，计算时间可以特别长，长到宇宙灭亡还没有算完都没有关系。比如说一个计算复杂度是 NP 完全的问题，就可能永远都算不完，但却是可以计算的。此外，图灵机没有存储容量的限制，这在现实中也是不可能的。

如果把上面提到的这些问题的彼此关系再次总结一下，就会很清楚人工智能的边界了。从图 34.5 中可以看出，理想状态的图灵机可以解决的问题，只是有答案的问题中的一部分，而在今天和未来，在工程上可以解决的问题都不会超出可计算这一范畴。当然，很多可以用工程方法解决的问题并非人工智能问题，因此今天人工智能能够解决的问题，只是有答案问题中很小的一部分。如果结合图 34.4 所示的一个个彼此嵌套的集合，就更能看出人工智能的边界。

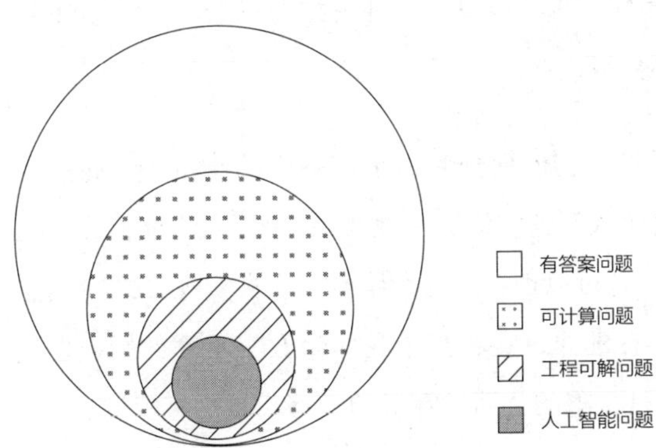

图 34.5　今天人工智能所解决的问题，只是有答案的数学问题中很小的一部分

今天，我们所要担心的不是人工智能或计算机有多么强大，更不应觉得它们无所不能，因为它们的边界已经清清楚楚地由数学的边界划定了。我们今天所遇到的问题反而是不知道怎样将一些应用场景转化为计算机能够解决的数学问题。整本《数学之美》，其实讲的都是这件事。

从图 34.4 和图 34.5 可以看出，人工智能所能解决的问题真的只是世界上问题的很小一部分。对人工智能领域而言，如今尚未解决的问题还非常多，无论是使用者还是从业者，都应该设法解决各种人工智能问题，而不是杞人忧天，担心人工智能这一工具太强大了。对非计算机行业的人来讲，世界上还有很多需要由人来解决的问题，如何利用好人工智能工具，更有效地解决属于人的问题，才是应该给予更多关注的。

3 延伸阅读：关于图灵机

图灵机的核心思想就是用机器来模拟人进行数学运算的过程。如果我们对人做数学题的过程进行简化，这个过程其实是在不断重复下面这两个动作：

1. 在纸上写或擦掉一些符号；
2. 用笔在纸上不断移动书写位置。

当然，要完成上述两个动作，人的大脑需要记住运算的规则。

基于对人的运算过程的模拟，图灵构想出一种虚拟的机器（如图 34.6 所示），该机器由以下几部分组成：

1. 一条无限长的纸带，它被划分为一个接一个的小格子，每一个格子有一个编号，比如从左到右依次为 0, 1, 2, …，其实我们今天在计算机中所说的地址，就可以理解为这种编号的一种实现方式。注意：这个纸带可以无限往右延伸，它相当于我们做数学运算的纸，但这种运算纸的数量可以是无限的，而计算机的存储容量是有限的。

2. 一个可以左右自由移动的读写头，它能读取当前所指格子中的符号，并能改变它们。这个读写头，就相当于笔和橡皮。

3. 一套控制规则，它根据当前机器所处的状态和当前格子中的内容，确定读写头下一步的动作。这套规则就相当于做题的法则，比如我们做珠算时使用的“三下五除二”这样的口诀，就是运算规则。

4. 一组状态寄存器，它用来保存图灵机当前所处的状态。我们在纸上计算数学题时，经常要问自己，算到哪儿了？寄存器所记录的就是这样的状态。当它遇到一个特殊状态，即所谓的停机状态时，整个运算就结束了。

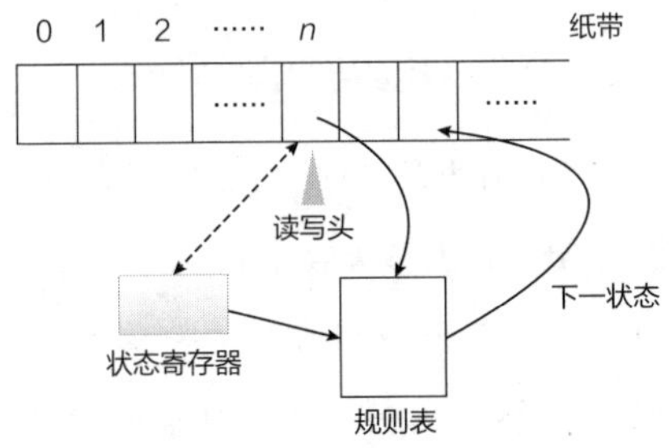

图 34.6　图灵机示意图

从图灵机解题的过程可以看出，它涵盖了我们常用的做数学题的方法，但是它有一个问题没有回答，就是怎么算，或者说遇到一个具体的问题要如何设计控制规则表，那就是所谓的算法。图灵机正式的数学定义是：一个有序的七元组（$Q, \Gamma, \Sigma, b, \delta, q_0, F$），其中每一个元素都是一个有限的集合，其中：

- Q 是非空有限状态集合；
- Γ 是非空字母表；
- Σ 是非空输入字母表；
- b 是空白符号；
- q_0 是起始状态；
- F 是终止状态的集合，它里面可以有不止一个状态，包括成功的状态和失败的状态；
- δ 是转移函数，它是从（$Q\backslash F \times \Gamma$）到（$Q\backslash F \times$｛左移，右移｝）的映射，其中 $Q\backslash F$ 表示不包含终止状态的状态集合，左移和右移表示指针的合法移动。

图灵机的操作过程如下。

1. 一开始，将输入符号串从左到右依次填入纸带的前 n 个格子中（其他格子保持空白）。

2. 读写头指向第 0 号格子，图灵机处于初始状态 q_0。

3. 机器开始运行后，按照转移函数所描述的规则进行计算。

例如，假定当前机器的状态为 q，读写头所指的格子中的符号为 x，根据转移函数 $\delta(q, x)$，我们得到其函数值 (q', x', *左移* / *右移*)。于是，接下来进入 q' 状态，当前格子的内容改为 x'，然后将指针左移或右移。这样图灵机就进入了一个新的状态。如果 q' 是终止状态集合 F 中的一个元素，则图灵机停机，如果正好是成功状态，则运算完成，否则说明运算不下去。如果运算到某一步，遇到了没有定义转移函数的情况，也说明运算失败，立即停机。

最后，需要说明的是，如果有两种图灵机模型 A 和 B，A 可以模拟 B 的全部运算，B 也可以模拟 A 的全部运算，则称它们等价。在不考虑效率的情况下，等价的图灵机模型解决问题的能力是相同的。一种特别的情况是，字母表 Γ 只有 0 和 1 两种状态，它和任意字母表的图灵机是等价的。因此，今天的计算机无论是采用二进制，还是其他什么进制，解决问题的能力都是相同的。一些媒体宣传量子计算突破了二进制，就能解决今天计算机解决不了的问题，这种说法是不对的，因为任何复杂进制的计算机，都与二进制的计算机等价。

小结

通过希尔伯特和图灵等人对于可计算这件事情边界的思考，我们可以看到一种不同于常人的思维方法 —— 不是一点点地向前试探边界在哪里，而是高屋建瓴地从理论上找到一个不能越过的硬边界。知道边界在哪里不是我们的厄运，而是福气，因为我们可以集中精力在边界内解决问题，而不是把精力耗费在寻找边界之外可能并不存在的答案。

附录　计算复杂度

将解决实际问题的方法变成计算机可以运行的程序，中间的桥梁就是计算机的算法。一个优秀的计算机科学家或者工程师与平庸的程序员的差别就在于：前者总是不断寻找并且有能力找到好的算法，而后者仅常常满足于勉强解决问题。而在所有的“好”算法中，显然存在一个最优的算法 —— 找到它是从事计算机科学的人应该努力的目标。

对计算机算法来说，虽然衡量其好坏的标准非常多，比如运算速度的快慢、对存储量的需求大小、是否容易理解、是否容易实现，等等，但是为了便于公平地比较，我们需要一个客观的标准。这个标准就是算法的复杂程度。虽然 1965 年计算机科学家尤里斯·哈特马尼斯（Juris Hartmanis）和理查德·斯坦恩斯（Richard Stearns）在《论算法的计算复杂度》[1] 一文中提出了这个概念，并且二人因此在后来获得了图灵奖，但是最早将计算复杂度严格量化衡量的是著名计算机科学家、算法分析之父高德纳 [2]。高德纳的贡献在于找到了一种方法，使得一个算法好坏的度量和问题的大小不再有关，这是一个了不起的贡献。

1 Hartmanis, J.; Stearns, R. W. (1965), "*On the computational complexity of algorithms*", Transactions of the American Mathematical Society 117:285-306.

2 http://en.wikipedia.org/wiki/Donald_Knuth

我们知道一个问题的计算时间显然和问题的大小有关，比如对 10 000 个实数的排序和对 1 000 000 个实数的排序时间显然不同。因此，如果将两个不同的排序算法运用在不同规模的排序问题上，算法的好坏是不可比的。因此，问题的大小是衡量计算复杂度的变量，一般用 N 来表示，而计算量是N的一个函数$f(N)$。这个函数的边界（上界或者下界）可以用数学上的大O概念来限制。如果两个函数$f(N)$和$g(N)$在大O概念上相同，也就是说，当N趋近于无穷大时，它们的比值只差一个常数。比如$f(N) = N \cdot \log N$，$g(N) = 100 \cdot N \cdot \log(N)$，它们被看成是同一个数量级的。同样，如果两个计算机算法在大O概念下相同，只相差一个常数，我们则认为它们的计算复杂度相同。

计算的复杂度关键看O后面括号里面的函数变量的部分，而不是常数因子。比如两个计算量分别是$10\,000 \cdot N \cdot \log(N)$和$0.000\,01 \cdot N^2$的算法，虽然前者的常数因子大得多，但是当$N$趋近于无穷大时，后者的计算量是前者的无穷大倍。对于这两个算法，我们把它们的计算复杂度分别写成$O(N\log N)$和$O(N^2)$。表 A.1 给出了一些常见问题最佳算法的复杂度。

表 A.1 常见问题最佳算法的复杂度

问题 / 算法	复杂度	说明
哈希查找	$O(1)$	常数复杂度
有序数组二分查找算法	$O\log(N)$	对数复杂度
无序数组任意元素查找	$O(N)$	线性复杂度
图遍历算法	$O(N)$	节点数 N 的线性复杂度
快速排序算法	$O(N\log N)$	
动态规划 / 最短路径 / 维特比算法	$O(d^2 \cdot N)$	深度 d 的平方复杂度，长度 N 的线性复杂度
鲍姆 - 韦尔奇算法	$O(d^2 \cdot N)$	深度 d 的平方复杂度，长度 N 的线性复杂度
贝叶斯网络训练算法	NP 完全	尚未找到多项式复杂度算法

如果一个算法的计算量不超过N的多项式函数（Polynomial Function），那么称这个算法是多项式函数复杂度的。如果一个问题存在一个多项式复杂度的算法，这个问题称为 P 问题（Polynomial 的首字母）。这类问题被认为是计算机可以“有效”解决的。但是，如果一个算法的计算量比N的多项式函数还高，虽然从理论上讲如果有足够的时间也是可以计算的（图灵机概念下的可计算），但是实际上是做不到的。这时我们称

它为非多项式（Non-polynomial）问题。比如找到每一步围棋的最佳走法就是这样的问题。

但是很多问题不是非黑即白的，要么有多项式复杂度的算法，要么没有。有一些问题虽然迄今为止还没有找到多项式复杂度的解，但是不等于以后找不到这样的解。在非多项式问题中，有一类问题即非确定的多项式（Nondeterministic Polynomial，NP）问题特别引起计算机科学家的关注。NP 问题的重要性并非来自它可能有多项式时间的算法，事实上绝大多数理论计算机学者都认为 NP 不可能有多项式时间的算法，即 P 不等于 NP。NP 问题之所以重要的一个原因是现实中的绝大多数问题都是 NP 的，另外它与密码理论也有重要的联系。如果一个问题，我们能够在多项式复杂度的时间里证实一个答案的正确与否，则不论目前这个问题是否能找到多项式复杂度的算法，都称这个问题为 NP 问题。

显然 P 问题是 NP 问题的一个特殊的子集。而 NP 问题集合中不知道是否属于 P 问题的那部分，即现在尚未找到多项式复杂度算法的问题，是否永远找不到多项式复杂度的算法呢？在这上面计算机科学家们有争议。有人认为确实找不到，但是有人认为最终能找到，他们认为只要一个问题能在多项式复杂度内证实答案正确与否，就能最终找到多项式复杂度的算法。如果真是这样的话，那么到时候所有的 NP 问题将变回为 P 问题。

在 P 问题与 NP 问题的一个重要研究进展是 20 世纪 70 年代初库克（Stephen Cook）和李文（Leonid Levin）在 NP 问题中发现一个被称作 NPC（NP-Complete）的特殊的问题类，所有的 NP 问题都可以在多项式时间内归约到 NPC 问题。这个发现被称为库克 - 李文定理。无疑 NPC 问题是 NP 问题中最难的问题，因为如果任何一个 NPC 问题找到了多项式算法，那么所有的 NP 问题都可以用这个算法解决了，也就是 NP=P 了。

对于计算复杂度至少是 NP 完全（NP-Complete）甚至更大的问题，我们称它为 NP 困难（NP-Hard）问题。P 问题、NP 问题、NP 完全问题和 NP 困难问题的关系如图 A.1 所示。

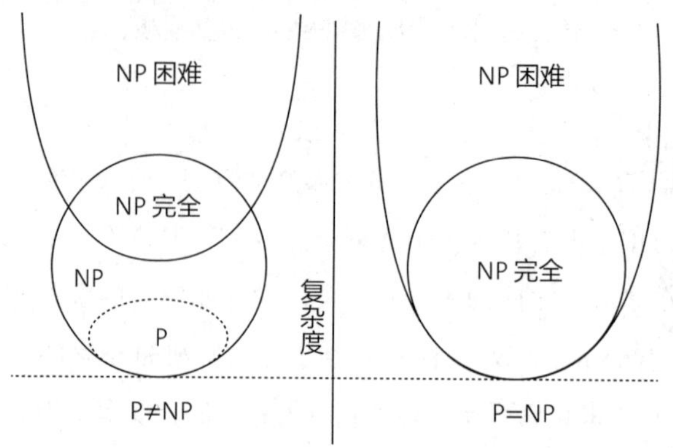

图 A.1 NP 困难和 NP 完全的关系
（左边的图表示如果 P 问题的集合和 NP 问题的集合不同，右边的表示两个集合相同）

寻找一个问题的计算机算法，首先要寻找多项式复杂度的算法。但是，对于那些至今找不到这样的算法而在应用中又无法回避的问题，比如贝叶斯网络的训练算法，我们只好简化问题找近似解了。

数学在计算机科学中的一个重要作用，就是找到计算复杂度尽可能低的解。同时，对于那些 NP 完全问题或者 NP 困难问题，找到近似解。

第三版后记

很多朋友问我，为什么会想起来写“数学之美”系列博客，并且要出书？这要回到 2006 年。

那一年，Google 刚进入中国市场，当时负责中国市场产品形象的吴丹丹女士开设了 Google 中国（即谷歌）官方博客——谷歌黑板报。吴丹丹女士邀请我写一些博客介绍 Google 的产品。作为一名计算机科学家，以及当时谷歌绝大部分与中文相关产品的发起人，我觉得直接介绍产品有王婆卖瓜自卖自夸之嫌，于是我和吴丹丹商量，写了一系列短文，介绍 Google 产品背后的基本技术，尤其是数学原理。我相信，当读者特别是工程师们了解了 Google 产品背后的技术时，他们会更加信赖我们的产品。于是，我根据自己当时在 Google 的工作经历和之前在约翰·霍普金斯大学的研究经历，写了几篇主题为“数学之美”的博客。

将数学的东西说清楚，让外行都能读懂，并非易事。我自认为是一个擅长把技术原理深入浅出地讲明白的人，但是，当我第一次将所写的几篇博客送给吴丹丹以及 Google 其他非工程专业的同事阅读时，他们还是表示理解起来十分费劲。为此，后来我下了很多功夫，设法将每一篇博客都写得浅显易懂，并且为了方便大部分读者阅读，省略了相当多的技术细节。后来证明，在博客中这样处理是正确的。

写博客之初，我并没有一个完整的写作计划，加上在 Google 的工作也很忙，因此有空就抽时间写一点，写到哪儿算哪儿。不成想刊登了几篇之后，这些博客受到 IT 行业广大从业人员和大学生的关注和喜爱，在互联网上被转载了上万次，读者有上百万之众。这里要特别感谢当时著名博主洪波先生（Keso）的转载。于是，在大家的鼓励下，我便陆陆续续写了 20 多篇。后来因为工作更加繁忙，我的博客写作一度中断过一段时间，但令我感动的是，在这期间始终有读者持续关注这个系列，时不时来询问我能否将这个系列写完，有无可能出书。恰巧 2010 年初我因为换工作有几周休假，于是利用那段时间完成了这个系列的最后几篇，并且开始把它修订成书。

“数学之美”从博客变成书的过程，首先要感谢周筠老师。2008 年，我在创作另一个系列博客“浪潮之巅”时，周筠老师专门和我通了国际长途，商量出书的事情，我当时已经把《浪潮之巅》的出版权签约给了某家出版社，本想婉拒周筠老师，可是后来周老师听说我要从美国到北京出差，专程从武汉赶到 Google 在北京的办公室，和我聊了《数学之美》的出书计划，这让我很感动。我原以为这种偏数学、偏技术的内容不会有太多读者，有点犹豫，但是周老师非常有信心，于是我们就签了出版协议。之后又因为某种机缘，我从那家出版社拿回了《浪潮之巅》的出版权，也交给了周筠老师出版，这当然是题外话了。

促使我将“数学之美”系列博客变成书的另一个原因，就是我发现无论是在美国还是在中国，大部分软件工程师面对一个未知领域时，都是习惯从直观感觉出发，喜欢用“凑”的方法来解决问题，在中国尤其如此。这样的做法，说得不好听一点儿，就是山寨。我刚到 Google 时，发现 Google早期的一些算法(比如拼写纠错)根本没有系统的模型和理论基础，就是用词组或词的二元组凑出来的。这些方法也算是聊胜于无，但是几乎没有完善和提高的可能，而且使得程序的逻辑非常混乱。

后来，随着公司的成长和实力的壮大，Google 开始从全球最好的大学招揽理论基础优异的工程师，使得工程的正确性得到了很好的保证。在 Google 上市后的一段时间里，工程师们几乎重写了所有项目的程序，凑合的东西基本上看不到了，产品质量有了巨大的飞跃。记得有一年，我指导了三四个美国名校毕业的研究生，用隐马尔可夫模型的框架把 Google 的拼写纠错模型和其他一些语言的拼写纠错统一起来，从此 Google 在这个方面将竞争对手远远地甩在了后面。

然而，在其他公司，包括美国一些还挂着高科技头衔的二流 IT 公司里，山寨情况依然很普遍。在国内，创业小公司做事情重量不重质，倒也无可厚非；但是，上了市、有了钱，甚至利润已经成为世界上数得上的公司，做事情依然如此就不免让人觉得太过随意、太缺乏追求了。很多公司都把精力和财力花在了怎样让产品显得花哨，或者如何购买流量上面，却很少愿意花力气修炼内功，没有把资源用在刀刃上。因此，我觉得有必要对“数学之美”进行系统化的整理，增加更多涉及专业技术的内容，以便让 IT 公司的工程主管们能够带领部属提高工程水平，逐渐远离山寨，让这些公司能够尽快成长为世界一流的 IT 公司。当然，我更希望中国做工程的年轻人，能够体会到在信息技术行业做事情的正确方法，以便在职业和生活上都获得成功。

当我真的开始写书的时候，就发现写书比写博客要难得多。一本好书需要结构系统，文字严谨。为了达到出书的要求，我几乎重写了所有的内容，并且把以前写博客时省略掉的技术细节，以延伸阅读的方式补了回来。为了便于非 IT 读者阅读，我又为每个专题都增加了背景介绍。这样，非 IT 读者完全可以把关注的重点放在每一个专题的前半部分，而专业人士则可以一口气读完延伸阅读。

《数学之美》出版之后，获得了很大的成功，2012 年第一版上市至今，已累计销售 70 余万册，还被翻译成英文和韩文正式出版。于是，很多读者希望我能谈谈成功写作一本科普书的经验。

写一本好书首先要选好素材，然后才是写作本身。

在选材方面，我多少有些工作上的便利，因为在长达 20 多年的时间里，我一直在语言信息处理、互联网技术、数据挖掘和机器学习等领域做研究和产品开发，因此有不少一手的经验。不过，这些领域都博大精深且发展迅速，而我所做的研究和开发工作也只涵盖了其中很小的一部分。因此，我着重介绍了我涉足过的比较有资格、有信心写的主题。我希望这本书能起到抛砖引玉的作用，让更多的专家愿意将自己的工作心得分享出来，供大家学习参考。对于大众读者，我则希望这本书可以通过一些实例，帮助大家体悟数学之道，领悟数学之美，以便今后解决实际问题时能够举一反三。

在写作方面，对我帮助最大的其实是两本书和一个节目。我在初中时读了《从一到无穷大》（*One Two Three … Infinity*），这是一本介绍宇宙的科普读物。作者乔治・伽莫夫是美籍俄裔著名物理学家，他花了很多时间创作科普读物，影响了一代又一代人。第二本书是英国著名物理学家霍金的《时间简史》（*A Brief History Of Time*），霍金用最简单的语言把深奥的宇宙学原理讲出来，让这部科普读物成为全球畅销书。影响我的一个节目是美国著名演员摩根・弗里曼担任旁白和主持人的《穿越虫洞》（*Through the Wormhole*）。我的写作大多是在飞机上完成的，写作累了便看看电视节目，一次碰巧找到《穿越虫洞》，一个把当今最前沿的物理学知识做得浅显易懂的节目。节目中有包括很多诺贝尔奖获奖者在内的一流物理学家和数学家介绍他们的工作，这些人有一个共同的本领，就是能用很简单的比喻将所在领域内最深奥的道理说清楚，让大众容易理解。我想这可能正是他们成为世界顶级科学家的原因，他们一方面对自己的领域非常精通，同时他们又能用大白话把道理讲得明明白白。世界上最好的学者总是有办法深入浅出地把大道理讲给外行听，而不是故弄玄虚地把简单问题复杂化。因此，在写作《数学之美》时，我一直以伽莫夫、霍金等科学家为榜样，力图将数学之美展现给所有普通读者，而不只是有相关专业背景的读者。为了方便读者利用零碎的闲暇时间阅读，我在写作时尽量让各章相对独立、自成一体，这样读起来不会有多大压力，毕竟，让大部分读者从头到尾连续读一本以数学知识为主的书，总是有些困难的。

2012 年，在很多朋友的关心和帮助下，《数学之美》终于在人民邮电出版社出版了，并且先后荣获国家图书馆第八届文津图书奖、第五届中华优秀出版物奖图书提名奖。尤为可喜的是，很多年轻读者，包括中学生，在阅读完这本书后对数学产生了浓厚的兴趣，并尝试将学到的数学知识自觉地应用到日常学习或工作中。2014 年，我针对当时逐渐开始热门的大数据和机器学习等领域对《数学之美》做了内容补充，推出了第二版。今年，我根据人工智能技术的发展，对《数学之美》进行了又一次升级改版，增加了与区块链、量子通信及人工智能相关的内容，部分原有章节也根据技术的最新发展动态做了必要的补充和修订。

在《数学之美》第三版即将出版之际，我要感谢很多人给予我的教育、帮助和鼓励。首先，我要感谢那些把我带到数学王国和信息处理领域的人，包括在我幼年时培养起我对数学和自然科学兴趣的父亲，后来把我带进语音和语言处理王国的三位导师王作英教授、库坦普教授和贾里尼克教授，以及在 Google 不断提携我的诺威格博士和辛格院士。其次，我要感谢在数学上不断和我交流，并且对我的写作尤其是这本书的创作长期给予支持和帮助的同事和朋友，包括李开复博士、清华大学的李星教授、马少平教授和钱颖一教授、斯坦福大学的王永雄教授和张首晟教授、华中科技大学的周笠教授、浙江大学的毛德操教授、京东的郭进博士、自媒体人洪波（Keso）先生、无码科技创始人冯大辉先生、搜狗创始人王小川博士，以及 Google 过去与现在的很多员工，包括吴丹丹、崔瑾、宿华、王益和吴根清等人。特别值得一提的是，李开复博士和李星教授为本书写了序言，王永雄院士将这本书推荐给了美国的出版商，使得本书的英文版得以出版。此外，我还要感谢我的夫人张彦帮我校对了全书，我的两个女儿吴梦华和吴梦馨为本书绘制了许多插图。

《数学之美》能够从系列博客成为一本屡获国家级大奖的畅销书，JUSTPUB出版团队和人民邮电出版社功不可没。其中JUSTPUB的负责人周筠女士主持了本书的出版工作，审稿编辑李琳骁对书稿进行了多次精心的审读和校对，设计师胡文佳对这本书进行了细致认真的排版，上海屹珂设计团队的陈航峰先生为第三版设计了精美的封面，人民邮电出版社的俞彬、刘涛、毕颖、杨海玲、张天怡、蔡思雨等朋友为这本书的出版发行尽心尽力。是整个项目团队的精诚合作和坚持不懈，让《数学之美》受到了这么多读者的欢迎。在此，我向他们表示最诚挚的感谢。

最后要感谢所有热心的读者，尤其是那些帮助本书更正错误、完善内容的朋友。当然，也要感谢在互联网上积极传播这个系列博客以及推荐这本书的媒体、网站和个人。我也希望大家能继续支持《数学之美》。

由于本人水平有限，书中难免存有疏漏和错误，希望读者朋友继续不吝赐教，共同将这本书打造得更完美。

吴军

2020年4月于硅谷

索引

D

E

F

G

H

I

J

K

L

M

N

O

P

Q

R

S

T

U

W

X

Y

Z